# 空间角接触球轴承摩擦动力学建模与仿真

张执南　陈　实　李　振　著

上海交通大学出版社
SHANGHAI JIAO TONG UNIVERSITY PRESS

**内容提要**

本书结合作者团队在空间机械摩擦学与表面技术领域积累多年的研究成果与最新进展,以控制力矩陀螺(CMG)、飞轮、太阳电池阵驱动装置(SADA)等空间机电产品中的关键基础件——角接触球轴承为研究对象,重点介绍了角接触球轴承的摩擦动力学建模、轴承摩擦动力学知识的封装、基于组件库的摩擦动力学求解方法,并明确了工况因素和空间环境等对角接触球轴承摩擦力矩的影响,同时提供仿真程序供读者下载使用。

本书内容兼顾基础性、学术性和实用性,可作为工程师、学生和研究人员的工具用书,也可作为教学参考书。

**图书在版编目(CIP)数据**

空间角接触球轴承摩擦动力学建模与仿真 / 张执南,陈实,李振著. -- 上海:上海交通大学出版社,2024.10
ISBN 978-7-313-31598-4

Ⅰ. TH133.3

中国国家版本馆 CIP 数据核字第 2024JX1753 号


**空间角接触球轴承摩擦动力学建模与仿真**
KONGJIAN JIAOJIECHU QIUZHOUCHENG MOCA DONGLIXUE JIANMO YU FANGZHEN

著　　者:张执南　陈　实　李　振
出版发行:上海交通大学出版社　　　　　　　地　　址:上海市番禺路 951 号
邮政编码:200030　　　　　　　　　　　　　电　　话:021 - 64071208
印　　制:苏州市古得堡数码印刷有限公司　　经　　销:全国新华书店
开　　本:710 mm×1000 mm　1/16
字　　数:282 千字
版　　次:2024 年 10 月第 1 版　　　　　　　印　　次:2024 年 10 月第 1 次印刷
书　　号:ISBN 978 - 7 - 313 - 31598 - 4　　　电子书号:ISBN 978 - 7 - 89424 - 976 - 0
定　　价:79.00 元

# 前　言

卫星、飞船等航天器中广泛使用控制力矩陀螺(CMG)、太阳电池阵驱动装置(SADA)、飞轮、陀螺等空间机电产品,这些空间机电产品均采用角接触球轴承作为旋转支撑。角接触球轴承的摩擦动力学性能显著影响上述空间机电产品的运行精度稳定性、可靠性和寿命。

上述空间机电产品中的惯性转子一般由成对的精密角接触球轴承(以下简称"轴承")支撑。当长期运动时,润滑油存在耗散,无法维持轴承润滑所需的最小油膜厚度,导致空间机电产品摩擦力矩抖动甚至增大,丧失精度。因此,需要考虑空间环境,依托轴承动力学模型阐释工况载荷参数、环境参数、润滑参数等对轴承摩擦学性能的影响机制,进而为空间机电产品轴承-转子系统的设计优化提供理论基础与技术依据。

在轴承动力学分析方面,现有的完全动力学模型广泛应用于轴承动力学分析,但是其推导过程依赖对三维模型的理解,容易出错;同时,在滚动体与滚道相对运动速度为 0 时,变步长积分方法的计算过程需要频繁检测过零状态点并且缩短步长,才能实现计算结果收敛,导致其计算效率低下。因此,需要提出更加简便直观的轴承动力学模型建立方法和高效的数值计算方法,以提高空间环境工况下动量轮轴承摩擦动力学行为影响因素分析效率。

近年来,在国家自然科学基金"航天先进制造技术联合研究基金重点项目"(U1637206)、"慧眼行动"创新成果转化应用项目、机械系统与振动全国重点实验室项目(MSVZD202108,MSVZD201912)的资助下,结合国内外学者的研究基础,针对空间机电产品轴承性能提升需求,作者课题组在角接触球轴承摩擦动力学建模、轴承组件摩擦动力学分析、非线性快速求解等方面开展了研究工作,进而开发了轴承摩擦动力学计算组件库,提升了轴承动力学行为的计算效率。

本书共有 4 章,第 1 章着重介绍了空间轴承动力学计算的背景和轴承参数,并说明了轴承动力学计算所需的基础知识储备,包括雷诺方程数值计算、坐标系建立方法及向量命名法则;第 2 章基于向量法推导了滚动体、保持架、内/外滚道之间的接触点位置和载荷计算公式,考虑了不同接触油膜压力形成机制(包括短轴承润滑、动压润滑、弹流动压润滑)、重力场的影响,建立了轴承摩擦动力学模型,并提出了基于动量原理修正摩擦力的动力学高效计算方法;第3章详细阐述了轴承组件库的组成,即轴承初始化组件库、元件状态组件库、元件载荷组件库、元件加速度组件库,并给出了组件库的计算流程和搭建示例;第4章基于轴承摩擦动力学模型,结合轴承组件工作特点,从系统层面提出了轴承摩擦动力学模型建模方法。以典型的空间用轴承组件为对象,结合轴承组件库,系统阐述了润滑因素、输出扭矩因素、预紧因素、转速因素、失重因素对其摩擦动力学行为的影响。同时,本书附建模与仿真源程序,供读者下载使用(可扫描二维码下载),以期推动学术共享、促进轴承技术进步。

程序下载

本书的总体构思、撰写、审查、修改主要由张执南、陈实、李振完成,刘杰学同学对程序进行了检查。本书的编写是基于前人的研究基础,并得到了许多同行专家的支持和帮助,在此一并表示感谢!轴承摩擦动力学建模技术发展迅速,且随着装备的发展,轴承组件的型号也更为丰富,加之作者水平有限,书中难免出现错误和疏漏,敬请广大读者批评指正。

作　者

2024 年 6 月于上海交通大学

# 主要符号表

| 量的符号 | 意 义 及 单 位 |
|---|---|
| $a$ | 滚动体与滚道接触椭圆长半轴,m |
| $A_0$ | 宏观接触面积,$\text{m}^2$ |
| $A_c$ | 实际接触面积,$\text{m}^2$ |
| $b$ | 滚动体与滚道接触椭圆短半轴,m |
| $B$ | 轴承宽度,mm |
| $B_c$ | 保持架宽度,mm |
| $c$ | 保持架兜孔与滚动体(球)半径差值,m |
| $c_h$ | 轴承材料阻尼系数 |
| $c_1$ | 油膜阻尼系数 |
| $d_i$ | 内滚道沟底直径,mm |
| $d_o$ | 外滚道沟底直径,mm |
| $d_{im}$ | 内滚道引导直径,mm |
| $d_m$ | 节圆直径,mm |
| $d_{om}$ | 外滚道引导直径,mm |
| $d_p$ | 保持架兜孔直径,mm |
| $D$ | 滚动体(球)直径,mm |
| $\boldsymbol{D}$ | 接触阻尼力,向量形式,N |
| $D_{c1}$ | 保持架外径,mm |
| $D_{c2}$ | 保持架内径,mm |
| $D_i$ | 轴承内径,mm |
| $D_o$ | 轴承外径,mm |
| $\boldsymbol{e}$ | 单位向量 |
| $E_b$ | 滚动体(球)弹性模量,Pa |

1

| 量的符号 | 意 义 及 单 位 |
| --- | --- |
| $E_c$ | 保持架弹性模量，Pa |
| $E_{or}$ | 轴承外套圈弹性模量，Pa |
| $E'$ | 两个接触体的综合弹性模量，Pa |
| $\boldsymbol{f}$ | 接触摩擦力，向量形式，N |
| $f_i$ | 内滚道曲率半径系数 |
| $f_o$ | 外滚道曲率半径系数 |
| $f_x$，$f_z$ | 作用在单位质量流体微团的沿 $x$ 和 $z$ 方向的体积力对应的加速度 |
| $\boldsymbol{F_V}$ | 黏性摩擦力，N |
| $\boldsymbol{F_a}$ | 离心力，N |
| $\boldsymbol{F_\beta}$ | 科里奥利力，N |
| $G$ | 无量纲材料参数 |
| $h$ | 润滑油实际油膜厚度，m |
| $h_L$ | 通过温度影响因子、运动学缺油修正系数修正后的油膜厚度，m |
| $h_{L0}$ | 动压润滑、弹流动压润滑所需的油膜厚度或者短轴承润滑理论下的油膜厚度，m |
| $H$ | 雷诺方程量纲一化膜厚 |
| $I$ | 转动惯量，$kg \cdot m^2$ |
| $I_0$ | 使两个物体的接触点在摩擦力方向的相对运动速度为 0 的冲量，$N \cdot s$ |
| $l$ | 动量轮支撑轴承中心距，m |
| $l_c$ | 保持架与滚道接触宽度，m |
| $L$ | 短轴承润滑理论对应的油膜宽度，m |
| $m$ | 质量，kg |
| $\boldsymbol{M_D}$ | 阻尼力产生的力矩，向量形式，$N \cdot m$ |
| $\boldsymbol{M_f}$ | 摩擦力产生的力矩，向量形式，$N \cdot m$ |
| $\boldsymbol{M_Q}$ | 赫兹接触应力产生的力矩，向量形式，$N \cdot m$ |
| $\boldsymbol{M_\gamma}$ | 陀螺力矩，向量形式，$N \cdot m$ |
| $N$ | 滚动体数目 |
| $p$ | 润滑油压强，Pa |
| $\boldsymbol{p}$ | 轴承元件状态变量，包含位置、姿态信息 |
| $p_H$ | 最大赫兹接触应力 |

| 量的符号 | 意 义 及 单 位 |
|---|---|
| $p_\theta$ | 滚动体(球)与保持架兜孔在不同角度 $\theta$ 对应的油膜压力,Pa |
| $P$ | 雷诺量纲一化压强 |
| $P_d$ | 径向游隙,mm |
| $P_e$ | 轴向游隙,mm |
| $Q$ | 接触载荷,N |
| $\boldsymbol{Q}$ | 赫兹接触应力,向量形式,N |
| $Q^*$ | 无量纲载荷 |
| $Q'$ | 线载荷 |
| $\boldsymbol{r}$ | 代表空间某点位置向量 |
| $r_b^i$ | 惯性圆柱坐标系中滚动体(球)质心的径向距离,m |
| $r_i$ | 内滚道沟曲率半径,m |
| $r_o$ | 外滚道沟曲率半径,m |
| $r_p$ | 保持架兜孔半径,m |
| $R_e$ | 卷吸速度方向的当量曲率半径,m |
| $R_o$ | 在滚动体方位坐标系 $xz$ 平面内,滚动体(球)与滚道、保持架接触变形后表面的当量曲率半径,m |
| $R_s$ | 侧滑方向的当量曲率半径,m |
| $R_x$, $R_y$ | 沿 $x$、$y$ 方向的当量曲率半径,m |
| $S$ | 润滑油回流方程量纲一化参数 |
| $t$ | 时间,s |
| $\Delta t$ | 迭代时间步长,s |
| $T$ | 雷诺方程量纲一化时间 |
| $\boldsymbol{T}_A^B$ | 从 A 坐标系到 B 坐标系的旋转变换,A、B 可为 i、ir、or、b,分别代表惯性坐标系、内套圈定体坐标系、外套圈定体坐标系、滚动体方位坐标系,矩阵形式 |
| $\boldsymbol{T}_d$ | 电机驱动力矩,向量形式,N·m |
| $\boldsymbol{T}_o$ | 动量轮输出转矩,向量形式,N·m |
| $\boldsymbol{u}_e$ | 接触点卷吸速度,向量形式,m/s |
| $\boldsymbol{u}_{r\theta}$ | 接触点法向方向相对运动速度,向量形式,m/s |
| $\boldsymbol{u}_{s\theta}$ | 接触点在接触平面内的相对运动速度,向量形式,m/s |
| $U$ | 表面接触点沿 $x$ 方向的运动速度,m/s |

| 量的符号 | 意 义 及 单 位 |
|---|---|
| $U^*$ | 无量纲卷吸速度 |
| $U_e$ | 无量纲卷吸速度参数 |
| $V$ | 表面接触点沿 $y$ 方向的运动速度,m/s |
| $W$ | 表面接触点沿 $z$ 方向的运动速度,m/s |
| $W_e$ | 无量纲载荷参数 |
| $x$ | 代表向量沿 $x$ 轴的分量 |
| $X$ | 雷诺方程量纲一化 $x$ |
| $y$ | 代表向量沿 $y$ 轴的分量 |
| $Y$ | 雷诺方程中量纲一化 $y$ |
| $z$ | 代表向量沿 $z$ 轴的分量 |
| $\alpha$ | 黏压系数 |
| $\alpha_e$ | 轴承材料恢复系数 |
| $\alpha_\eta$ | 润滑油黏压系数,$Pa^{-1}$ |
| $\alpha^0$ | 初始接触角,(°) |
| $\alpha'$ | 中心区域油膜宽度,m |
| $\delta$ | 两个轴承元件之间的干涉距离,m |
| $\varepsilon$ | 滚动体(球)质心在保持架兜孔中的偏心率 |
| $\eta$ | 润滑油在特定温度和压强下的黏度,Pa·s |
| $\eta_0$ | 润滑油在室温、大气压强下的黏度,Pa·s |
| $\eta^*$ | 考虑流变特性后的润滑油表观黏度,Pa·s |
| $\theta$ | 滚动体(球)和滚道接触点与两者曲率中心连线的夹角,或短轴承润滑理论中接触油膜的角度,rad |
| $\theta_e$ | 短轴承润滑理论中,接触油膜的终点角度,rad |
| $\theta_0$ | 短轴承润滑理论中,接触油膜的起点角度,rad |
| $\mu$ | 接触点实际摩擦因数 |
| $\mu_c$ | 固体接触摩擦因数 |
| $\mu_1$ | 弹流润滑摩擦因数 |
| $\xi$ | 油膜压力分布下上下表面变形大小,m |
| $\boldsymbol{\xi}$ | 从卡尔丹角角速度到定体坐标系角速度的变换矩阵 |
| $\xi_b$ | 滚动体(球)泊松比 |
| $\xi_c$ | 保持架材料泊松比 |

| 量的符号 | 意 义 及 单 位 |
|---|---|
| $\xi_{or}$ | 轴承外套圈泊松比 |
| $\rho$ | 润滑油在特定温度和压强下的密度，$kg/m^3$ |
| $\rho^0$ | 润滑油在室温、大气压强下的密度，$kg/m^3$ |
| $\tau_e$ | 某点润滑油流体剪切作用合力，Pa |
| $\tau_f$ | 接触点润滑油剪切应力，Pa |
| $\tau_{lim}$ | 润滑油极限剪切应力，Pa |
| $\tau_R$ | 考虑 Ree‐Eyring 效应的润滑油剪切应力，Pa |
| $\tau_0$ | 润滑油特征剪切应力，Pa |
| $\varphi$ | 卡尔丹角，rad |
| $\psi$ | 惯性圆柱坐标系中滚动体（球）质心的方位角，rad |
| $\boldsymbol{\omega}$ | 旋转角速度，向量形式，rad/s |
| $\omega$ | 沿某个方向的角速度，方向由下角标或者联系上下文确定 |
| $\boldsymbol{\Omega}$ | 进动角速度，向量形式，rad/s |
| $\vartheta$ | 卷吸速度与椭圆短半轴的夹角，rad |
| $\sum\rho$ | 综合曲率半径，m |

| 上角标 | 意 义 |
|---|---|
| b | 滚动体方位坐标系 |
| c | 保持架定体坐标系 |
| i | 惯性坐标系 |
| ir | 轴承内套圈定体坐标系 |
| or | 轴承外套圈定体坐标系 |
| T | 矩阵转置 |
| – | 指代与该向量方向平行的单位向量 |

| 下角标 | 意 义 |
|---|---|
| a | 雷诺方程中代指上表面 |
| ac | 沿保持架轴向方向 |

| 下角标 | 意　义 |
|---|---|
| aor | 沿外套圈轴向方向 |
| b | 滚动体(球)的参数或球质心,在雷诺方程中代指下表面 |
| bc | 代表保持架对滚动体(球)的作用 |
| bg | 在与滚道接触时滚动体(球)质心指向接触表面变形后的曲率圆心 |
| bh | 在与保持架接触时滚动体(球)质心指向接触表面变形后的曲率圆心 |
| bor | 代表外套圈对滚动体(球)的作用 |
| c | 保持架中心位置 |
| cb | 代表滚动体(球)对保持架的作用 |
| cl | 保持架左端面中心点 |
| co1ph | 滚道表面距离保持架左端面的最近点 |
| cor | 外套圈对保持架的作用 |
| gor | 外套圈距离滚动体(球)质心最近的沟曲率圆心 |
| hc | 保持架兜孔轴线上距离滚动体(球)质心最近的点 |
| ir | 轴承内套圈的参数或轴承质心 |
| nc | 保持架兜孔轴向单位向量 |
| oij | $i = x, y, z, j = 1, 2$,代表轴承外套圈 $j$ 沿 $i$ 方向对转子作用 |
| or | 轴承外套圈的参数或轴承质心 |
| orb | 代表滚动体对外套圈的作用 |
| orc | 保持架对外套圈的作用 |
| ori | $i = 1, 2, 3$,代表外套圈卡尔丹角的旋转轴 |
| pbc | 滚动体(球)表面距离保持架表面最近的点 |
| pbc$\theta$ | 滚动体(球)-保持架接触平面内角度为 $\theta$ 的接触点位置 |
| pbc$\theta_b$ | 滚动体(球)面与 pbc$\theta$ 重合的点 |
| pbc$\theta_c$ | 保持架表面与 pbc$\theta$ 重合的点 |
| pbo | 滚动体(球)表面距离外滚道表面最近的点 |
| pbo$\theta$ | 滚动体(球)-滚道接触平面内角度为 $\theta$ 的接触点位置 |
| pbo$\theta_b$ | 滚动体(球)面与 pbo$\theta$ 重合的点 |
| pbo$\theta_o$ | 外套圈表面与 pbo$\theta$ 重合的点 |
| pcb | 保持架表面距离滚动体(球)表面最近的点 |
| pco1 | 保持架左端表面距离滚道最近点 |
| pob | 外滚道表面距离滚动体(球)表面最近的点 |

# 目　录

# 第 1 章

# 轴承动力学计算基础

角接触球轴承广泛应用于空间长寿命高可靠卫星部件,摩擦力矩稳定性、动力学行为特性是考核其服役性能的关键指标。因此,建立角接触球轴承摩擦动力学模型,理解轴承元件的动力学行为特性,对空间应用轴承寿命评估甚至性能提升,都具有重要的意义。

## 1.1 背景介绍

根据轴承元件之间运动、作用载荷的假设程度,滚动轴承的力学特性分析模型总体上可分为 4 种:静力学分析、拟静力学分析、拟动力学分析、动力学分析[1]。静力学分析主要研究轴承元件在承受静载条件下的受力平衡问题,用于求解轴承载荷分布。在轴承静力学分析中,李红涛等[2]基于点接触载荷计算变形公式,建立了轴承载荷、位移和刚度的相互关系,从而确定了多联组配轴承预紧力及轴向刚度。拟静力学分析研究轴承平稳运动状态下轴承元件的运动和受力情况,该分析基于 Jones 建立的"套圈控制理论"假设[3],即与内外套圈同时接触的钢球只在一个滚道上做滚动和自旋运动,在另一个滚道上纯滚动。拟动力学分析模型同样分析轴承稳定运动状态下轴承元件的运动和受力情况,但是考虑了油膜拖动力、惯性力、滚子与保持架的摩擦力,将滚动体的转速假定为滚动体方位角的函数,相比于拟静力学分析过程,抛弃了"套圈控制理论"假设[4-6]。随着计算机的发展,完全模拟复杂工况下轴承各元件的运动状态变为可能,例如 Gupta[7-8]建立了轴承动力学微分方程,认为每个元件均有 6 个自由度,可以完整求解出轴承各个元件在运行过程中的受力情况。

随着计算机的飞速发展,求解复杂微分方程的能力不断提升,研究学者们得以追求更加真实的轴承动力学计算结果。因此,在上述模型中,除静力学模型外,其余模型仍广泛应用于轴承分析。例如,杨剑飞[9]应用 Newton – Raphson

法求解轴承拟静力学分析模型,分析轴承工况、结构参数和润滑油黏度对轴承润滑状态的影响。Oktaviana 等[10]建立了五自由度拟静力学模型,用于研究角接触球轴承中球和滚道在不同边界条件下的打滑现象。在高速动车轴箱轴承的动态性能分析过程中[11],双列圆锥滚子轴承$(5+3n)$自由度拟动力学模型被用于研究不同游隙下滚子打滑率和内外套圈 PV 值动态性能。吴继强等[12]运用拟动力学分析方法,研究了轴承滚子受力和相对运动之间的关系。关于上述 4 个模型在轴承性能分析中的应用,Asano[1]的研究具有重要的指导意义。

囿于期刊论文的篇幅有限,轴承动力学论文往往只能展示比较关键的几个接触载荷方程、动力学微分方程,方程的建立、公式之间的推导过程鲜有报道。考虑角接触球轴承是滚动轴承的主要形式,其方程可以部分应用于其他球轴承或滚子轴承,Harris 在 Advanced Concepts of Bearing Technology 一书中引入了"外滚道控制"或其他近似假设,给出了角接触球轴承的拟静力学计算公式的推导过程,其中涉及大量的轴承元件之间的位置、夹角关系说明,十分依赖于直观三维想象[13]。1984 年,Gupta 在 Advanced Dynamics of Rolling Elements 一书中针对球轴承给出了动力学模型建立的整个推导过程[14],成为后来诸多学者开展轴承完全动力学分析的入门书籍。其根据轴承元件之间的相对位置、夹角关系,推导了轴承元件之间接触载荷计算公式,整个过程涉及坐标系转换、三维想象,给准备开展轴承动力学建模的初学者带来了巨大挑战。

为此,本书针对空间角接触球轴承传统接触载荷方程推导过程难以理解这一问题,从向量角度给出了解决方法;并将轴承元件之间的接触简化为易于理解的几何体接触,例如:滚动体与保持架的接触转化为空间一球与圆柱面之间的接触求解,便于理解。同时考虑轴承动力学计算过程摩擦载荷在接触点相对运动速度接近于 0 时,极易产生非线性振荡的问题,提出了基于动量原理的摩擦力修正方法,使轴承动力学的计算效率得到了显著提升。

## 1.2　轴承基本参数

空间动量轮角接触球轴承主要包括外套圈、滚动体、多孔保持架、内套圈 4 种元件,这些元件的几何参数和材料参数构成了轴承的基本参数。其中,几何参数又包括元件的结构参数和相对位置参数。这些参数共同决定着轴承的动力学行为。

### 1.2.1　几何参数

1) 轴承元件结构

空间角接触球轴承如图 1-1 所示,由外套圈、滚动体、保持架、内套圈构成。不同于地面应用场合,空间角接触球轴承保持架通常为多孔结构,用于储备润滑油,从而延长轴承寿命。轴承内套圈、外套圈分别与转子、轴承座配合;滚动体在两个套圈的滚道上滚动,起到支撑内套圈、外套圈相对位置的作用,同时通过滚动降低相对运动带来的摩擦阻力;保持架引导滚动体在滚道上均匀分布。

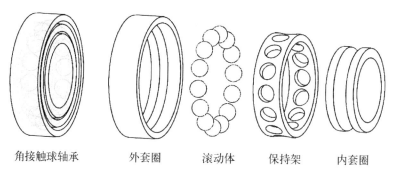

角接触球轴承　　　　外套圈　　　　滚动体　　　　保持架　　　　内套圈

**图 1-1　角接触球轴承构成**

（1）外套圈:角接触球轴承外套圈几何参数如图 1-2 所示,通常与轴承座配合并为滚动体提供滚道。其中,$D_o$ 为轴承外径;$r_o$ 为外滚道沟曲率半径;$f_o$ 为外滚道曲率半径系数,即外滚道沟曲率半径 $r_o$ 与滚动体直径 $D$ 的比值;$d_o$ 为外滚道沟底直径,指外滚道轮廓在径向平面内的最大直径;$d_{om}$ 为外滚道引导直径;$B$ 为轴承宽度。

**图 1-2　角接触球轴承外套圈几何参数**

（2）滚动体:角接触球轴承滚动体为球体,如图 1-1 所示,直径为 $D$,$N$ 个滚动体分布在滚道上支撑内外套圈,同时通过滚动降低摩擦力矩。

（3）保持架:角接触球轴承保持架几何参数如图 1-3 所示,通过分隔滚动体,使滚动体在周向方向上均匀分布。其中,$D_{c1}$ 为保持架外径,$D_{c2}$ 为保持架内径,两者决定了保持架的引导方式。在轴承运转过程中,当保持架与外套圈之间的间隙较小时,两者可能发生碰撞,为外挡边引导;当保持架与内套圈之间的间隙较小时,保持架与内套圈可能发生碰撞,为内挡边引导;当保持架与外套圈、

3

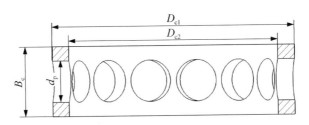

图 1-3　角接触球轴承保持架几何参数

内套圈之间的间隙均比较大时,轴承运转过程中保持架与外套圈、内套圈均不发生碰撞,为球引导。$B_c$ 为保持架宽度;$d_p$ 为保持架兜孔直径。

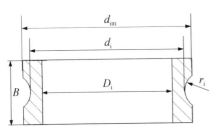

图 1-4　角接触球轴承内
套圈几何参数

　　(4) 内套圈:角接触球轴承内套圈几何参数如图 1-4 所示,通常与转子配合为滚动体提供滚道。其中,$D_i$ 为轴承内径;$r_i$ 为内滚道沟曲率半径;$f_i$ 为内滚道曲率半径系数,即内滚道沟曲率半径 $r_i$ 与滚动体直径 $D$ 的比值;$d_i$ 为内滚道沟底直径,指内滚道轮廓在径向平面内的最小直径;$d_{im}$ 为内滚道引导直径。

2) 轴承元件位置

　　轴承元件几何位置关系如图 1-5 所示,其中图 1-5(a) 所示为轴承无载荷的情况,内/外滚道曲率中心和滚动体中心在同一个径向平面内,由于存在径向、轴向游隙,滚动体可沿径向、轴向自由运动;如图 1-5(b) 所示,沿轴线预紧方向移动内/外套圈,得到图 1-5(c) 所示的相对位置关系图,此时轴承的径向、轴向游隙均被消除,滚动体位置被限制住。

　　节圆直径 $d_m$:无约束或受力状态下轴承滚动体中心所构成的圆的直径,如图 1-5(a) 所示,可由内/外滚道沟底直径计算得到:

$$d_m = \frac{1}{2}(d_i + d_o) \tag{1-1}$$

　　初始接触角 $\alpha^0$:在消除轴向游隙后轴承滚动体与内/外滚道接触点的连线和径向平面之间的夹角,如图 1-5(c) 所示,可由式(1-3)确定:

$$\alpha^0 = \arccos\left[1 - \frac{P_d}{2(r_o + r_i - D)}\right] \tag{1-2}$$

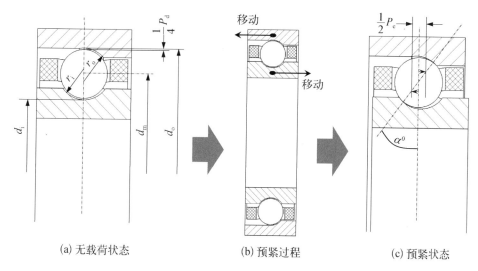

(a) 无载荷状态　　　　　　　(b) 预紧过程　　　　　　　(c) 预紧状态

**图 1 - 5　轴承元件几何位置关系**

而在轴承运转过程中,滚动体受到离心、摩擦等载荷作用,预紧状态下内/外滚道施加于滚动体的载荷将无法维持滚动体受力平衡,滚动体位置发生变动,其与内/外滚道将分别形成两个不一样的接触角。

径向游隙 $P_d$:无载荷状态下径向平面内滚动体与内/外滚道之间的间隙,如图 1 - 5(a)所示,可表示为

$$P_d = d_o - d_i - 2D \tag{1-3}$$

轴向游隙 $P_e$:无载荷状态下内套圈相对于外套圈的最大移动量,如图 1 - 5(c)所示,结合初始接触角,可由式(1-5)计算得

$$P_e = 2(r_o + r_i - D)\sin\alpha^0 \tag{1-4}$$

### 1.2.2　材料参数

轴承元件材料参数主要有弹性模量、泊松比、恢复系数、质量、惯性矩及干摩擦因数。其中,弹性模量和泊松比主要用于计算元件之间的赫兹接触应力,恢复系数用于计算接触阻尼力,干摩擦因数主要用于求解无油或者乏油润滑情况下的摩擦力,惯性矩和质量用于元件的加速度求解。对于计算过程中更为复杂的润滑油的相关计算,其要求的材料参数包括:黏度、黏压系数、黏温系数、密度、极限剪切系数等,主要用于求解轴承元件之间弹流润滑效应产生的摩擦力。

## 1.3 基础知识

雷诺(Reynolds)方程是计算润滑状态下轴承元件之间摩擦载荷的基础方程。此外,在建立轴承动力学模型之前,需要确定坐标系的建立方法及向量命名法则,便于公式推导及理解。

### 1.3.1 雷诺方程

1) 数值计算模型

如图 1-6 所示,润滑条件下,带有滚动、自旋运动和陀螺运动的滚动体经过滚道某点时,某油膜厚度分布、压力分布通过求解接触区域的雷诺方程得到,进而可以获得两者间的接触载荷。相比于纳维-斯托克斯方程(Navier - Stokes equation),雷诺方程做出了如下基本假设[15]。

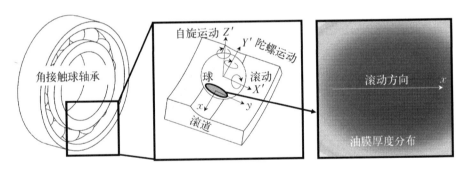

**图 1-6 润滑油油膜厚度分布**

(1) 忽略体积力(如重力、磁力等)的作用。

(2) 流体在界面上无滑动,即贴于表面的流体速度与表面速度相同。

(3) 在沿润滑膜厚度方向不计压力的变化。由于膜厚仅为几十微米或更小,压力不会发生明显的变化。

(4) 与油膜厚度相比较,轴承表面的曲率半径很大,因而忽略油膜曲率的影响,并用平移速度代替转动速度。

(5) 润滑剂是牛顿流体,对一般工况条件下使用的矿物油而言是合理的。

(6) 流动为层流,油膜中不存在涡流和湍流。对于高速大型轴承,可能处于湍流润滑。

(7) 与黏性力比较,可忽略惯性力的影响。

（8）沿润滑膜厚度方向黏度数值不变。

根据上述假设，对流体力学连续方程在膜厚方向上积分可以得到雷诺方程[15]：

$$\frac{\partial}{\partial x}\left(\frac{\rho h^3}{12\eta}\frac{\partial p}{\partial x}\right)+\frac{\partial}{\partial y}\left(\frac{\rho h^3}{12\eta}\frac{\partial p}{\partial y}\right)$$

$$=\frac{\partial}{\partial x}\left[\frac{\rho h(U_b-U_a)}{2}\right]+\frac{\partial}{\partial y}\left[\frac{\rho h(V_b-V_a)}{2}\right]+\rho(W_a-W_b) \tag{1-5}$$

Bhushan 给出了不一样的雷诺方程形式[16]：

$$\frac{\partial}{\partial x}\left(\frac{\rho h^3}{12\eta}\frac{\partial p}{\partial x}\right)+\frac{\partial}{\partial y}\left(\frac{\rho h^3}{12\eta}\frac{\partial p}{\partial y}\right)=\frac{\partial}{\partial x}\left[\frac{\rho h(U_a+U_b)}{2}\right]+\frac{\partial}{\partial y}\left[\frac{\rho h(V_a+V_b)}{2}\right]+$$

$$\rho\left(W_a-W_b-U_a\frac{\partial h}{\partial x}-V_a\frac{\partial h}{\partial y}\right)+h\frac{\partial\rho}{\partial t} \tag{1-6}$$

式中，$\rho$ 为油膜密度；$\eta$ 为润滑油黏度；$h$ 为油膜厚度；$p$ 为油膜压强；$U$、$V$、$W$ 分别为润滑油上下表面沿 $x$、$y$、$z$ 方向的运动速度；下标 a 和 b 分别为上下表面。虽然式（1-5）给出的方程是在流体密度 $\rho$ 不随时间变化的假设下，即忽略了式（1-6）的最后一项 $h\frac{\partial\rho}{\partial t}$，但是将式（1-6）转化为式（1-5）还要求等式（1-7）成立。

$$\rho U_a\frac{\partial h}{\partial x}=\frac{\partial}{\partial x}(\rho h U_a) \tag{1-7}$$

式（1-5）与式（1-6）的不一致容易给研究者带来困惑，此处对雷诺方程进行推导，分析当前工程问题所用到的雷诺方程形式，并对不同形式的雷诺方程进行比较。

取空间一控制体 $\mathrm{d}x\mathrm{d}y\mathrm{d}z$，将物理学基本原理应用于控制体本身这一有限区域内的流体，控制体不随流体运动，可以得到守恒型方程[17]。其中，润滑油流入流出控制体满足连续性方程：

$$\left[\frac{\partial(\rho u)}{\partial x}+\frac{\partial(\rho v)}{\partial y}+\frac{\partial(\rho w)}{\partial z}+\frac{\partial\rho}{\partial t}\right]\mathrm{d}x\mathrm{d}y\mathrm{d}z=0 \tag{1-8}$$

式中，$u$、$v$、$w$ 分别为控制体中润滑油在 $x$、$y$、$z$ 方向的运动速度。

对每一个控制体在油膜厚度上积分，可得：

$$
\begin{cases}
\int_{h_{\mathrm{b}}}^{h_{\mathrm{a}}} \dfrac{\partial \rho}{\partial t}\mathrm{d}z = h\dfrac{\partial \rho}{\partial t} \\[2mm]
\int_{h_{\mathrm{b}}}^{h_{\mathrm{a}}} \dfrac{\partial(\rho u)}{\partial x}\mathrm{d}z = -\dfrac{\partial}{\partial x}\left(\dfrac{\rho h^3}{12\eta}\dfrac{\partial p}{\partial x}\right) + \dfrac{\partial}{\partial x}\left[\dfrac{\rho h(U_{\mathrm{a}}+U_{\mathrm{b}})}{2}\right] - \left(\rho U_{\mathrm{a}}\dfrac{\partial h_{\mathrm{a}}}{\partial x} - \rho U_{\mathrm{b}}\dfrac{\partial h_{\mathrm{b}}}{\partial x}\right) \\[2mm]
\int_{h_{\mathrm{b}}}^{h_{\mathrm{a}}} \dfrac{\partial(\rho v)}{\partial y}\mathrm{d}z = -\dfrac{\partial}{\partial y}\left(\dfrac{\rho h^3}{12\eta}\dfrac{\partial p}{\partial y}\right) + \dfrac{\partial}{\partial y}\left[\dfrac{\rho h(V_{\mathrm{a}}+V_{\mathrm{b}})}{2}\right] - \left(\rho V_{\mathrm{a}}\dfrac{\partial h_{\mathrm{a}}}{\partial y} - \rho V_{\mathrm{b}}\dfrac{\partial h_{\mathrm{b}}}{\partial y}\right) \\[2mm]
\int_{h_{\mathrm{b}}}^{h_{\mathrm{a}}} \dfrac{\partial(\rho w)}{\partial z}\mathrm{d}z = \rho W_{\mathrm{a}} - \rho W_{\mathrm{b}}
\end{cases}
$$

$$(1-9)$$

式中,油膜厚度 $h = h_{\mathrm{a}} - h_{\mathrm{b}}$, $h_{\mathrm{a}}$ 和 $h_{\mathrm{b}}$ 分别为油膜上、下表面在坐标系中 $z$ 方向的值。

假设下表面在 $x$、$y$ 方向的变化为 $0$,即 $\dfrac{\partial h_{\mathrm{b}}}{\partial x} = \dfrac{\partial h_{\mathrm{b}}}{\partial y} = 0$,联立式(1-9)各项即可得到雷诺方程[16],式(1-9)的积分过程用到了如下积分公式:

$$
\int_{h_{\mathrm{a}}}^{h_{\mathrm{b}}} \dfrac{\partial f(x, y, z)}{\partial x}\mathrm{d}z = \dfrac{\partial}{\partial x}\int_{h_{\mathrm{a}}}^{h_{\mathrm{b}}} f(x, y, z)\mathrm{d}z -
$$
$$
\left[f(x, y, h_{\mathrm{b}})\dfrac{\partial h_{\mathrm{b}}}{\partial x} - f(x, y, h_{\mathrm{a}})\dfrac{\partial h_{\mathrm{a}}}{\partial x}\right] \quad (1-10)
$$

因此,当下表面不是光滑平面时,式(1-6)将存在误差,这种情况存在于粗糙平面的润滑求解过程中。另一方面,式(1-9)和式(1-6)中的 $W_{\mathrm{a}}$、$W_{\mathrm{b}}$ 为润滑油上、下表面在 $z$ 方向上的运动速度,根据假设(2)该速度为上、下表面物体的运动速度。对于动压润滑状态,该速度可直接由物体的质心速度和旋转速度求解得到,即为刚体上某一点的运动速度计算;对于弹流动压润滑计算,这两个速度($W_{\mathrm{h}}$、$W_{\mathrm{0}}$)还应包括高度方向变形对应的速度,在工程上难以直接计算。因此,对式(1-9)的第一项采用如下变换:

$$
\begin{cases}
h\dfrac{\partial \rho}{\partial t} = \dfrac{\partial(\rho h)}{\partial t} - \rho\dfrac{\partial h}{\partial t} \\[2mm]
\dfrac{\partial h}{\partial t} = W_{\mathrm{a}} - W_{\mathrm{b}} - \left(U_{\mathrm{a}}\dfrac{\partial h_{\mathrm{a}}}{\partial x} - U_{\mathrm{b}}\dfrac{\partial h_{\mathrm{b}}}{\partial x}\right) - \left(V_{\mathrm{a}}\dfrac{\partial h_{\mathrm{a}}}{\partial y} - V_{\mathrm{b}}\dfrac{\partial h_{\mathrm{b}}}{\partial y}\right)
\end{cases}
$$

$$(1-11)$$

联立式(1-11)和式(1-9)可得如下雷诺方程[18]:

$$\frac{\partial}{\partial x}\left(\frac{\rho h^3}{12\eta}\frac{\partial p}{\partial x}\right)+\frac{\partial}{\partial y}\left(\frac{\rho h^3}{12\eta}\frac{\partial p}{\partial y}\right)$$

$$=\frac{\partial}{\partial x}\left[\frac{\rho h(U_b+U_a)}{2}\right]+\frac{\partial}{\partial y}\left[\frac{\rho h(V_b+V_a)}{2}\right]+\frac{\partial(\rho h)}{\partial t} \quad (1-12)$$

相比于式(1-5)和式(1-6)，该式考虑了弹性变形产生的速度，适用于包括粗糙平面的工程计算。当最后一项 $\frac{\partial(\rho h)}{\partial t}=0$ 时，则考虑为稳态方程，否则为瞬态方程。同时，从式(1-12)可以发现，滑滚比对方程的影响主要体现在左端项的压力流动效应上，这是因为在相同的卷吸速度下，上、下平面运动速度差距比较大，导致流体剪应变率增加，此时润滑油的非牛顿性质将显现出来，导致黏度发生较大变化。上述 3 种形式的雷诺方程比较如表 1-1 所示。

**表 1-1　雷诺方程形式比较**

| 性　　质 | 式(1-5)[15] | 式(1-6)[16] | 式(1-12)[18] |
| --- | :---: | :---: | :---: |
| 稳态动压润滑 | √ | √ | √ |
| 考虑润滑油密度随时间变化 | | √ | √ |
| 考虑润滑油密度随空间位置变化 | | √ | √ |
| 考虑物体上、下表面(a、b)弹性变形速度 | | | √ |
| 考虑参考系中下表面(b)运动且非平面 | | | √ |

采用隐式方法求解瞬态方程是无条件稳定的，但是每一个时间增量步都需要迭代多次才能小于误差阈值。而稳态方程没有时间增量步的概念，相比于瞬态方程仅需耗费迭代一个时间增量步的次数即可得到油膜压力状态分布，因此研究者偏向于将工程润滑问题中的雷诺方程转化为稳态方程。

对于光滑表面的弹流润滑求解，研究者通常构建一个合适的坐标系，使得在该坐标系内观察式(1-12)所建立的油压时，任一点的状态不会发生变化，此时式(1-12)右端最后一项对时间的偏导数为 0，从而转化为稳态方程。下面将以两种相似的光滑表面润滑工况为例，说明雷诺方程转化为稳态方程时求解坐标系的建立方法。

如图 1-7(a)所示，在惯性参考系下，下表面以速度 $U_b$ 运动，上表面仅有旋

转速度 $\omega_a$ 且最低点速度等于 $U_b$；图 1-7(b)所示的上表面仅有 $U_a$ 方向的平动速度且 $U_a=U_b$。两者在接触点位置似乎展现了一样的工况，即两种工况在式(1-12)中右边第一项的上、下表面接触点速度相等。当对两种工况都采用稳态雷诺方程进行求解时，将产生压力场一致的结果，与实际情况相矛盾。因为雷诺方程是在欧拉体系下计算空间任一控制体的流量守恒方程，不考虑控制体的运动速度，所以当采用惯性参考系时，图 1-7(a)接触区域（方框）不随时间发生变动，润滑求解方程为稳态方程；而图 1-7(b)接触区域将跟随上、下表面以速度 $U_a$ 运动，即控制体的空间位置发生变动。因此，对图 1-7(b)采用随时间发生位置变化的控制体时，需对式(1-12)所示的雷诺方程进行修改；而采用不随时间发生位置变化的控制体时，控制体内部的油压分布显然将随时间发生变化，应考虑式(1-12)所示雷诺方程右端的时变项。

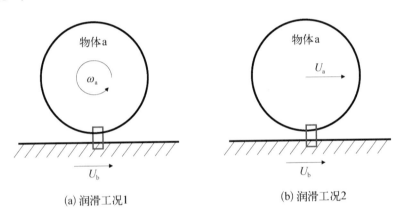

(a) 润滑工况1          (b) 润滑工况2

图 1-7　润滑工况计算

对该问题进一步详细说明如下。对控制体进行分析可以发现，图 1-8(a)中的方框内的油膜厚度经过一段时间后仍保持不变，而图 1-8(b)中由于物体 a 的运动，该控制体上表面将变为空气，显然润滑油的油压分布、上表面运动速度将发生变化，式(1-12)所示的雷诺方程右端的时变项不能直接假定为 0，因此在计算时不能采用稳态方程。在工程计算中，雷诺方程关于稳态或瞬态的假设不能脱离参考系而单独讨论。而将参考系原点固连到物体 a 的中心且不随物体 a 转动时，可以发现如图 1-8 所示的两个控制体的油膜厚度将始终保持不变，此时对这两种工况建立的雷诺方程都变为稳态方程，只是图 1-8(b)中的接触点速度变为 0，对应的求解结果无法得到图 1-8(a)的压力分布。

如图 1-8(a)所示的润滑工况稳态方程建立的过程用到了式(1-12)，直接

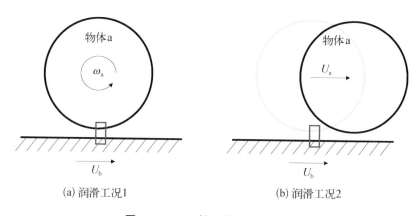

(a) 润滑工况1　　　　　　　　　(b) 润滑工况2

**图 1-8　$\Delta t$ 时间后润滑工况计算**

应用式(1-5)和式(1-6)将得到错误的结果。由于物体 a 没有向上的速度,考虑假设(4),式(1-5)中 $W_a$、$W_b$ 为 0,而接触点平移速度 $U_a$ 与 $U_b$ 相等,可以得到右边项为 0 的结果。虽然式(1-6)没有式(1-7)的假设,但是当不考虑润滑油密度随空间位置变化时,同样会得到右边项为 0 的错误结果。即使式(1-12)假设润滑油密度不随空间位置变化,右边项依然不会为 0。之所以图 1-8(a)所示的简单润滑工况直接应用式(1-5)和式(1-6)会得到荒谬的压力为 0 的结果,是因为这两种雷诺方程形式采纳了假设(4)而均忽略了转动速度 $\omega_a$ 带来的向下的速度 $W_a$,而且实际上也正是速度 $W_a$ 使得图 1-8(a)的润滑工况有别于图 1-8(b)的情况。因此,雷诺方程应建立在参考系为非平面的物体上,便于判断是否应该考虑式(1-12)右端的时变项,避免计算结果发生偏差,同时减小计算难度。

近年来,基于雷诺方程,研究人员发展了稳态、非稳态(热)弹流润滑数值仿真方法[9-12],求解的方程仍是雷诺方程,但是在仿真中考虑了流体的非牛顿效应[22]、流变效应[23]等。为分析不同润滑工况,研究者们开始研究 Stribeck 曲线[24]中混合润滑阶段的数值求解方法,其中有 Patir-Cheng 的平均雷诺方程[25]、朱东和胡元中的精确雷诺方程求解模型[26]。

本书针对粗糙表面的弹流动压润滑求解问题,考虑仅有沿 $x$ 方向的运动速度,根据式(1-12)所示的雷诺方程,给出采用 Crank-Nicolson 格式建立的差分方程[27]:

$$\rho_{i,j}^{*(k)}H_{i,j}^{(k)} = \rho_{i,j}^{*(k-1)}H_{i,j}^{(k-1)} - \frac{1}{4}U(\rho_{i,j}^{*(k-1)}H_{i,j}^{(k-1)} - \rho_{i-1,j}^{*(k-1)}H_{i-1,j}^{(k-1)} + \rho_{i,j}^{*(k)}H_{i,j}^{(k)} -$$

$$\rho_{i-1,j}^{*(k)}H_{i-1,j}^{(k)})\frac{\Delta T}{\Delta X} + \frac{\Delta T}{4\Delta X^2}(\varepsilon_{i-1/2,j}^{(k)}P_{i-1,j}^{(k)} + \varepsilon_{i+1/2,j}^{(k)}P_{i+1,j}^{(k)} + \varepsilon_{i,j-1/2}^{(k)}P_{i,j-1}^{(k)} +$$

$$\varepsilon_{i,\,j+1/2}^{(k)}P_{i,\,j+1}^{(k)} - \varepsilon_0^{(k)}P_{i,\,j}^{(k)}) + \frac{\Delta T}{4\Delta X^2}(\varepsilon_{i-1/2,\,j}^{(k-1)}P_{i-1,\,j}^{(k-1)} + \varepsilon_{i+1/2,\,j}^{(k-1)}P_{i+1,\,j}^{(k-1)} +$$

$$\varepsilon_{i,\,j-1/2}^{(k-1)}P_{i,\,j-1}^{(k-1)} + \varepsilon_{i,\,j+1/2}^{(k-1)}P_{i,\,j+1}^{(k-1)} - \varepsilon_0^{(k-1)}P_{i,\,j}^{(k-1)}) \qquad (1-13)$$

其中,

$$\begin{cases} P = \dfrac{p}{p_{\mathrm{H}}}, \ T = \dfrac{t}{a}, \\[2mm] \rho^* = \dfrac{\rho}{\rho_0}, \ \varepsilon = \dfrac{\rho^* H^3 p_{\mathrm{H}}}{12\eta_0 E'}\left(\dfrac{a}{R_x}\right)^3, \\[2mm] X = \dfrac{x}{a}, \ Y = \dfrac{y}{a}, \ H = \dfrac{hR_x}{ab}, \end{cases} \qquad (1-14)$$

该方程数值计算流程如图 1-12 所示。初始计算时假定两个接触表面均为光滑
表面,粗糙表面随着时间步的增加逐步进入计算区域。对于每一个增量步,当两

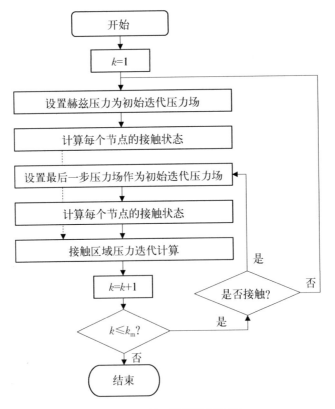

**图 1-9　混合润滑计算流程**

个表面处于完全分开状态时,将赫兹压力作为初始压力场进行迭代计算。当两个表面之间发生接触时,考虑计算效率,将最后一步求解的压力分布作为初始化压力场代入,进行迭代计算。

2) 数值计算程序

参考《弹性流体动压润滑数值计算方法》[28],按照上述计算流程,基于 Fortran 语言编写的混合润滑状态下雷诺方程求解程序文件如表 1-2 所示,具体求解代码见附录。其中,压力场导致的接触表面变形计算采用了快速傅里叶变换方法,见"VI_DC_FFT.f90",缩短了程序计算时间。

表 1-2  混合润滑状态下雷诺方程求解程序文件说明

| 程序文件名 | 说　　明 |
|---|---|
| ELLIPEHLUV - FINAL. f90 | 主程序 |
| HERTZ_ELLIPTIC. f90 | 求解椭圆接触情况下的 Hertz 接触半径以及最大应力 |
| PARA. f90 | 记录混合弹流润滑程序计算过程的全局变量 |
| DEFORMATION_VI. f90 | 计算变形系数 |
| PRESSURE_INITI. f90 | 基于 Hertz 方程初始化点接触表面压力分布 |
| HREE. f90 | 根据粗糙表面运动、变形大小,更新油膜厚度、滑油黏度 |
| VI_DC_FFT. f90 | 根据油压分布计算接触表面变形大小 |
| DATAREAD. f90 | 读取粗糙表面 |
| REH_SIMPLE. f90 | 计算考虑流变效应后的黏度,并限制修正后的黏度值的范围 |
| ITER_PRESSURE. f90 | 迭代计算雷诺方程,获得油压分布结果 |
| OUTPUT. f90 | 输出计算结果 |

3) 计算案例

以粗糙表面点接触弹流动压润滑计算为例,设置计算参数如表 1-3 所示,其中 $a$ 为对应载荷工况下的赫兹接触半径。

表 1-3 雷诺方程计算参数

| 参　　数 | 值 |
|---|---|
| 当量曲率半径 $R_x$，$R_y$ /mm | 19.05 |
| 等效弹性模量 $E'$ /GPa | 219.78 |
| 黏度 $\eta_0$ /(Pa·s) | 0.096 |
| 黏压系数 $\alpha$ /GPa$^{-1}$ | 18.2 |
| 相对剪切应力 $\tau_0$ /MPa | 18.0 |
| 卷吸速度 $U$ /(mm·s$^{-1}$) | 625 |
| 正压力 $w$/N | 800 |
| 时间步长 $\Delta t$ /μs | 5.855 |
| 高斯-赛德尔(Gauss-Seidel)松弛系数 $\theta_G$ | 0.15 |
| 分布松弛系数 $\theta_d$ | 0.1 |
| 压力裕度 $\zeta_p$ | $10^{-6}$ |
| 载荷裕度 $\zeta_w$ | $10^{-6}$ |
| 网格节点 | $257 \times 257$ |
| 正弦表面高度 $A_a$ /μm | 0.4 |
| 初始位置 $x_s$ | $-1.9a$ |

正弦表面构造方程如下：

$$h_a(x, y, t) = \begin{cases} A_a \sin\left[\dfrac{2\pi(x - x_a)}{l_{wx}}\right] \cos\left(\dfrac{2\pi y}{l_{wy}}\right), & x < x_s \\ 0, & x \geqslant x_s \end{cases} \quad (1-15)$$

执行程序，得到混合润滑工况下，不同时间步正弦表面经过接触区域的压力及膜厚分布结果，如图 1-10 所示，压力分布整体上近似为赫兹分布，但受到表面形貌的影响，呈现正弦曲线特征。

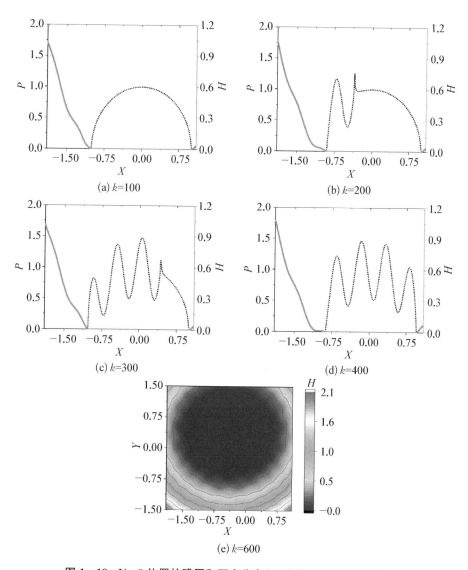

图 1 - 10　**$Y = 0$ 位置的膜厚和压力分布(正弦表面经过接触区域)**

## 1.3.2　坐标系

1) 惯性坐标系

如图 1 - 11 所示,上标 i 代表惯性坐标系,原点建立在无约束状态下轴承中心位置。惯性直角坐标系 $x$ 轴沿轴心方向,$z$ 轴沿竖直方向,$y$ 轴根据右手定则确定。其圆柱坐标系高度仍沿 $x^i$ 方向,方位角为与 $z^i$ 轴的夹角,沿顺时针方向。

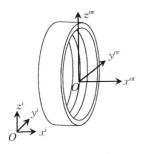

**图 1 - 11   惯性坐标系**

考虑轴承惯性直角坐标系的标注方式,为了避免混淆,惯性圆柱坐标系高度方向的标注仍采用 $x^i$。

2) 定体坐标系

如图 1 - 11 所示,外套圈定体坐标系原点建立在无约束状态下轴承中心位置,初始时刻与惯性坐标系重合,之后随着外套圈一起发生平动和转动。外套圈定体坐标系用上标 or 代表。

内套圈定体坐标系原点建立在无约束状态下轴承中心位置,初始时刻与惯性坐标系重合,之后随着内套圈一起发生平动和转动。内套圈定体坐标系用上标 ir 代表。

保持架定体坐标系原点建立在无约束状态下轴承中心位置,初始时刻与惯性坐标系重合,之后随着保持架一起发生平动和转动。保持架定体坐标系用上标 cg 代表。

3) 滚动体方位坐标系

滚动体方位坐标系 $O^b x^b y^b z^b$ 的原点位于球心位置,并且在球的运动过程中始终与其质心固连。与定体坐标系不同的是其坐标轴不随球体姿态变换发生转动,$x^b$ 轴始终与惯性坐标系 $x^i$ 轴平行,$z^b$ 轴垂直于 $x^i$ 轴并指向球的质心,$y^b$ 轴根据右手定则判定方向,如图 1 - 12 所示。

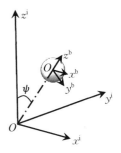

**图 1 - 12   角接触球轴承滚动体位置**

4) 坐标系转换

(1) 惯性圆柱坐标系和惯性直角坐标系。

空间中一点位置 $P$,其在两个坐标系中的位置向量分量转换关系如下:

$$\begin{cases} x_P^i = x_P^i \\ y_P^i = r_P^i \sin \psi_P^i \\ z_P^i = r_P^i \cos \psi_P^i \end{cases} \tag{1-16}$$

相应地,两个坐标系中的速度转换关系可直接对式(1-16)采用链式法则进行时间求导得到,其与直角坐标系之间的转换关系如下:

$$\begin{cases} \dot{x}_P^i = \dot{x}_P^i \\ \dot{y}_P^i = \dot{r}_P^i \sin \psi_P^i + r_P^i \dot{\psi}_P^i \cos \psi_P^i \\ \dot{z}_P^i = \dot{r}_P^i \cos \psi_P^i - r_P^i \dot{\psi}_P^i \sin \psi_P^i \end{cases} \tag{1-17}$$

（2）定体坐标系和惯性坐标系的转换。

以轴承外套圈定体坐标系为例，假设某个时刻外套圈中心点在惯性坐标系中的位置为 $(x_{\mathrm{or}}^{\mathrm{i}}, y_{\mathrm{or}}^{\mathrm{i}}, z_{\mathrm{or}}^{\mathrm{i}})$，空间姿态对应的卡尔丹角为 $\varphi_{\mathrm{or}1}^{\mathrm{i}}$、$\varphi_{\mathrm{or}2}^{\mathrm{i}}$、$\varphi_{\mathrm{or}3}^{\mathrm{i}}$。因为轴承外套圈定体坐标系与自身固连，所以定体坐标系的姿态即为外套圈的姿态。参照图 1-11，轴承外套圈定体坐标系姿态在卡尔丹角下的姿态旋转方式如图 1-13 所示，初始时定体坐标系与惯性坐标系完全重合，首先在惯性坐标系下平动 $\boldsymbol{r}_{\mathrm{or}} = [x_{\mathrm{or}}^{\mathrm{i}}, y_{\mathrm{or}}^{\mathrm{i}}, z_{\mathrm{or}}^{\mathrm{i}}]^{\mathrm{T}}$，得到平动后的坐标系，然后绕该坐标系 $x$ 轴旋转角度 $\varphi_{\mathrm{or}1}^{\mathrm{i}}$ 得到坐标系 1，再绕坐标系 1 的 $y$ 轴旋转角度 $\varphi_{\mathrm{or}2}^{\mathrm{i}}$ 得到坐标系 2，最后绕坐标系 2 的 $z$ 轴旋转角度 $\varphi_{\mathrm{or}3}^{\mathrm{i}}$ 得到位置信息 $\boldsymbol{p}_{\mathrm{or}}$ 对应的定体坐标系姿态。

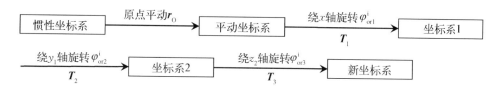

**图 1-13　轴承外套圈卡尔丹角姿态转换**

结合如图 1-13 所示的外套圈定体坐标系在卡尔丹角描述下相对于惯性坐标系的转换，该流程中的旋转矩阵如下：

$$
\begin{cases}
\boldsymbol{T}_1 = \begin{bmatrix} 1 & 0 & 0 \\ 0 & \cos\varphi_{\mathrm{or}1}^{\mathrm{i}} & \sin\varphi_{\mathrm{or}1}^{\mathrm{i}} \\ 0 & -\sin\varphi_{\mathrm{or}1}^{\mathrm{i}} & \cos\varphi_{\mathrm{or}1}^{\mathrm{i}} \end{bmatrix} \\[6pt]
\boldsymbol{T}_2 = \begin{bmatrix} \cos\varphi_{\mathrm{or}2}^{\mathrm{i}} & 0 & -\sin\varphi_{\mathrm{or}2}^{\mathrm{i}} \\ 0 & 1 & 0 \\ \sin\varphi_{\mathrm{or}2}^{\mathrm{i}} & 0 & \cos\varphi_{\mathrm{or}2}^{\mathrm{i}} \end{bmatrix} \\[6pt]
\boldsymbol{T}_3 = \begin{bmatrix} \cos\varphi_{\mathrm{or}3}^{\mathrm{i}} & \sin\varphi_{\mathrm{or}3}^{\mathrm{i}} & 0 \\ -\sin\varphi_{\mathrm{or}3}^{\mathrm{i}} & \cos\varphi_{\mathrm{or}3}^{\mathrm{i}} & 0 \\ 0 & 0 & 1 \end{bmatrix}
\end{cases} \tag{1-18}
$$

式中，$\boldsymbol{T}_1$，$\boldsymbol{T}_2$，$\boldsymbol{T}_3$ 分别表示绕 $x$，$y$，$z$ 轴的旋转矩阵。对空间中某点 $P$，在惯性坐标系和轴承外套圈定体坐标系的坐标转换可由下式得到：

$$
\begin{cases}
\boldsymbol{P}^{\mathrm{or}} = \boldsymbol{T}_3 \boldsymbol{T}_2 \boldsymbol{T}_1 (\boldsymbol{P}^{\mathrm{i}} - \boldsymbol{r}_{\mathrm{o}}) = \boldsymbol{T}_{\mathrm{i}}^{\mathrm{or}} (\boldsymbol{P}^{\mathrm{i}} - \boldsymbol{r}_{\mathrm{o}}) \\
\boldsymbol{P}^{\mathrm{i}} = \boldsymbol{T}_1^{-1} \boldsymbol{T}_2^{-1} \boldsymbol{T}_3^{-1} \boldsymbol{P}^{\mathrm{or}} + \boldsymbol{r}_{\mathrm{o}} = \boldsymbol{T}_{\mathrm{or}}^{\mathrm{i}} \boldsymbol{P}^{\mathrm{or}} + \boldsymbol{r}_{\mathrm{o}}
\end{cases} \tag{1-19}
$$

式中，$\boldsymbol{T}_i^{or}$ 表示从惯性坐标系到外套圈定体坐标系的旋转变换，$\boldsymbol{T}_{or}^i$ 表示从外套圈定体坐标系到惯性坐标系的旋转变换。

惯性坐标转换为定体坐标的旋转矩阵计算程序如下。

```
function T = transfer(p)
% 从惯性坐标系到转动过卡尔丹角 p 后的坐标系的坐标变化，x_p = T * x_i
p1 = p(1);p2 = p(2);p3 = p(3);
T1 = [1 0 0;0 cos(p1) sin(p1);0 - sin(p1) cos(p1)];
T2 = [cos(p2) 0 - sin(p2);0 1 0;sin(p2) 0 cos(p2)];
T3 = [cos(p3) sin(p3) 0;- sin(p3) cos(p3) 0;0 0 1];
T = T3 * T2 * T1;
```

（3）滚动体方位坐标系和惯性直角坐标系。

类似于轴承外套圈采用的定体坐标系，滚动体方位坐标系相对于惯性直角坐标只进行了平移和绕 $x$ 轴旋转 $\psi_b^i$，因此空间中某点在这两个坐标系中的表示关系可通过旋转变换矩阵求解得到：

$$\begin{cases} \boldsymbol{P}^b = \boldsymbol{T}_i^b(\boldsymbol{P}^i - \boldsymbol{r}_b) \\ \boldsymbol{P}^i = \boldsymbol{T}_b^i\boldsymbol{P}^b + \boldsymbol{r}_b \end{cases} \tag{1-20}$$

结合图 1-12，旋转变换矩阵 $\boldsymbol{T}_i^b$ 计算如下：

$$\boldsymbol{T}_i^b = \begin{bmatrix} 1 & 0 & 0 \\ 0 & \cos(-\psi_b^i) & \sin(-\psi_b^i) \\ 0 & -\sin(-\psi_b^i) & \cos(-\psi_b^i) \end{bmatrix} \tag{1-21}$$

其中，矩阵 $\boldsymbol{T}_b^i$ 可通过对矩阵 $\boldsymbol{T}_i^b$ 求逆计算得到。

（4）滚动体方位坐标系和惯性圆柱坐标系。

空间某点位置或向量在滚动体方位坐标系和惯性圆柱坐标系中的转换关系可根据式（1-20）和式（1-16）推导得到。轴承动力学计算过程中这两个坐标系的转换主要用于球心速度的求解。计算公式如下：

$$\begin{cases} \dot{x}_b^i = \dot{x}_b^b \\ \dot{r}_b^i = \dot{z}_b^b \\ \dot{\psi}_b^i = \dfrac{\dot{y}_b^b}{r_b^i} \end{cases} \tag{1-22}$$

同样地,球体平动加速度在该方位坐标系与惯性圆柱坐标系之间的转换关系如下:

$$
\begin{cases}
\ddot{x}_b^i = \ddot{x}_b^b \\
\ddot{r}_b^i = \ddot{z}_b^b \\
\ddot{\psi}_b^i = \dfrac{\ddot{y}_b^b}{r_b^b}
\end{cases}
\tag{1-23}
$$

### 1.3.3　向量命名法则

本书中的向量命名法则如下。

$\boldsymbol{r}_a^\Theta$ 为空间某点或某个物体 a 在坐标系 $\Theta$ 中的位置向量,其中坐标系 $\Theta$ 符号可为 i、or、ir、c、b,分别代表惯性坐标系、外套圈定体坐标系、内套圈定体坐标系、保持架定体坐标系、滚动体方位坐标系。此外,$\dot{\boldsymbol{r}}_a^\Theta$ 为空间某点或某个物体 a 在坐标系 $\Theta$ 中的平动速度,$\ddot{\boldsymbol{r}}_a^\Theta$ 为空间某点或某个物体 a 在坐标系 $\Theta$ 中的平动加速度。

$\bar{\boldsymbol{r}}_a^\Theta$ 为在坐标系 $\Theta$ 中指向空间某点或某个物体 a 的单位向量,坐标系 $\Theta$ 符号与 $\boldsymbol{r}_a^\Theta$ 中的说明一样。

$\boldsymbol{\varphi}_a^\Theta$ 为空间某点或某个物体 a 在坐标系 $\Theta$ 中的卡尔丹角,坐标系 $\Theta$ 符号与 $\boldsymbol{r}_a^\Theta$ 中的说明一样。此外,$\dot{\boldsymbol{\varphi}}_a^\Theta$ 为空间某点或某个物体 a 在坐标系 $\Theta$ 中的卡尔丹角角速度,$\ddot{\boldsymbol{\varphi}}_a^\Theta$ 为空间某点或某个物体 a 在坐标系 $\Theta$ 中的卡尔丹角角加速度。

$\boldsymbol{\omega}_a^\Theta$ 为空间某点或某个物体 a 在坐标系 $\Theta$ 中的角速度,坐标系 $\Theta$ 符号与 $\boldsymbol{r}_a^\Theta$ 中的说明一样。此外,$\dot{\boldsymbol{\omega}}_a^\Theta$ 为空间某点或某个物体 a 在坐标系 $\Theta$ 中的角加速度。

$\boldsymbol{F}_{ab}^\Theta$ 为在坐标系 $\Theta$ 中物体 a 受到 b 的作用载荷,其中 $\boldsymbol{F}$ 符号可为 $\boldsymbol{Q}$、$\boldsymbol{M}_Q$、$\boldsymbol{f}$、$\boldsymbol{M}_f$、$\boldsymbol{D}$、$\boldsymbol{M}_D$,分别代表接触正压力、接触正压力对应力矩、摩擦力、摩擦力对应力矩、阻尼力、阻尼力对应力矩。

# 第2章

# 轴承动力学模型

　　轴承动力学模型的建立是为了分析预测轴承各个元件的运动行为,因此需要基于合适的参考坐标系来描述轴承元件的运动状态,并根据轴承元件运动状态建立各个元件受载模型。

## 2.1　轴承元件载荷模型

　　轴承运转过程中,滚动体与内/外滚道、保持架之间存在接触载荷,而对于滚道引导的保持架,保持架也与滚道之间存在接触载荷。这些接触载荷是轴承元件的主要载荷,也决定了轴承元件的运动状态。因此,分析轴承元件的动力学行为,需要构建轴承元件之间的接触载荷模型。

### 2.1.1　轴承元件状态

　　1) 轴承外套圈、内套圈和保持架

　　轴承外套圈、内套圈和保持架的位置、运动速度、加速度的描述方法类似,均涉及定体坐标系的建立及姿态角的求解,下面以轴承外套圈为例展开说明。

　　a) 轴承外套圈位置信息

　　轴承外套圈的空间位置通过其中心点描述,而姿态则根据外套圈绕其中心点的旋转角度描述。假设中心点与外套圈滚道沟曲率中心轨迹构成的圆心重合。惯性坐标系下的外套圈中心位置(包含姿态)信息描述如下:

$$\boldsymbol{p}_{\mathrm{or}} = [x_{\mathrm{or}}^{\mathrm{i}}, \ y_{\mathrm{or}}^{\mathrm{i}}, \ z_{\mathrm{or}}^{\mathrm{i}}, \ \varphi_{\mathrm{or1}}^{\mathrm{i}}, \ \varphi_{\mathrm{or2}}^{\mathrm{i}}, \ \varphi_{\mathrm{or3}}^{\mathrm{i}}]^{\mathrm{T}} \tag{2-1}$$

式中,$x_{\mathrm{or}}^{\mathrm{i}}$, $y_{\mathrm{or}}^{\mathrm{i}}$, $z_{\mathrm{or}}^{\mathrm{i}}$ 是外套圈中心点在惯性坐标系中的位置;$\varphi_{\mathrm{or1}}^{\mathrm{i}}$, $\varphi_{\mathrm{or2}}^{\mathrm{i}}$, $\varphi_{\mathrm{or3}}^{\mathrm{i}}$ 是卡尔丹角,用于描述其空间姿态信息。因此,外套圈的自由度数目为 6。

　　b) 轴承外套圈速度及加速度

　　根据轴承外套圈的位置信息,通过对时间求导,得到对应的速度和加速度如下:

$$\begin{cases} \dot{\boldsymbol{p}}_{\text{or}} = [\dot{x}_{\text{or}}^{\text{i}},\ \dot{y}_{\text{or}}^{\text{i}},\ \dot{z}_{\text{or}}^{\text{i}},\ \dot{\varphi}_{\text{or1}}^{\text{i}},\ \dot{\varphi}_{\text{or2}}^{\text{i}},\ \dot{\varphi}_{\text{or3}}^{\text{i}}]^{\text{T}} \\ \ddot{\boldsymbol{p}}_{\text{or}} = [\ddot{x}_{\text{or}}^{\text{i}},\ \ddot{y}_{\text{or}}^{\text{i}},\ \ddot{z}_{\text{or}}^{\text{i}},\ \ddot{\varphi}_{\text{or1}}^{\text{i}},\ \ddot{\varphi}_{\text{or2}}^{\text{i}},\ \ddot{\varphi}_{\text{or3}}^{\text{i}}]^{\text{T}} \end{cases} \tag{2-2}$$

根据牛顿第二定律,式(2-2)中的加速度可以根据外套圈的外载荷计算得到。其中,$\ddot{\boldsymbol{p}}_{\text{or}}$ 的前 3 个分量对应外载荷中沿 $x$、$y$、$z$ 方向的作用力产生的加速度;而根据卡尔丹角的描述,其后 3 个分量不直接对应于沿 $x$、$y$、$z$ 方向的作用力矩。沿 $x$、$y$、$z$ 方向的作用力矩与外套圈在定体坐标系的角加速度 $\dot{\boldsymbol{\omega}}_{\text{or}}^{\text{or}}$ 一一对应。因此,需要建立 $\ddot{\boldsymbol{p}}_{\text{or}}$ 与 $\dot{\boldsymbol{\omega}}_{\text{or}}^{\text{or}}$ 的映射关系。

已知外套圈位置状态向量 $\boldsymbol{p}_{\text{or}}$ 及其时间导数 $\dot{\boldsymbol{p}}_{\text{or}}$,外套圈定体坐标系描述的外套圈角速度 $\boldsymbol{\omega}_{\text{or}}^{\text{or}}$ 可由式(2-4)计算得到。

$$\boldsymbol{\xi} = \begin{bmatrix} \cos\varphi_{\text{or2}}^{\text{i}}\cos\varphi_{\text{or3}}^{\text{i}} & \sin\varphi_{\text{or3}}^{\text{i}} & 0 \\ -\cos\varphi_{\text{or2}}^{\text{i}}\sin\varphi_{\text{or3}}^{\text{i}} & \cos\varphi_{\text{or3}}^{\text{i}} & 0 \\ \sin\varphi_{\text{or2}}^{\text{i}} & 0 & 1 \end{bmatrix} \tag{2-3}$$

$$\boldsymbol{\omega}_{\text{or}}^{\text{or}} = \boldsymbol{\xi}\dot{\boldsymbol{\varphi}}_{\text{or}}^{\text{i}} \tag{2-4}$$

式中,$\boldsymbol{\xi}$ 为对应的变换矩阵;$\dot{\boldsymbol{\varphi}}_{\text{or}}^{\text{i}}$ 是向量 $\dot{\boldsymbol{p}}_{\text{or}}$ 的后 3 个速度分量,指卡尔丹角角速度。已知轴承外套圈在定体坐标系的角加速度 $\dot{\boldsymbol{\omega}}_{\text{or}}^{\text{or}}$,计算得到对应的卡尔丹角角加速度为:

$$\ddot{\boldsymbol{\varphi}}_{\text{or}}^{\text{i}} = \frac{\partial \boldsymbol{\xi}^{-1}}{\partial t}\boldsymbol{\omega}_{\text{or}}^{\text{or}} + \boldsymbol{\xi}^{-1}\dot{\boldsymbol{\omega}}_{\text{or}}^{\text{or}} \tag{2-5}$$

其中,$\dfrac{\partial \boldsymbol{\xi}^{-1}}{\partial t}$ 可由下式求解得到:

$$\frac{\partial \boldsymbol{\xi}^{-1}}{\partial t} = \begin{bmatrix} (-\dot{\varphi}_3 s_{\varphi_3} + \dot{\varphi}_2 c_{\varphi_3} t_{\varphi_2})c_{\varphi_2}^{-1} & (-\dot{\varphi}_3 c_{\varphi_3} - \dot{\varphi}_2 s_{\varphi_3} t_{\varphi_2})c_{\varphi_2}^{-1} & 0 \\ \dot{\varphi}_3 c_{\varphi_3} & -\dot{\varphi}_3 s_{\varphi_3} & 0 \\ \dot{\varphi}_3 s_{\varphi_3} t_{\varphi_2} - \dot{\varphi}_2 c_{\varphi_3} c_{\varphi_2}^{-2} & \dot{\varphi}_3 c_{\varphi_3} t_{\varphi_2} + \dot{\varphi}_2 s_{\varphi_3} c_{\varphi_2}^{-2} & 0 \end{bmatrix} \tag{2-6}$$

式中,$\dot{\varphi}_1$ 代表 $\dot{\varphi}_{\text{or1}}^{\text{i}}$;$c_{\varphi_1}$ 代表 $\cos\varphi_{\text{or1}}^{\text{i}}$;$s_{\varphi_1}$ 代表 $\sin\varphi_{\text{or1}}^{\text{i}}$;$t_{\varphi_1}$ 代表 $\tan\varphi_{\text{or1}}^{\text{i}}$;$c_{\varphi_1}^{-1}$ 代表 $(\cos\varphi_{\text{or1}}^{\text{i}})^{-1}$;其他缩写依次类推。

同样地,对于轴承内套圈、保持架的速度、加速度计算,可参考轴承外套圈。根据卡尔丹角角速度计算定体坐标系中的角速度、根据定体坐标系角加速度计算卡尔丹角角加速度的程序如下。

21

定体坐标系角速度计算程序

```
function w = transw(p,dp)
% 从卡尔丹角角速度 dp 求解定体坐标系中的角速度 w
c2 = cos(p(2));s2 = sin(p(2));c3 = cos(p(3));s3 = sin(p(3));
T = [c2 * c3, s3,0; - c2 * s3,c3,0;s2,0,1];
w = T * dp;
```

卡尔丹角角加速度计算程序

```
function [dp,w] = transbeta(p,u,dw)
%从定体坐标系中的角加速度求解卡尔丹角角加速度 dp
c2 = cos(p(5));s2 = sin(p(5));t2 = s2/c2;u2 = u(5);
c3 = cos(p(6));s3 = sin(p(6));u3 = u(6);
T = [c2 * c3, s3,0; - c2 * s3,c3,0;s2,0,1];
w = T * u(4:6);
Tb = [c3/c2, - s3/c2,0;s3,c3,0; - t2 * c3,t2 * s3,1];
Ta = [ - u3 * s3/c2 + u2 * c3/c2 * t2, - u3 * c3/c2 - u2 * s3/c2 * t2,0;u3 *
c3, - u3 * s3,0;...
    u3 * s3 * t2 - u2 * c3/c2^2,u3 * c3 * t2 + u2 * s3/c2^2,0];
dp = Ta * w + Tb * dw;
```

2) 轴承滚动体

a) 滚动体位置信息

滚动体位置信息同样是指其中心点的位置。因为角接触球轴承滚动体是中心对称的球体,其姿态不影响接触载荷的计算。而滚动体的位置决定了接触载荷的大小,速度决定了摩擦力的大小和方向。为此,针对滚动体建立如下位置向量:

$$\boldsymbol{p}_b = [x_b^i, r_b^i, \psi_b^i, \varphi_{b1}^b, \varphi_{b2}^b, \varphi_{b3}^b]^T \tag{2-7}$$

式中,位置信息 $[x_b^i, r_b^i, \psi_b^i]^T$ 采用的是圆柱坐标系形式,自由度数目为 6。$x_b^i$ 为球体质心在轴心方向上的位置,$r_b^i$ 为球体质心与 $x^i$ 轴的垂直线段,$\psi_b^i$ 为球体质心的角位置(即 $r_b^i$ 绕 $x^i$ 轴顺时针旋转的角度),如图 1 - 12 所示。

b) 轴承滚动体速度及加速度

轴承滚动体的平动速度在惯性坐标系中描述,而其转动角速度在与其对应的方位坐标系 $O^b x^b y^b z^b$ 中描述。滚动体的速度状态描述如下:

$$\dot{\boldsymbol{p}}_b = [\dot{x}_b^i, \dot{r}_b^i, \dot{\psi}_b^i, \omega_{b1}^b, \omega_{b2}^b, \omega_{b3}^b]^T \tag{2-8}$$

式中,速度向量 $\dot{\boldsymbol{p}}_b$ 的后 3 项分别表示某个时刻球体在 $x^b$、$y^b$、$z^b$ 轴方向的角速度。因为球的姿态不论如何改变,其在方位坐标系中沿 3 个方向的惯性矩均保持不变,对轴承的动力学计算没有影响,所以,$\varphi_{b1}^b$、$\varphi_{b2}^b$、$\varphi_{b3}^b$ 对数值计算结果没有丝毫影响,在数值计算过程中也将被忽略。

同样地,滚动体的加速度状态描述如下:

$$\ddot{\boldsymbol{p}}_b = [\ddot{x}_b^i, \ddot{r}_b^i, \ddot{\psi}_b^i, \dot{\omega}_{b1}^b, \dot{\omega}_{b2}^b, \dot{\omega}_{b3}^b]^T \tag{2-9}$$

综上所述,相比于轴承外套圈、内套圈、保持架等部件,因为球体的姿态并不影响其参与的动力学计算,所以省略了角速度和姿态方位角之间的转换计算。

### 2.1.2 角接触球轴承载荷计算

1) 滚动体-滚道接触

a) 接触位置

以滚动体和外滚道之间的接触位置求解为例,如图 2-1 所示。根据两者的中心点的相对位置,计算接触点的位置及变形大小。滚道表面可认为由中心点在轴线上的圆周曲线构成。因此,求解滚动体表面点到滚道表面点的最短距离,可以转化为两个子问题进行分析。

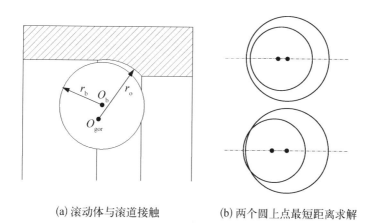

(a) 滚动体与滚道接触          (b) 两个圆上点最短距离求解

**图 2-1 滚动体与外滚道相对位置**

子问题 1:求解滚动体表面到滚道表面某条圆周曲线的最短距离。

子问题 2:在所有子问题 1 的解集中选取最短距离,即为滚动体与滚道表面

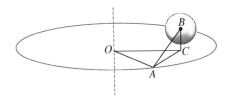

图 2-2 球体到圆周曲线的距离

的最短距离。

针对子问题 1 的求解,如图 2-2 所示,首先过球心 $B$ 做垂直于圆周曲线平面的垂线并交于点 $C$,$A$ 为圆周曲线上任一点,则球面一点到圆周曲线的距离满足以下公式:

$$d_{is} \geqslant BA - r = \sqrt{BC^2 + CA^2} - r \geqslant \sqrt{BC^2 + (OA - OC)^2} - r$$

$$(2-10)$$

当上式取等号时,可得到球面到圆周曲线的最短距离。根据定理"三角形任意两边的和大于第三边",当点 $A$ 在 $OBC$ 平面时距离 $d_{is}$ 取最小值。可得如下结论:滚道曲面上到球面距离最近的点位于轴线和球心构成的平面内。

子问题 2 的求解是建立在子问题 1 的结论上。首先选取经过轴线和球心的截面,如图 2-1(a)所示,再根据子问题 1 的结论可知滚道距离球面最近的点位于该平面内沟曲率圆上。因此,子问题 2 可以转化为两个圆上点最短距离的问题,结合图 2-1(b)可知,两个圆上的最短距离的点位于两个圆心的连线上。

综上所述,滚动体表面和滚道曲面之间的最短距离的求解步骤如下:通过建立穿过外滚道轴线和球心的截面,构造穿过滚道曲率圆心和球心的直线(该直线与球体、滚道的两个交点之间的距离就是滚动体表面到滚道表面的最短距离)。下面以向量形式给出滚动体和滚道相对位置的计算方法。

已知在某个时刻球心的位置 $\boldsymbol{r}_b^i$、外套圈中心(假设外套圈中心和沟曲率中心轨迹圆心重合)位置 $\boldsymbol{r}_{or}^i$、外套圈轴向单位向量 $\bar{\boldsymbol{r}}_{aor}^i$,如图 2-3 所示,其中椭圆曲线代表沟曲率中心轨迹圆,则该球面对应滚道曲面最近点所在曲率圆心位置的求解如下:

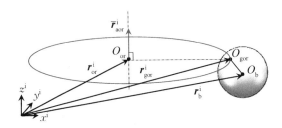

图 2-3 滚动体对应滚道沟曲率圆心位置

$$\boldsymbol{r}_{\mathrm{gor}}^{\mathrm{i}}=\boldsymbol{r}_{\mathrm{or}}^{\mathrm{i}}+\frac{(r_{\mathrm{b}}^{\mathrm{i}}-r_{\mathrm{or}}^{\mathrm{i}})-(r_{\mathrm{b}}^{\mathrm{i}}-r_{\mathrm{or}}^{\mathrm{i}})^{\mathrm{T}}\bar{r}_{\mathrm{aor}}^{\mathrm{i}}\boldsymbol{\cdot}\bar{r}_{\mathrm{aor}}^{\mathrm{i}}}{\mid(r_{\mathrm{b}}^{\mathrm{i}}-r_{\mathrm{or}}^{\mathrm{i}})-(r_{\mathrm{b}}^{\mathrm{i}}-r_{\mathrm{or}}^{\mathrm{i}})^{\mathrm{T}}\bar{r}_{\mathrm{aor}}^{\mathrm{i}}\boldsymbol{\cdot}\bar{r}_{\mathrm{aor}}^{\mathrm{i}}\mid}\left(\frac{1}{2}d_{\mathrm{o}}-r_{\mathrm{o}}-\frac{1}{4}P_{\mathrm{d}}\right)$$

$$(2-11)$$

如图 $2-4(\mathrm{a})$ 所示,已知最近点所在的曲率圆心位置 $Q_{\mathrm{gor}}$、滚动体中心位置 $O_{\mathrm{b}}$,求解滚动体和外滚道的间隙 $(\delta>0)$ 或者干涉尺寸 $(\delta\leqslant0)$。无接触状态下:

$$\delta=r_{\mathrm{o}}-\left(\mid\boldsymbol{r}_{\mathrm{b}}^{\mathrm{i}}-\boldsymbol{r}_{\mathrm{gor}}^{\mathrm{i}}\mid+\frac{D}{2}\right)\tag{2-12}$$

式中, $D$ 为球体直径。

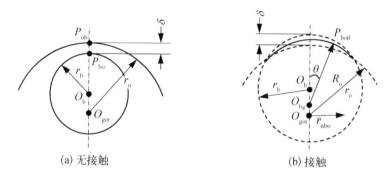

(a) 无接触　　　　　　　　　　(b) 接触

**图 2－4　滚动体与滚道接触点**

球面距离滚道最近点 $P_{\mathrm{bo}}$ 的位置向量可由下式计算得到:

$$\boldsymbol{r}_{\mathrm{pbo}}^{\mathrm{i}}=\boldsymbol{r}_{\mathrm{b}}^{\mathrm{i}}+\frac{r_{\mathrm{b}}^{\mathrm{i}}-r_{\mathrm{gor}}^{\mathrm{i}}}{\mid r_{\mathrm{b}}^{\mathrm{i}}-r_{\mathrm{gor}}^{\mathrm{i}}\mid}\frac{D}{2}\tag{2-13}$$

对应滚道上的最近点 $P_{\mathrm{ob}}$ 的位置向量为

$$\boldsymbol{r}_{\mathrm{pob}}^{\mathrm{i}}=\boldsymbol{r}_{\mathrm{gor}}^{\mathrm{i}}+\frac{r_{\mathrm{b}}^{\mathrm{i}}-r_{\mathrm{gor}}^{\mathrm{i}}}{\mid r_{\mathrm{b}}^{\mathrm{i}}-r_{\mathrm{gor}}^{\mathrm{i}}\mid}r_{\mathrm{o}}\tag{2-14}$$

当球体与滚道接触并发生挤压变形时,干涉尺寸 $\delta$ 同样可由式 $(2-12)$ 计算得到,不同的是此时 $\delta$ 小于0。由于滚动体和滚道的吻合度比较高,在发生挤压变形后接触区域较大,需要计算不同接触点位置的摩擦力。值得注意的是,如图 $2-4$ 所示,球体和滚道发生接触变形后,实际的接触点所在的当量曲率半径 $R_{\mathrm{o}}$ 是球体和滚道的曲率半径的函数,即:

$$R_{\mathrm{o}}=\frac{r_{\mathrm{b}}r_{\mathrm{o}}}{r_{\mathrm{b}}+r_{\mathrm{o}}}=\frac{2f_{\mathrm{o}}D}{2f_{\mathrm{o}}+1}\tag{2-15}$$

对应的变形后接触点曲率圆心位置可根据图 2-4(b)中 3 个曲率圆的交点计算得到：

$$\boldsymbol{r}_{\mathrm{bg}}^{\mathrm{i}} = \boldsymbol{r}_{\mathrm{b}}^{\mathrm{i}} - \left(R_{\mathrm{o}}\cos\theta_{\max} - \sqrt{r_{\mathrm{b}}^{2} - (R_{\mathrm{o}}\sin\theta_{\max})^{2}}\right)\frac{r_{\mathrm{b}}^{\mathrm{i}} - r_{\mathrm{gor}}^{\mathrm{i}}}{|\,r_{\mathrm{b}}^{\mathrm{i}} - r_{\mathrm{gor}}^{\mathrm{i}}\,|} \quad (2-16)$$

式中，$\theta_{\max}$ 为接触点与两者曲率中心连线的最大夹角，由式(2-19)给出。当求解夹角为 $\theta$ 的接触点 $P_{\mathrm{bo}\theta}$ 的位置向量时，需要构造辅助单位法向向量 $\bar{\boldsymbol{r}}_{\mathrm{nbo}}$，垂直于过滚道轴线和球心的截面，由图 2-3 可知：

$$\bar{\boldsymbol{r}}_{\mathrm{nbo}}^{\mathrm{i}} = \frac{(r_{\mathrm{b}}^{\mathrm{i}} - r_{\mathrm{gor}}^{\mathrm{i}}) \times \left[(r_{\mathrm{b}}^{\mathrm{i}} - r_{\mathrm{gor}}^{\mathrm{i}}) \times \bar{r}_{\mathrm{aor}}^{\mathrm{i}}\right]}{|\,(r_{\mathrm{b}}^{\mathrm{i}} - r_{\mathrm{gor}}^{\mathrm{i}}) \times \left[(r_{\mathrm{b}}^{\mathrm{i}} - r_{\mathrm{gor}}^{\mathrm{i}}) \times \bar{r}_{\mathrm{aor}}^{\mathrm{i}}\right]\,|} \quad (2-17)$$

然后，根据图 2-4 可知接触点 $P_{\mathrm{bo}\theta}$ 的位置向量为

$$\boldsymbol{r}_{\mathrm{pbo}\theta}^{\mathrm{i}} = \boldsymbol{r}_{\mathrm{bg}}^{\mathrm{i}} + R_{\mathrm{o}}\left(\cos\theta \cdot \frac{r_{\mathrm{b}}^{\mathrm{i}} - r_{\mathrm{gor}}^{\mathrm{i}}}{|\,r_{\mathrm{b}}^{\mathrm{i}} - r_{\mathrm{gor}}^{\mathrm{i}}\,|} + \sin\theta \cdot \bar{\boldsymbol{r}}_{\mathrm{nbo}}^{\mathrm{i}}\right) \quad (2-18)$$

其中，$\theta$ 的取值范围根据接触椭圆长半轴 $a$ 和当量曲率半径 $R_{\mathrm{o}}$ 的比值给出

$$\theta \in \left[-a/R_{\mathrm{o}},\ a/R_{\mathrm{o}}\right] \quad (2-19)$$

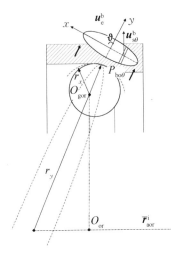

图 2-5　滚动体和滚道接触
几何模型

b）接触载荷

滚动体和滚道接触载荷计算包括正压力、摩擦力、阻尼力，分别采用赫兹点接触模型、摩擦力模型、阻尼力模型。

赫兹点接触模型：描述接触变形、应力分布和表面载荷、结构参数之间的关系。以滚动体-外滚道接触求解为例，已知：滚动体材料的泊松比 $\xi_{\mathrm{b}}$，弹性模量 $E_{\mathrm{b}}$，滚动体直径 $D$；轴承外套圈材料的泊松比 $\xi_{\mathrm{or}}$，弹性模量 $E_{\mathrm{or}}$，滚道沟曲率半径 $r_{\mathrm{o}}$。如图 2-5 所示，滚道接触点 $P_{\mathrm{bo}\theta}$ 在平面内 $y$ 方向的曲率半径由下式计算得到：

$$r_{\mathrm{ygor}}\frac{r_{\mathrm{pbo}\theta}^{\mathrm{i}} - r_{\mathrm{gor}}^{\mathrm{i}}}{|\,r_{\mathrm{pbo}\theta}^{\mathrm{i}} - r_{\mathrm{gor}}^{\mathrm{i}}\,|} \cdot \frac{r_{\mathrm{gor}}^{\mathrm{i}} - r_{\mathrm{or}}^{\mathrm{i}}}{|\,r_{\mathrm{gor}}^{\mathrm{i}} - r_{\mathrm{or}}^{\mathrm{i}}\,|} = (\boldsymbol{r}_{\mathrm{pbo}\theta}^{\mathrm{i}} - \boldsymbol{r}_{\mathrm{or}}^{\mathrm{i}}) \cdot \frac{r_{\mathrm{gor}}^{\mathrm{i}} - r_{\mathrm{or}}^{\mathrm{i}}}{|\,r_{\mathrm{gor}}^{\mathrm{i}} - r_{\mathrm{or}}^{\mathrm{i}}\,|}$$

$$(2-20)$$

接触计算所需的其他方向曲率半径如下：

$$
\begin{cases}
r_{x\mathrm{b}} = \dfrac{D}{2} \\[2mm]
r_{y\mathrm{b}} = \dfrac{D}{2} \\[2mm]
r_{x\mathrm{gor}} = r_{\mathrm{o}}
\end{cases} \tag{2-21}
$$

沿 $x$、$y$ 方向的当量曲率半径 $R_x$、$R_y$，以及综合曲率半径 $\sum \rho$ 计算如下：

$$
\begin{cases}
\dfrac{1}{R_x} = \dfrac{1}{r_{x\mathrm{b}}} + \dfrac{1}{-r_{x\mathrm{gor}}} \\[3mm]
\dfrac{1}{R_y} = \dfrac{1}{r_{y\mathrm{b}}} + \dfrac{1}{-r_{y\mathrm{gor}}} \\[3mm]
\sum \rho = \dfrac{1}{r_{x\mathrm{b}}} + \dfrac{1}{r_{y\mathrm{b}}} + \dfrac{1}{r_{x\mathrm{gor}}} + \dfrac{1}{r_{y\mathrm{gor}}}
\end{cases} \tag{2-22}
$$

其中，曲率半径负号指接触表面法向向量指向曲率中心，正号指指向远离曲率中心。接触椭圆的长半轴 $a$ 和短半轴 $b$ 由式（2-23）给出：

$$
\begin{cases}
-\delta = \delta^* \left[ \dfrac{3Q}{2\sum\rho} \left( \dfrac{1-\xi_{\mathrm{b}}^2}{E_{\mathrm{b}}} + \dfrac{1-\xi_{\mathrm{or}}^2}{E_{\mathrm{or}}} \right) \right]^{1/3} \dfrac{\sum\rho}{2} \\[4mm]
a = a^* \left[ \dfrac{3Q}{2\sum\rho} \left( \dfrac{1-\xi_{\mathrm{b}}^2}{E_{\mathrm{b}}} + \dfrac{1-\xi_{\mathrm{or}}^2}{E_{\mathrm{or}}} \right) \right]^{1/3} \\[4mm]
b = b^* \left[ \dfrac{3Q}{2\sum\rho} \left( \dfrac{1-\xi_{\mathrm{b}}^2}{E_{\mathrm{b}}} + \dfrac{1-\xi_{\mathrm{or}}^2}{E_{\mathrm{or}}} \right) \right]^{1/3}
\end{cases} \tag{2-23}
$$

其中，3 个参数 $\delta^*$，$a^*$，$b^*$ 可近似计算如下：

$$
\begin{cases}
\delta^* = \dfrac{2F}{\pi} \left( \dfrac{\pi}{2k^2 E} \right)^{1/3} \\[3mm]
a^* = \left( \dfrac{2k^2 E}{\pi} \right)^{1/3} \\[3mm]
b^* = \left( \dfrac{2E}{\pi k} \right)^{1/3} \\[3mm]
k \approx 1.033\,9 \left( \dfrac{R_y}{R_x} \right)^{1/3} \\[3mm]
E \approx 1.000\,3 + \dfrac{0.596\,8}{R_y / R_x} \\[3mm]
F \approx 1.527\,7 + 0.602\,3 \ln\left( \dfrac{R_y}{R_x} \right)
\end{cases} \tag{2-24}
$$

综上,已知干涉距离 $\delta$,便可由式(2-23)计算得到载荷 $Q$,方向沿着 $P_{\text{bo}\theta}O_{\text{gor}}(\theta=0)$,并使两者分开。进一步地,图 2-5 中 $xy$ 平面内接触应力分布由下式给出:

$$p=\frac{3Q}{2\pi ab}\left[1-\left(\frac{x}{a}\right)^2-\left(\frac{y}{b}\right)^2\right]^{1/2} \tag{2-25}$$

其中,可令 $p_{\text{H}}=\dfrac{3Q}{2\pi ab}$ 表示接触区域最大应力值。对于不同的接触点 $P_{\text{bo}\theta}$,其受到的应力可用式(2-25)求解,对应的 $x$、$y$ 值计算如下:

$$\begin{cases} x=R_x\theta \\ y=0 \end{cases} \tag{2-26}$$

因此,滚动体在接触点受到的正压力为

$$\boldsymbol{Q}_{\text{bor}}^{\text{b}}=-Q\,\frac{r_{\text{b}}^{\text{i}}-r_{\text{gor}}^{\text{i}}}{\mid r_{\text{b}}^{\text{i}}-r_{\text{gor}}^{\text{i}}\mid} \tag{2-27}$$

滚道在接触点受到的正压力和相应的力矩为

$$\begin{cases} \boldsymbol{Q}_{\text{orb}}^{\text{i}}=-\boldsymbol{T}_{\text{b}}^{\text{i}}\boldsymbol{Q}_{\text{bor}}^{\text{b}} \\ \boldsymbol{M}_{Q_{\text{orb}}^{\text{or}}}=-\boldsymbol{T}_{\text{i}}^{\text{or}}\left[(\boldsymbol{r}_{\text{pbo}\theta}^{\text{i}}-\boldsymbol{r}_{\text{or}}^{\text{i}})\times(\boldsymbol{T}_{\text{b}}^{\text{i}}\boldsymbol{Q}_{\text{bor}}^{\text{b}})\right] \end{cases} \tag{2-28}$$

其中,$\theta=0$。

摩擦力模型:计算滚动体-滚道接触点的摩擦力,除了已知接触点位置、应力分布,还需要计算接触点的速度、油膜厚度及摩擦因数。假设接触区域油膜厚度均匀分布且服从赫兹应力分布。

(1)接触点速度计算。

考虑油膜厚度经验公式是根据雷诺方程数值计算拟合得到的,在计算接触点的速度时,应以滚动体的方位坐标系作为参考系。因此,滚动体上点 $P_{\text{bo}\theta}$ 的速度为

$$\dot{\boldsymbol{r}}_{\text{pbo}\theta\text{b}}^{\text{b}}=\boldsymbol{\omega}_{\text{b}}^{\text{b}}\times\left[\boldsymbol{T}_{\text{i}}^{\text{b}}(\boldsymbol{r}_{\text{pbo}\theta}^{\text{i}}-\boldsymbol{r}_{\text{b}}^{\text{i}})\right] \tag{2-29}$$

式中,$\boldsymbol{\omega}_{\text{b}}^{\text{b}}=[\omega_{\text{b}1}^{\text{b}},\omega_{\text{b}2}^{\text{b}},\omega_{\text{b}3}^{\text{b}}]^{\text{T}}$ 为滚动体在其方位坐标系内的旋转角速度。相应的滚道上点 $P_{\text{bo}\theta}$ 的速度在滚动体方位坐标系中的表示为

$$\dot{\boldsymbol{r}}_{\text{pbo}\theta\text{o}}^{\text{b}}=\boldsymbol{T}_{\text{i}}^{\text{b}}\left[(\boldsymbol{T}_{\text{or}}^{\text{i}}\boldsymbol{\omega}_{\text{or}}^{\text{or}}-\dot{\boldsymbol{\psi}}_{\text{b}}^{\text{i}})\times(\boldsymbol{r}_{\text{pbo}\theta}^{\text{i}}-\boldsymbol{r}_{\text{or}}^{\text{i}})+\dot{\boldsymbol{r}}_{\text{or}}^{\text{i}}\right] \tag{2-30}$$

式中,$\dot{\boldsymbol{\psi}}_{\text{b}}^{\text{i}}$ 为滚动体方位坐标系的旋转角速度向量。则接触区域卷吸速度为

$$\boldsymbol{u}_{\mathrm{e}}^{\mathrm{b}} = (\dot{\boldsymbol{r}}_{\mathrm{pbo}\theta\mathrm{b}}^{\mathrm{b}} + \dot{\boldsymbol{r}}_{\mathrm{pbo}\theta\mathrm{o}}^{\mathrm{b}}) - \left[ (\dot{\boldsymbol{r}}_{\mathrm{pbo}\theta\mathrm{b}}^{\mathrm{b}} + \dot{\boldsymbol{r}}_{\mathrm{pbo}\theta\mathrm{o}}^{\mathrm{b}}) \cdot \frac{\boldsymbol{r}_{\mathrm{pbo}\theta}^{\mathrm{i}} - \boldsymbol{r}_{\mathrm{bg}}^{\mathrm{i}}}{|\boldsymbol{r}_{\mathrm{pbo}\theta}^{\mathrm{i}} - \boldsymbol{r}_{\mathrm{bg}}^{\mathrm{i}}|} \right] \frac{\boldsymbol{r}_{\mathrm{pbo}\theta}^{\mathrm{i}} - \boldsymbol{r}_{\mathrm{bg}}^{\mathrm{i}}}{|\boldsymbol{r}_{\mathrm{pbo}\theta}^{\mathrm{i}} - \boldsymbol{r}_{\mathrm{bg}}^{\mathrm{i}}|}$$

$$(2-31)$$

卷吸速度 $\boldsymbol{u}_{\mathrm{e}}^{\mathrm{b}}$ 与接触椭圆短半轴的夹角 $\vartheta$ 计算如下：

$$\vartheta = \arccos\left\{ \left[ \boldsymbol{T}_{\mathrm{i}}^{\mathrm{b}} \left( \bar{\boldsymbol{r}}_{\mathrm{aor}}^{\mathrm{i}} \times \frac{\boldsymbol{r}_{\mathrm{gor}}^{\mathrm{i}} - \boldsymbol{r}_{\mathrm{or}}^{\mathrm{i}}}{|\boldsymbol{r}_{\mathrm{gor}}^{\mathrm{i}} - \boldsymbol{r}_{\mathrm{or}}^{\mathrm{i}}|} \right) \right]^{\mathrm{T}} \boldsymbol{u}_{\mathrm{e}}^{\mathrm{b}} \right\} \qquad (2-32)$$

接触点在球心和沟曲率中心连线方向的相对运动速度为

$$\boldsymbol{u}_{\mathrm{r}\theta}^{\mathrm{b}} = \left[ (\dot{\boldsymbol{r}}_{\mathrm{pbo}\theta\mathrm{b}}^{\mathrm{b}} - \dot{\boldsymbol{r}}_{\mathrm{pbo}\theta\mathrm{o}}^{\mathrm{b}}) \cdot \frac{\boldsymbol{r}_{\mathrm{pbo}\theta}^{\mathrm{i}} - \boldsymbol{r}_{\mathrm{bg}}^{\mathrm{i}}}{|\boldsymbol{r}_{\mathrm{pbo}\theta}^{\mathrm{i}} - \boldsymbol{r}_{\mathrm{bg}}^{\mathrm{i}}|} \right] \frac{\boldsymbol{r}_{\mathrm{pbo}\theta}^{\mathrm{i}} - \boldsymbol{r}_{\mathrm{bg}}^{\mathrm{i}}}{|\boldsymbol{r}_{\mathrm{pbo}\theta}^{\mathrm{i}} - \boldsymbol{r}_{\mathrm{bg}}^{\mathrm{i}}|} \qquad (2-33)$$

不同接触点在接触平面内的相对运动速度为

$$\boldsymbol{u}_{\mathrm{s}\theta}^{\mathrm{b}} = (\dot{\boldsymbol{r}}_{\mathrm{pbo}\theta\mathrm{b}}^{\mathrm{b}} - \dot{\boldsymbol{r}}_{\mathrm{pbo}\theta\mathrm{o}}^{\mathrm{b}}) - \left[ (\dot{\boldsymbol{r}}_{\mathrm{pbo}\theta\mathrm{b}}^{\mathrm{b}} - \dot{\boldsymbol{r}}_{\mathrm{pbo}\theta\mathrm{o}}^{\mathrm{b}}) \cdot \frac{\boldsymbol{r}_{\mathrm{pbo}\theta}^{\mathrm{i}} - \boldsymbol{r}_{\mathrm{bg}}^{\mathrm{i}}}{|\boldsymbol{r}_{\mathrm{pbo}\theta}^{\mathrm{i}} - \boldsymbol{r}_{\mathrm{bg}}^{\mathrm{i}}|} \right] \frac{\boldsymbol{r}_{\mathrm{pbo}\theta}^{\mathrm{i}} - \boldsymbol{r}_{\mathrm{bg}}^{\mathrm{i}}}{|\boldsymbol{r}_{\mathrm{pbo}\theta}^{\mathrm{i}} - \boldsymbol{r}_{\mathrm{bg}}^{\mathrm{i}}|}$$

$$(2-34)$$

上述卷吸速度 $\boldsymbol{u}_{\mathrm{e}}^{\mathrm{b}}$、相对运动速度 $\boldsymbol{u}_{\mathrm{r}\theta}^{\mathrm{b}}$ 均为 $\theta = 0$ 时的计算结果。

（2）接触点膜厚计算。

假设接触区存在弹流润滑，理论油膜厚度的计算可采用 Chittenden – Dowson 公式：

$$h_{\mathrm{Lo}} = 4.31 R_{\mathrm{e}} U_{\mathrm{e}}^{0.68} G^{0.49} W_{\mathrm{e}}^{-0.073} \left[ 1 - \exp\left( -1.23 \left( \frac{R_{\mathrm{s}}}{R_{\mathrm{e}}} \right)^{2/3} \right) \right] \qquad (2-35)$$

式中，$R_{\mathrm{e}}$ 为卷吸速度方向的当量曲率半径，$R_{\mathrm{s}}$ 为侧滑方向的当量曲率半径，$U_{\mathrm{e}}$ 为无量纲速度参数，$G$ 为无量纲材料参数，$W_{\mathrm{e}}$ 为无量纲载荷参数。计算公式如下：

$$\begin{cases} R_{\mathrm{e}} = \dfrac{R_x R_y}{R_x \cos^2 \vartheta + R_y \sin^2 \vartheta} \\[2mm] R_{\mathrm{s}} = \dfrac{R_x R_y}{R_x \sin^2 \vartheta + R_y \cos^2 \vartheta} \\[2mm] U_{\mathrm{e}} = \dfrac{\eta_{\mathrm{o}} |u_{\mathrm{e}}^{\mathrm{b}}|}{R_{\mathrm{e}} E'} \\[2mm] G = \alpha_{\eta} E' \\[2mm] W_{\mathrm{e}} = \dfrac{Q}{E' R_{\mathrm{e}}^2} \\[2mm] \dfrac{1}{E'} = \left( \dfrac{1 - \xi_{\mathrm{b}}^2}{E_{\mathrm{b}}} + \dfrac{1 - \xi_{\mathrm{or}}^2}{E_{\mathrm{or}}} \right) \end{cases} \qquad (2-36)$$

式中，$\eta_0$ 为润滑油在室温、大气压强下的黏度；$\alpha_\eta$ 为润滑油的黏压系数。考虑温度、表面粗糙度对油膜厚度的影响，可得修正后的油膜厚度 $h_L$ 为

$$h_L = \phi_s \phi_T h_{l0} \tag{2-37}$$

其中，油膜厚度温度影响因子 $\phi_T$、运动学缺油修正系数 $\phi_s$ 的计算可参考文献[29]。

（3）接触点摩擦因数计算。

润滑油的黏度随温度和压强变化的计算可采用 Roelands 公式，如下：

$$\eta = \eta_0 \exp\{(\ln \eta_0 + 9.67)[-1 + (1 + p p_0)^{0.68}]\} \tag{2-38}$$

其中，压力系数 $p_0 = 5.1 \times 10^{-9}$，润滑油剪切应力的计算考虑流变模型和极限剪切应力的影响，不同接触点的剪切应力 $\tau_f$ 计算如下：

$$\begin{cases} \dot{\gamma} = \dfrac{\tau_0}{\eta} \sin \ln\left(\dfrac{\tau_R}{\tau_0}\right) \approx \dfrac{|u_{\mathscr{A}}^b|}{h} \\ \tau_f = (\tau_R^{-1} + \tau_{\lim}^{-1})^{-1} \end{cases} \tag{2-39}$$

极限剪切应力与压强成正比

$$\tau_{\lim} = 0.68\sigma \tag{2-40}$$

因此，某个接触点上的弹流润滑摩擦因数为

$$\mu_1 = \frac{\tau_f}{p} \tag{2-41}$$

考虑接触区域可能为混合润滑状态，因此引入直接接触面积 $A_c$[30]，则某个接触点的实际摩擦因数为

$$\mu = \mu_c \frac{A_c}{A_o} + \mu_1 \left(1 - \frac{A_c}{A_o}\right) \tag{2-42}$$

其中，总的接触面积 $A_o = \pi a b$，$\mu_c$ 为固体接触下的摩擦因数。

（4）摩擦载荷计算。

根据接触椭圆区域的应力分布、摩擦因数、相对运动速度，可积分求解摩擦力的大小和方向。为简化模型计算，如图 2-5 所示，将接触椭圆区域分割成很多条形区域，假设条形区域内的摩擦因数一致且各点摩擦力方向相同。条形区域内部滚动体受到的摩擦载荷 $\mathrm{d}f_{\mathrm{bor}}$ 的计算如下：

$$\mathbf{d}\boldsymbol{f}_{\text{bor}} = \mathrm{d}x \int_{-y_{\min}}^{y_{\max}} -\mu\sigma\,\frac{\boldsymbol{u}_{\mathcal{B}}^{\text{b}}}{|\boldsymbol{u}_{\mathcal{B}}^{\text{b}}|}\mathrm{d}y \tag{2-43}$$

其中,负号表示相反方向,结合式(2-25)可得:

$$\mathbf{d}\boldsymbol{f}_{\text{bor}}^{\text{b}} = -\frac{\pi ab}{2}\mu p_{\text{H}}\left[1-\left(\frac{x}{a}\right)^2\right]\frac{\boldsymbol{u}_{\mathcal{B}}^{\text{b}}}{|\boldsymbol{u}_{\mathcal{B}}^{\text{b}}|}\mathrm{d}\,\frac{x}{a} \tag{2-44}$$

将所有条形区域的值相加即可求解得到滚动体在该接触点所受的摩擦力及对应的摩擦力矩:

$$\begin{cases}\boldsymbol{f}_{\text{bor}}^{\text{b}} = -\dfrac{\pi ab}{2}\dfrac{R_x}{a}p_{\text{H}}\sum\mu\left[1-\left(\dfrac{R_x\theta}{a}\right)^2\right]\dfrac{\boldsymbol{u}_{\mathcal{B}}^{\text{b}}}{|\boldsymbol{u}_{\mathcal{B}}^{\text{b}}|}\Delta\theta\\[3mm]\boldsymbol{M}_{f_{\text{bor}}^{\text{b}}} = -\dfrac{\pi ab}{2}\dfrac{R_x}{a}p_{\text{H}}\sum\mu\left[1-\left(\dfrac{R_x\theta}{a}\right)^2\right]\boldsymbol{r}_{\text{pb}\theta}^{\text{b}}\times\dfrac{\boldsymbol{u}_{\mathcal{B}}^{\text{b}}}{|\boldsymbol{u}_{\mathcal{B}}^{\text{b}}|}\Delta\theta\end{cases} \tag{2-45}$$

其中,积分角度 $\theta$ 的上下限可由式(2-19)得到。相应地,外套圈在该接触点受到的摩擦力和摩擦力矩为

$$\begin{cases}\boldsymbol{f}_{\text{orb}}^{\text{i}} = -\boldsymbol{T}_{\text{b}}^{\text{i}}\boldsymbol{f}_{\text{bor}}^{\text{b}}\\[2mm]\boldsymbol{M}_{f_{\text{bor}}^{\text{or}}} = -\boldsymbol{T}_{\text{i}}^{\text{or}}\sum(\boldsymbol{r}_{\text{pb}\theta}^{\text{i}}-\boldsymbol{r}_{\text{or}}^{\text{i}})\times(\boldsymbol{T}_{\text{b}}^{\text{i}}\Delta\boldsymbol{f}_{\text{bor}}^{\text{b}})\end{cases} \tag{2-46}$$

阻尼力模型:滚动体和轴承外套圈在相对运动方向存在阻尼力,可采用式(2-33)计算所需的速度,式中取 $\theta=0$。阻尼力的来源主要包括滚动体和滚道的接触阻尼[31]和油膜阻尼,两者计算用到的阻尼系数为

$$\begin{cases}c_{\text{h}} = \alpha_{\text{e}}\boldsymbol{Q}\\c_1 = 10^6\text{ N}\cdot\text{s/m}\end{cases} \tag{2-47}$$

式中,$\alpha_{\text{e}}$ 为滚动体、滚道材料的恢复系数,对于确定的接触结构,在小载荷范围内油膜阻尼系数假设为常数[32-33]。比较上述两者,结合滚动体的受力分析,可知滚动体和滚道之间产生的阻尼力主要来源于油膜,计算为

$$\boldsymbol{D}_{\text{bor}}^{\text{b}} = -(c_{\text{h}}+c_1)\boldsymbol{u}_{\text{r}\theta}^{\text{b}} \tag{2-48}$$

由于滚动体受到的阻尼力指向球心,因此作用力矩为 0。阻尼力对滚道的作用可计算得

$$\begin{cases}\boldsymbol{D}_{\text{orb}}^{\text{i}} = -\boldsymbol{T}_{\text{b}}^{\text{i}}\boldsymbol{D}_{\text{bor}}^{\text{b}}\\[2mm]\boldsymbol{M}_{\boldsymbol{D}_{\text{orb}}^{\text{or}}} = \boldsymbol{T}_{\text{i}}^{\text{or}}\left[(\boldsymbol{r}_{\text{pb}\theta}^{\text{i}}-\boldsymbol{r}_{\text{or}}^{\text{i}})\times(\boldsymbol{D}_{\text{orb}}^{\text{i}})\right]\end{cases} \tag{2-49}$$

滚动体-滚道接触载荷计算程序如下。

```
%%输出端口内容计算
function sub_S_M_interaction_b_r(block)
%%输出端口内容计算
global kp_contact_ioc kp_bearing_geo kp_ball_phy kp_innerrace_phy
kp_outterrace_phy kp_oil kp_dry
global kp_Ts
global kp_rotor_phy kp_rotor_flag


%%参数加载
pball = block.InputPort(1).Data(1:6,:);
uball = block.InputPort(1).Data(7:12,:);
prace = block.InputPort(2).Data(1:6);
urace = block.InputPort(2).Data(7:12);
   raceflag = block.DialogPrm(1).Data;% raceflag 1 indicates that
innerace in bearing calculated,2 for outterrace.
f_fio = (-1)^raceflag;
% Hertz 接触相关
kn = kp_contact_ioc(1,raceflag);
ekn = kp_contact_ioc(2,raceflag);
eal = kp_contact_ioc(3,raceflag);
ebe = kp_contact_ioc(4,raceflag);
if raceflag = = 1
   Estar = 1/(1-0.3^2)/(1/kp_ball_phy(5) + 1/kp_innerrace_phy(5));
else
   Estar = 1/(1-0.3^2)/(1/kp_ball_phy(5) + 1/kp_outterrace_phy(5));
end
%膜厚、油膜阻尼计算相关,极限剪切系数 ulim
hfilm = kp_contact_ioc(5,raceflag);
Cdamp = kp_contact_ioc(6:7,raceflag);
kxy = kp_contact_ioc(8,raceflag);%Rx/Ry
eda0 = kp_oil(1);
h0 = kp_oil(2);
ulim = kp_oil(3);
```

Cfilm = kp_oil(4);%油膜阻尼系数

%滚道表面粗糙度，与油膜阻尼公式、摩擦因数计算相关

sigma = kp_contact_ioc(9,raceflag);

%轴承参数：节圆直径 dm，滚动体直径 d，滚道沟曲率 fio，初始接触角 alpha，径向游隙 Pd

dm = sum(kp_bearing_geo(1:2)) * 0.5;

d = kp_bearing_geo(4);

fio = kp_bearing_geo(6 + raceflag);

alpha = kp_bearing_geo(6);

Pd = 2 * (sum(kp_bearing_geo(7:8)) − 1) * d * (1 − cos(alpha));

if kp_rotor_flag == 0

%摩擦力修正参数，考虑滚动体的质量和转动惯量，因为滚动体可能与内/外滚道同时接触，所以乘 0.5

f_scal_c = 1/(1/kp_ball_phy(1) + d^2/kp_ball_phy(2) * 0.25 + 1/kp_outterrace_phy(1) + 0.25 * dm^2/kp_outterrace_phy(2)) * 0.5/kp_Ts;

else

f_scal_c = 1/(1/kp_ball_phy(1) + d^2/kp_ball_phy(2) * 0.25 + 1/kp_rotor_phy(1) + 0.25 * dm^2/kp_rotor_phy(2)) * 0.5/kp_Ts;

end

%阻尼力修正系数

C_scal_c = 1/(1/kp_ball_phy(1) + 0.25 * dm^2/kp_outterrace_phy(3) + 1/kp_outterrace_phy(1))/kp_Ts;

miubd0 = kp_dry(raceflag);%干摩擦因数

Rc = 0.5 * dm + ((0.5 − fio) * d + 0.25 * Pd) * f_fio;%沟曲率中心圆半径

R0 = 2 * fio * d/(2 * fio + 1);%接触后当量曲率半径


%套圈向量初始化

rgc_r = [0,0,0]';%沟曲率中心圆的圆心在套圈定体坐标系位置(原点为质心)

rgcn_r_p = [1,0,0]';%定体坐标系下的套圈面法线向量

rr_i = prace(1:3);%套圈质心位置

rrposi_i = prace(4:6);%套圈姿态

ur_i = urace(1:3);%套圈质心速度

wr_r = transw(rrposi_i,urace(4:6));%定体坐标系下的套圈角速度

```
Tir = transfer(rrposi_i);%惯性坐标系→套圈定体坐标系的转换矩阵
Tri = Tir\eye(3);%套圈定体坐标系→惯性坐标系的转换矩阵
rrc_i = rr_i + Tri * rgc_r;%套圈沟曲率中心圆的圆心在惯性坐标系的位置
rgcn_i_p = Tri * rgcn_r_p;%惯性坐标系下的套圈面法线向量

%输出端口向量初始化
Fball = zeros(6,length(pball));
Frace = zeros(6,1);
Moutp = zeros(8,length(pball));

%%输出端口值求解
for I = 1:length(pball)
    %%球体坐标系及其位置向量构建
    rb_i_s = pball(1:3,I) + [0,0.5 * dm,0]';%圆柱坐标系的滚动体位
置,[x,r,phi]
    ub_b = [uball(1,I),0,uball(2,I)]';%滚动体质心速度,[vx,0,vz]
    wbc_i_s = [-uball(3,I),0,0]';%球体方位坐标系旋转角速度 angular
velocity of coordinate of the ball
    wb_b = uball(4:6,I);%方位坐标系下的球体旋转角速度
    rb_i_c = [rb_i_s(1),rb_i_s(2) * sin(rb_i_s(3)),rb_i_s(2) * cos(rb_i_
s(3))]';%惯性坐标系的滚动体位置
    Tib = transfer([-rb_i_s(3),0,0]');%惯性坐标系→球体方位坐标系
的转换矩阵
    Tbi = Tib\eye(3);%球体方位坐标系→惯性坐标系的转换矩阵

    %%相对接触向量计算
    rcn_i = (rb_i_c - rrc_i) - (rb_i_c - rrc_i)' * rgcn_i_p * rgcn_i_p;%曲
率圆圆心 o_or 到球体质心在曲率圆平面投影点的向量
    rbr_i = rcn_i/norm(rcn_i) * Rc + rrc_i - rb_i_c;%球体质心 o_b 到沟
曲率中心 o_gor 的向量
    rbr_b = Tib * rbr_i;%球体方位坐标系下的曲率中心相对球体质心的
位置向量
    rbr_b(abs(rbr_b/max(abs(rbr_b)))<1.e-10) = 0;
```

rbr_b_p = rbr_b/norm(rbr_b);%相对位置的单位向量

%%干涉长度以及相对运动速度求解
deltn = norm(rbr_b) − (fio − 0.5) * d;%干涉长度计算

%%当前时刻没有发生接触时,则认为没有力的作用,跳过该球体的求解继续求解下一个球体
if deltn<0, continue;end
Q = kn * deltn^ekn * rbr_b_p;%Hertz 接触力计算
absQ = norm(Q);
ea = eal * absQ^0.3333333333;%Hertz 接触长半轴计算
eb = ebe * absQ^0.3333333333;%Hertz 接触短半轴计算
alpa = asin(ea/R0);%接触区域弧度
rbr0_b = (R0 * cos(alpa) − ((0.5 * d)^2 − (R0 * sin(alpa))^2)^0.5) * rbr_b_p;%球心到接触后综合曲率中心的向量

ubcrv_b = Tib * (cross(Tri * wr_r − wbc_i_s,Tbi * (rbr0_b − R0 * rbr_b_p) + rb_i_c − rr_i) + ur_i) − ub_b;%接触变形情况下套圈离球体最近点相对于球体质心的相对运动速度

%%套圈材料阻尼力计算
sigm0 = 1.5 * norm(Q)/(pi * ea * eb + eps);%最大接触应力计算
Q = Q + min(Cdamp(2) * deltn^ekn,C_scal_c) * (ubcrv_b' * rbr_b_p) * rbr_b_p;%套圈材料阻尼力计算

%%多个接触点位置相对球心的向量求解
rgr_i = rb_i_c − rrc_i + rbr_i;%沟曲率圆的圆心 o_or 到沟曲率中心的位置向量
rgr_b = Tib * rgr_i;%转换到球体方位坐标系
rgr_b(abs(rgr_b/max(abs(rgr_b)))<1.e − 10) = 0;% Tib error considering
rbrh_b = cross(rbr_b,cross(rbr_b,rgr_b));
rbrh_b_p = rbrh_b/(norm(rbrh_b) + eps);

tha_p_num = 6;%沿长轴方向划分成 2 * tha_p_num − 1 块

tha_p = linspace( − 1,1,2 * tha_p_num − 1)';%沿长轴方向划分成这些块,即惯性坐标系的 xz 平面

tha = tha_p * alpa;%长轴方向划分小单元

rcptha_b = rbr0_b + R0 * ( − rbr_b_p * cos(tha)' + rbrh_b_p * sin(tha)');%多个接触点相对球心的向量求解

rcp_b = rcptha_b;%多个接触点相对球心的向量

rcp_b_p = rcp_b. /sum(rcp_b.^2,1).^0.5;%接触点向量单位化

%% 多个接触点相对球心的速度求解

ucpb_b = ub_b + cross(repmat(wb_b,[1,length(rcp_b)]),rcp_b);%球上接触点速度求解

ucpr_b = Tib * (cross(repmat(Tri * wr_r − wbc_i_s,[1,length(rcp_b)]),Tbi * rcp_b + rb_i_c − rr_i) + ur_i);%套圈上接触点速度求解

ucprv_b = sum(ucpr_b. * rcp_b_p,1). * rcp_b_p;%套圈上接触点沿接触点平面法线方向的速度

ucpbv_b = sum(ucpb_b. * rcp_b_p,1). * rcp_b_p;%球上接触点沿接触点向量方向的速度

ucps_b = (ucpr_b − ucprv_b) − (ucpb_b − ucpbv_b);%接触点在椭圆平面内相对运动速度

ucpv_b = ucprv_b − ucpbv_b;%接触点沿椭圆平面法线方向的相对运动速度

ucps_b_p_value = sum(ucps_b.^2,1).^0.5;%椭圆平面内接触点相对运动速度大小

ucps_b_p = ucps_b. /(ucps_b_p_value + eps);

ucpes_b = (ucpr_b − ucprv_b) + (ucpb_b − ucpbv_b);

ucpes_b_p = ucpes_b. /(sum(ucpes_b.^2,1).^0.5 + eps);

%% 油膜厚度计算

us = norm(ucpes_b(:,tha_p_num));%取接触中间点的卷吸速度作为滚动体与滚道的卷吸速度

th_ec = (ucpes_b_p(:,tha_p_num)' * rbrh_b_p)^2;%卷吸速度与椭圆

长半轴的夹角 th_e,th_ec = cos(th_e)^2

　　　th_es = 1 − th_ec;% th_es = sin(th_e)^2

　　h = hfilm ∗ us^0.68 ∗ absQ^ − 0.073 ∗ (th_ec + kxy ∗ th_es)^ −
0.466...

　　　　∗ (1 − exp( − 1.23 ∗ ((th_ec + kxy ∗ th_es)/(kxy ∗ th_ec + th_
es))^0.666667));

　　h_need = h;%实现动压润滑需求膜厚

　　h = min(h0,h);%动压膜厚应小于最小膜厚

　　hs = h/sigma;%相对膜厚,sigma 代表粗糙度

　　if hs< = 3%膜厚接近于 0 或者没有卷吸速度形成的动压油膜,则认为
没有油膜阻尼

　　　　Cfilm = 0;

　　end


%%摩擦力计算

　　p = sigm0 ∗ sqrt(1 − tha_p.^2);%接触点应力大小计算

　　miubd = zeros(length(rcp_b),1) + miubd0;%接触点干摩擦下的摩
擦因数

　　miuhd = getmiu_Eyring(eda0, ulim, p, ucps_b_p_value ', h, hs,
miubd);%接触点润滑下的摩擦因数

　　miu_inc = getmiu_contact(Estar, sigm0, sigma, hs, miubd,
miuhd);%接触点摩擦因数计算

　　dtha_p = tha_p(2) − tha_p(1);

　　inte_con = 0.5 ∗ pi ∗ ea ∗ eb ∗ sigm0 ∗ dtha_p;

　　tw_inc = inte_con ∗ miu_inc. ∗ (1 − tha_p.^2);

　　tw_inc = min(tw_inc, ucps_b_p_value ' ∗ f_scal_c/length(ucps_b_p_
value));%摩擦力大小优化,分别根据各个点的计算结果判断

　　Fbinc_b = sum(tw_inc'. ∗ ucps_b_p,2);%计算得到摩擦力,包括方向

　　Mb_b = sum(tw_inc'. ∗ cross(rcp_b,ucps_b_p),2);%摩擦力产生的
摩擦力矩计算


%%油膜阻尼力计算并优化,总的合力计算

Fb_b = Fbinc_b + Q + min(Cfilm, C_scal_c) * ucpv_b(:, tha_p_num);

%%合力及合力矩计算
Fb_i = Tbi * Fb_b;
Fr_i = - Fb_i;
rrrb_b = Tib * (rb_i_c - rr_i); %force is movable
Mr_r = - Tir * Tbi * (Mb_b + cross(rrrb_b, Fb_b)); %因为摩擦力分布在滚动体表面,所以其对套圈的摩擦力矩可以转化为合力加力矩对套圈的作用力矩
Fball(:, I) = [Fb_b(1); Fb_b(3); Fb_b(2); Mb_b]; %滚动体所受合力计算
Frace = Frace + [Fr_i; Mr_r]; %套圈所受合力计算

Moutp_mr1 = - Tir * Tbi * Mb_b;
Moutp_mr2 = - Tir * Tbi * cross(rrrb_b, Fb_b);

Moutp(:, I) = [absQ, ucpb_b(2, tha_p_num), ucpr_b(2, tha_p_num), wb_b' * rcp_b_p(:, tha_p_num), wb_b(2), h_need, ...
Moutp_mr1(1), Moutp_mr2(1)]';

end
%%输出端口赋值
block. OutputPort(1). Data = Fball;
block. OutputPort(2). Data = Frace;
block. OutputPort(3). Data = Moutp;
%% coordinate transformation
function T = transfer(p)
%从惯性坐标到转动过卡尔丹角 p 后的坐标系的坐标变化,x_p = T * x_i,x_i 指惯性坐标系的坐标
p1 = p(1); p2 = p(2); p3 = p(3);
T1 = [1 0 0; 0 cos(p1) sin(p1); 0 - sin(p1) cos(p1)];
T2 = [cos(p2) 0 - sin(p2); 0 1 0; sin(p2) 0 cos(p2)];
T3 = [cos(p3) sin(p3) 0; - sin(p3) cos(p3) 0; 0 0 1];
T = T3 * T2 * T1;

```
%% angular velocity
function w = transw(p,dp)
%从卡尔丹角变换速度 dp 求解定体坐标系中的角速度 w
c2 = cos(p(2));s2 = sin(p(2));c3 = cos(p(3));s3 = sin(p(3));
T = [c2 * c3, s3,0; - c2 * s3,c3,0;s2,0,1];
w = T * dp;


function miuhd = getmiu_Eyring(eda0,ulim,p,u,h,hs,miubd)
% hs:膜厚/粗糙度,小于 3 时为混合润滑状态;假设 hs>1 时才存在动压润滑
eda = eda0 * exp((log(eda0) + 9.67) * ( - 1 + (1 + p * 5.1e - 9).^0.68));
tw0 = 1.8e7;
miuhd = zeros(length(eda),1);
if hs>1
    %膜厚大于 1nm 才存在动压润滑
    uhd = asinh(eda. * u/(tw0 * h)) * tw0. /(p + eps);
    miuhd = uhd * ulim. /(uhd + ulim);
else
    % hs 很小时设定为滑动摩擦
    miuhd(:) = miubd;
end


function miu_inc = getmiu_contact(E,pmax,sigma,hs,miubd,miuhd)
%摩擦因数计算
if hs> = 3
    %当没有接触时
    miu_inc = miuhd;
else
    %当存在直接接触时
    X1 = 0.2907 * hs^ - 0.752 * exp( - hs^2 * 0.5);
    X2 = 0.0104 * (3 - hs)^0.5077 * exp( - hs^2 * 0.5);
    qbd = X1 + E * sigma/pmax * X2;
    qbd = max(min(qbd,1),0);
```

$$miu\_inc = miubd * qbd + miuhd * (1 - qbd);$$

end

2）滚动体-保持架接触

a）接触位置

保持架兜孔的几何结构决定了滚动体和保持架的接触位置计算方法。如图2-6所示，球轴承常用的兜孔形状有圆柱形、立方柱形、球形。整体式保持架的兜孔形状包含有圆柱形、立方柱形，需要后期机加工成型得到；浪形保持架的兜孔形状为球形，通过铆接装配成型。

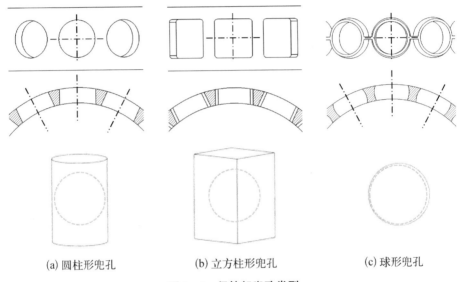

(a) 圆柱形兜孔　　　　　(b) 立方柱形兜孔　　　　　(c) 球形兜孔

图 2-6　保持架兜孔类型

通过对比发现，圆柱形兜孔和滚动体的接触可转化为两个圆形接触，难点在于求球心所在的兜孔横截面；立方柱形保持架和球的接触实际上是圆形和方形的接触，难点在于求球心所在的兜孔横截面和方形截面的方位角；球形兜孔的接触依然是两个球面之间的最近距离求解。空间角接触球轴承所用保持架的兜孔形状是圆柱形，因此本书以圆柱形兜孔和滚动体之间的接触为对象。

如图2-7所示，已知在某个时刻球心位置 $r_b^i$，保持架中心（假

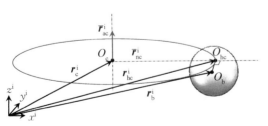

图 2-7　保持架兜孔和滚动体相对位置

设保持架中心和兜孔轴线在同一个平面内)位置 $r_c^i$，保持架轴向单位向量 $\bar{r}_{ac}^i$，滚动体对应保持架兜孔轴向单位向量 $\bar{r}_{nc}^i$，$O_{hc}$ 为对应兜孔轴线上距离球心 $O_b$ 最近的点，其中椭圆曲线代表兜孔轴线所在平面。结合图 2-6 可知，滚动体和保持架的接触点，或者滚动体表面和保持架表面的最近点，在连线 $O_{hc}O_b$ 上。分析图 2-7，可得球心 $O_b$ 相对于 $O_{hc}$ 的位置为

$$r_b^i - r_{hc}^i = (r_b^i - r_c^i) - (r_b^i - r_c^i)^T \bar{r}_{nc}^i \cdot \bar{r}_{nc}^i \tag{2-50}$$

其中，因为在轴承运转过程中滚动体始终被限制在一个兜孔内部，所以滚动体对应兜孔轴线不会发生改变。假设第 1 个兜孔轴线正好与保持架定体坐标系的 $z^{cg}$ 轴重合，则任意兜孔轴向求解公式如下：

$$\bar{r}_{nc}^c = \left[0, \ \sin\left[\frac{2\pi}{N}(k-1)\right], \ \cos\left[\frac{2\pi}{N}(k-1)\right]\right]^T, \ k=1, \ 2, \ \cdots, \ N \tag{2-51}$$

已知兜孔轴线上距离球心 $O_b$ 最近点 $O_{hc}$ 的位置向量 $r_{hc}^i$，滚动体和保持架接触点或最近点的求解转化为两个圆之间最近位置的求解问题。类似于滚动体和滚道接触点的求解，如图 2-8 所示。当两者没有发生接触时，最近点距离 $\delta$ 为

$$\delta = r_p - \left(|\, r_b^i - r_{hc}^i \,| + \frac{D}{2}\right) \tag{2-52}$$

式中，$r_p = 0.5 d_p$，为保持架兜孔半径。对应球面上最近点 $P_{bc}$ 和保持架最近点 $P_{cb}$ 在惯性坐标系中的位置向量如下：

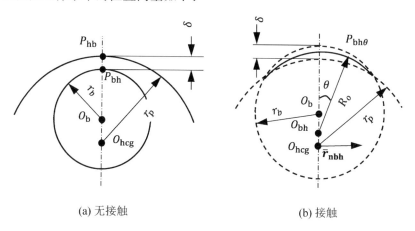

(a) 无接触　　　　　　　　　　　(b) 接触

**图 2-8　滚动体和保持架接触特征**

$$\begin{cases} \boldsymbol{r}_{\mathrm{pbc}}^{\mathrm{i}} = \boldsymbol{r}_{\mathrm{b}}^{\mathrm{i}} + \dfrac{r_{\mathrm{b}}^{\mathrm{i}} - r_{\mathrm{hc}}^{\mathrm{i}}}{|\, r_{\mathrm{b}}^{\mathrm{i}} - r_{\mathrm{hc}}^{\mathrm{i}}\,|} \dfrac{D}{2} \\[3mm] \boldsymbol{r}_{\mathrm{pcb}}^{\mathrm{i}} = \boldsymbol{r}_{\mathrm{hc}}^{\mathrm{i}} + \dfrac{r_{\mathrm{b}}^{\mathrm{i}} - r_{\mathrm{hc}}^{\mathrm{i}}}{|\, r_{\mathrm{b}}^{\mathrm{i}} - r_{\mathrm{hc}}^{\mathrm{i}}\,|} r_{\mathrm{p}} \end{cases} \tag{2-53}$$

当滚动体和保持架发生接触时,干涉尺寸同样,根据式(2-52)求解得到。垂直于连线 $O_{\mathrm{hc}}O_{\mathrm{b}}$ 和兜孔轴线构成平面的单位方向向量 $\bar{\boldsymbol{r}}_{\mathrm{nbh}}^{\mathrm{i}}$ 计算如下:

$$\bar{\boldsymbol{r}}_{\mathrm{nbh}}^{\mathrm{i}} = \dfrac{r_{\mathrm{b}}^{\mathrm{i}} - r_{\mathrm{hc}}^{\mathrm{i}}}{|\, r_{\mathrm{b}}^{\mathrm{i}} - r_{\mathrm{hc}}^{\mathrm{i}}\,|} \times \bar{\boldsymbol{r}}_{\mathrm{ncg}}^{\mathrm{i}} \tag{2-54}$$

对应的接触点 $P_{\mathrm{bc}\theta}$ 的位置向量为

$$r_{\mathrm{pbc}\theta}^{\mathrm{i}} = \boldsymbol{r}_{\mathrm{bh}}^{\mathrm{i}} + R_{\mathrm{o}}\left(\cos\theta\, \dfrac{r_{\mathrm{b}}^{\mathrm{i}} - r_{\mathrm{hc}}^{\mathrm{i}}}{|\, r_{\mathrm{b}}^{\mathrm{i}} - r_{\mathrm{hc}}^{\mathrm{i}}\,|} + \sin\theta\, \bar{\boldsymbol{r}}_{\mathrm{nbh}}^{\mathrm{i}}\right) \tag{2-55}$$

其中,当量曲率半径 $R_{\mathrm{o}}$ 和综合曲率圆心 $O_{\mathrm{bh}}$ 为

$$\begin{cases} R_{\mathrm{o}} = \dfrac{r_{\mathrm{b}} r_{\mathrm{p}}}{r_{\mathrm{b}} + r_{\mathrm{p}}} \\[3mm] \boldsymbol{r}_{\mathrm{bh}}^{\mathrm{i}} = \boldsymbol{r}_{\mathrm{b}}^{\mathrm{i}} - \left(R_{\mathrm{o}}\cos\theta_{\max} - \sqrt{r_{\mathrm{b}}^{2} - (R_{\mathrm{o}}\sin\theta_{\max})^{2}}\,\right) \dfrac{r_{\mathrm{b}}^{\mathrm{i}} - r_{\mathrm{hc}}^{\mathrm{i}}}{|\, r_{\mathrm{b}}^{\mathrm{i}} - r_{\mathrm{hc}}^{\mathrm{i}}\,|} \end{cases} \tag{2-56}$$

b) 接触载荷

滚动体与保持架之间的接触载荷以碰撞为主,润滑方式包括动压润滑、弹流润滑、无限短轴承动压润滑;后者是由于兜孔与滚动体直径相近,当保持架表面润滑油油膜厚度足够大时,两者之间会存在无限短轴承动压润滑效应。滚动体与保持架之间的接触力学模型主要包括赫兹点接触模型、润滑模型和阻尼力模型。3 个模型之间的计算流程如图 2-9 所示。其中,输入的 $h_{\mathrm{h}}$ 为保持架表面实际油膜厚度。润滑模型包括短轴承润滑理论、动压润滑模型、弹流动压润滑模型,分别应用于滚动体和滚道不同的接触阶段。当兜孔油膜厚度、滚动体与兜孔表面最近点的距离均大于阈值 $h_{\varepsilon}$ 时,采用短轴承润滑理论;而当两者的距离进一步缩短时,此时接触点作用力起主导作用,采用动压润滑理论;进一步地,当两者接触且发生变形时,采用弹流动压润滑模型计算接触载荷。

赫兹点接触模型:已知滚动体材料的泊松比 $\xi_{\mathrm{b}}$、弹性模量 $E_{\mathrm{b}}$,滚动体直径 $D$,轴承保持架材料的泊松比 $\xi_{\mathrm{c}}$、弹性模量 $E_{\mathrm{c}}$,兜孔半径 $r_{\mathrm{p}}$,以及接触点位置向量 $\boldsymbol{r}_{\mathrm{pbc}\theta}^{\mathrm{i}}(\theta=0)$。

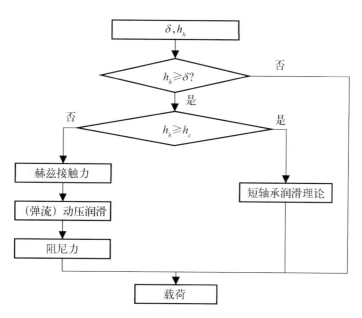

**图 2 - 9 滚动体保持架接触载荷计算**

类似于式(2 - 22),综合曲率半径 $\sum \rho$,在 $x$、$y$ 方向的当量曲率半径 $R_x$、$R_y$ 计算如下:

$$\begin{cases} \dfrac{1}{R_x} = \dfrac{1}{r_b} + \dfrac{1}{r_p} \\ \dfrac{1}{R_y} = \dfrac{1}{r_b} + \dfrac{1}{\infty} \\ \sum \rho = \dfrac{1}{r_b} + \dfrac{1}{r_b} + \dfrac{1}{r_p} + \dfrac{1}{\infty} \end{cases} \tag{2-57}$$

接触椭圆的长半轴 $a$ 和短半轴 $b$ 由下式给出:

$$\begin{cases} -\delta = \delta^* \left[ \dfrac{3Q}{2\sum \rho} \left( \dfrac{1-\xi_b^2}{E_b} + \dfrac{1-\xi_c^2}{E_c} \right) \right]^{1/3} \dfrac{\sum \rho}{2} \\ a = a^* \left[ \dfrac{3Q}{2\sum \rho} \left( \dfrac{1-\xi_b^2}{E_b} + \dfrac{1-\xi_c^2}{E_c} \right) \right]^{1/3} \\ b = b^* \left[ \dfrac{3Q}{2\sum \rho} \left( \dfrac{1-\xi_b^2}{E_b} + \dfrac{1-\xi_c^2}{E_c} \right) \right]^{1/3} \end{cases} \tag{2-58}$$

其中,赫兹参数计算同式(2 - 24),此处不再赘述。因此,滚动体在接触点受到的

正压力为

$$\boldsymbol{Q}_{bc}^{b} = -Q\,\frac{r_{pb\vartheta}^{i} - r_{bh}^{i}}{\mid r_{pb\vartheta}^{i} - r_{bh}^{i}\mid} \tag{2-59}$$

滚道在接触点受到的正压力和相应的力矩为

$$\begin{cases} \boldsymbol{Q}_{c}^{c} = -\boldsymbol{T}_{i}^{cg}\boldsymbol{T}_{b}^{i}\boldsymbol{Q}_{bc}^{b} \\ \boldsymbol{MQ}_{cb}^{c} = -\boldsymbol{T}_{i}^{cg}\big[(r_{pb\vartheta}^{i} - r_{c}^{i}) \times (\boldsymbol{T}_{b}^{i}\boldsymbol{Q}_{cb}^{c})\big] \end{cases} \tag{2-60}$$

其中,取 $\theta = 0$。

润滑模型:摩擦力模型计算包括弹流润滑计算、动压润滑和无限短轴承润滑计算,需要求解接触点相对运动速度。

(1) 接触点速度计算。

以球体的方位坐标系作为参考系,滚动体上点 $P_{b\vartheta}$ 的速度为

$$\dot{\boldsymbol{r}}_{pb\vartheta b}^{b} = \boldsymbol{\omega}_{b}^{b} \times \big[\boldsymbol{T}_{i}^{b}(r_{pb\vartheta}^{i} - r_{b}^{i})\big] + \dot{\boldsymbol{r}}_{b}^{i\prime} \tag{2-61}$$

式中,$\dot{\boldsymbol{r}}_{b}^{i\prime}$ 为滚动体沿方位坐标系 $x$ 和 $z$ 方向的运动速度。相应地,保持架上点 $P_{b\vartheta}$ 的速度在滚动体方位坐标系中表示为

$$\dot{\boldsymbol{r}}_{pb\vartheta b}^{b} = \boldsymbol{T}_{i}^{b}\big[\boldsymbol{T}_{c}^{i}(\boldsymbol{\omega}_{c}^{c} \times \big[\boldsymbol{T}_{i}^{c}(r_{pb\vartheta}^{i} - r_{c}^{i})\big]) + \dot{\boldsymbol{r}}_{c}^{i} - \dot{\boldsymbol{\psi}}_{b}^{i} \times r_{pb\vartheta}^{i}\big] \tag{2-62}$$

接触区域卷吸速度为

$$\boldsymbol{u}_{e}^{b} = (\dot{\boldsymbol{r}}_{pb\vartheta b}^{b} + \dot{\boldsymbol{r}}_{pb\vartheta b}^{b}) - \left[(\dot{\boldsymbol{r}}_{pb\vartheta b}^{b} + \dot{\boldsymbol{r}}_{pb\vartheta b}^{b}) \boldsymbol{\cdot} \frac{r_{pb\vartheta}^{i} - r_{b}^{i}}{\mid r_{pb\vartheta}^{i} - r_{b}^{i}\mid}\right]\frac{r_{pb\vartheta}^{i} - r_{b}^{i}}{\mid r_{pb\vartheta}^{i} - r_{b}^{i}\mid} \tag{2-63}$$

卷吸速度 $\boldsymbol{u}_{e}^{b}$ 与接触椭圆短半轴的夹角 $\vartheta$ 计算如下:

$$\vartheta = \arccos\big[(\boldsymbol{T}_{i}^{b}\boldsymbol{T}_{c}^{i}\bar{\boldsymbol{r}}_{nc}^{c})^{T}\boldsymbol{u}_{e}^{b}\big] \tag{2-64}$$

球体质心相对兜孔接触点的运动速度为

$$\boldsymbol{u}_{r\vartheta}^{b} = \dot{\boldsymbol{r}}_{b}^{i\prime} - \dot{\boldsymbol{r}}_{pb\vartheta b}^{b} \tag{2-65}$$

不同接触点在接触平面内的相对运动速度为

$$\boldsymbol{u}_{\vartheta}^{b} = (\dot{\boldsymbol{r}}_{pb\vartheta b}^{b} - \dot{\boldsymbol{r}}_{pb\vartheta b}^{b}) - \left[(\dot{\boldsymbol{r}}_{pb\vartheta b}^{b} + \dot{\boldsymbol{r}}_{pb\vartheta b}^{b}) \boldsymbol{\cdot} \frac{r_{pb\vartheta}^{i} - r_{b}^{i}}{\mid r_{pb\vartheta}^{i} - r_{b}^{i}\mid}\right]\frac{r_{pb\vartheta}^{i} - r_{b}^{i}}{\mid r_{pb\vartheta}^{i} - r_{b}^{i}\mid} \tag{2-66}$$

上述卷吸速度 $\boldsymbol{u}_{e}^{b}$、相对运动速度 $\boldsymbol{u}_{\vartheta}^{b}$ 均为 $\theta=0$ 时的计算结果。

（2）摩擦载荷计算。

考虑弹流润滑时，参考式(2-35)采用 Chittenden-Dowson 公式计算理论油膜厚度 $h_{L0}$，应力分布计算同式(2-25)，摩擦因数同式(2-42)。滚动体在该接触点所受的摩擦力及对应的摩擦力矩为

$$\begin{cases} \boldsymbol{f}_{bc}^{b} = -\mu Q \dfrac{u_{\vartheta}^{b}}{|\boldsymbol{u}_{\vartheta}^{b}|} \\ \boldsymbol{M}_{f_{bc}^{b}} = -\boldsymbol{r}_{pbc\theta}^{b} \times \boldsymbol{f}_{bc}^{b} \end{cases} \qquad (2-67)$$

保持架在该接触点受到的摩擦力和摩擦力矩如下：

$$\begin{cases} \boldsymbol{f}_{cb}^{c} = -\boldsymbol{T}_{i}^{c}\boldsymbol{T}_{b}^{i}\boldsymbol{f}_{bc}^{b} \\ \boldsymbol{M}_{f_{cb}^{c}} = \boldsymbol{T}_{i}^{cg}\sum(\boldsymbol{r}_{pbc\theta}^{i} - \boldsymbol{r}_{c}^{c}) \times (\boldsymbol{T}_{b}^{i}\Delta\boldsymbol{f}_{cb}^{c}) \end{cases} \qquad (2-68)$$

考虑动压润滑时，采用 Brewe 油膜厚度公式计算动压力，如下：

$$Q = \left(\frac{128\alpha R_{x}}{h_{0}}\right)^{1/2} \varphi\eta_{0}uR_{x}L \qquad (2-69)$$

其中，各参数计算如下：

$$\begin{cases} \alpha = \dfrac{R_{x}}{R_{y}} \\ \varphi = \left(1 + \dfrac{2}{3\alpha}\right)^{-1} \\ L = 0.131\arctan\left(\dfrac{\alpha}{2}\right) + 1.683 \\ u = |\boldsymbol{u}_{e}^{b}| \\ h_{0} = \delta \end{cases} \qquad (2-70)$$

动压润滑压力较小，不考虑黏压特性，因此滚动体在该接触点所受的摩擦力及对应的摩擦力矩为

$$\begin{cases} \boldsymbol{f}_{bc}^{b} = -\mu Q \dfrac{u_{\vartheta}^{b}}{|\boldsymbol{u}_{\vartheta}^{b}|} \\ \boldsymbol{M}_{f_{bc}^{b}} = -\boldsymbol{r}_{pbc\theta}^{b} \times \boldsymbol{f}_{bc}^{b} \end{cases} \qquad (2-71)$$

保持架在该接触点受到的摩擦力和摩擦力矩为

$$\begin{cases} \boldsymbol{f}_{\mathrm{cb}}^{\mathrm{c}} = -\boldsymbol{T}_{\mathrm{i}}^{\mathrm{c}} \boldsymbol{T}_{\mathrm{b}}^{\mathrm{i}} \boldsymbol{f}_{\mathrm{bc}}^{\mathrm{b}} \\ \boldsymbol{M}_{f_{\mathrm{cb}}^{\mathrm{c}}} = \boldsymbol{T}_{\mathrm{i}}^{\mathrm{c}} \left[ (\boldsymbol{r}_{\mathrm{pbc}\theta}^{\mathrm{i}} - \boldsymbol{r}_{\mathrm{c}}^{\mathrm{i}}) \times (\boldsymbol{T}_{\mathrm{b}}^{\mathrm{i}} \boldsymbol{f}_{\mathrm{cb}}^{\mathrm{c}}) \right] \end{cases} \tag{2-72}$$

采用短轴承润滑理论时,滚动体接触点绕兜孔轴向的旋转产生的线速度计算如下:

$$\boldsymbol{u}_{s\theta}^{\mathrm{b}} = (\dot{\boldsymbol{r}}_{\mathrm{pbc}\theta\mathrm{b}}^{\mathrm{b}} - \dot{\boldsymbol{r}}_{\mathrm{pbc}\theta\mathrm{h}}^{\mathrm{b}}) - (\dot{\boldsymbol{r}}_{\mathrm{pbc}\theta\mathrm{b}}^{\mathrm{b}} - \dot{\boldsymbol{r}}_{\mathrm{pbc}\theta\mathrm{b}}^{\mathrm{b}})^{\mathrm{T}} \bar{\boldsymbol{r}}_{\mathrm{nbc}}^{\mathrm{i}} \cdot \bar{\boldsymbol{r}}_{\mathrm{nbc}}^{\mathrm{i}} \tag{2-73}$$

其中,取 $\theta = 0$,半径间隙 $c$、偏心率 $\varepsilon$、平均半径 $R$、油膜宽度 $L$、不同角度理论油膜厚度 $h_{L0}$ 计算如下:

$$\begin{cases} c = \dfrac{1}{2}(d_{\mathrm{p}} - D) \\[2mm] \varepsilon = \dfrac{\mid r_{\mathrm{b}}^{\mathrm{i}} - r_{\mathrm{hc}}^{\mathrm{i}} \mid}{c} \\[2mm] R = \dfrac{1}{2}(d_{\mathrm{p}} + D) \\[2mm] L = \left[ 8R_x(h_{\mathrm{f}} - \delta) \right]^{\frac{1}{2}} \\[2mm] h_{L0} = c(1 + \varepsilon \cos \theta) \end{cases} \tag{2-74}$$

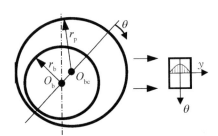

如图 2-10 所示,不同轴向 $y$、不同角度 $\theta$ 对应的油膜压力计算如下:

$$p_{\theta} = \frac{3u\eta_0 \varepsilon \sin \theta}{c^2 R(1 + \varepsilon \cos \theta)^3} \left( \frac{L^2}{4} - y^2 \right) \tag{2-75}$$

**图 2-10 短轴承润滑理论**

对上述应力进行积分可得到油膜正压力、摩擦力、摩擦力矩:

$$\begin{cases} \boldsymbol{Q}_{\mathrm{bc}}^{\mathrm{b}} = \displaystyle\int_{\theta_0}^{\theta_{\mathrm{e}}} \int_{-L/2}^{L/2} p_{\theta} \sin \theta \, \frac{\boldsymbol{u}_{s\theta}^{\mathrm{b}}}{\mid \boldsymbol{u}_{s\theta}^{\mathrm{b}} \mid} + p_{\theta} \cos \theta \, \boldsymbol{T}_{\mathrm{i}}^{\mathrm{b}} \frac{\boldsymbol{r}_{\mathrm{pbc}\theta}^{\mathrm{i}} - \boldsymbol{r}_{\mathrm{b}}^{\mathrm{i}}}{\mid \boldsymbol{r}_{\mathrm{pbc}\theta}^{\mathrm{i}} - \boldsymbol{r}_{\mathrm{b}}^{\mathrm{i}} \mid} \mathrm{d}y \, \mathrm{d}\theta \\[4mm] \boldsymbol{f}_{\mathrm{bc}}^{\mathrm{b}} = \eta_0 R_x \displaystyle\int_{\theta_0}^{\theta_{\mathrm{e}}} \int_{-\frac{L}{2}}^{\frac{L}{2}} \cos \theta \, \frac{\boldsymbol{u}_{s\theta}^{\mathrm{b}}}{h_0} - \sin \theta \, \frac{\mid \boldsymbol{u}_{s\theta}^{\mathrm{b}} \mid}{h_0} \boldsymbol{T}_{\mathrm{i}}^{\mathrm{b}} \frac{\boldsymbol{r}_{\mathrm{pbc}\theta}^{\mathrm{i}} - \boldsymbol{r}_{\mathrm{b}}^{\mathrm{i}}}{\mid \boldsymbol{r}_{\mathrm{pbc}\theta}^{\mathrm{i}} - \boldsymbol{r}_{\mathrm{b}}^{\mathrm{i}} \mid} \mathrm{d}y \, \mathrm{d}\theta \\[4mm] \boldsymbol{M}_{f_{\mathrm{bc}}^{\mathrm{b}}} = \eta_0 R_x^2 \, \frac{\boldsymbol{u}_{s\theta}^{\mathrm{b}}}{\mid \boldsymbol{u}_{s\theta}^{\mathrm{b}} \mid} \times \left( \boldsymbol{T}_{\mathrm{i}}^{\mathrm{b}} \frac{\boldsymbol{r}_{\mathrm{pbc}\theta}^{\mathrm{i}} - \boldsymbol{r}_{\mathrm{b}}^{\mathrm{i}}}{\mid \boldsymbol{r}_{\mathrm{pbc}\theta}^{\mathrm{i}} - \boldsymbol{r}_{\mathrm{b}}^{\mathrm{i}} \mid} \right) \displaystyle\int_{\theta_0}^{\theta_{\mathrm{e}}} \int_{-\frac{L}{2}}^{\frac{L}{2}} \frac{\mid \boldsymbol{u}_{s\theta}^{\mathrm{b}} \mid}{h_0} \mathrm{d}y \, \mathrm{d}\theta \end{cases} \tag{2-76}$$

其中，$\boldsymbol{u}_{t\theta}^{b}$ 仍取 $\theta=0$。$\theta_0$ 和 $\theta_e$ 分别对应油膜的起点和终点，起点主要由润滑油油膜厚度决定，终点主要由滚动体和保持架之间的间隙决定，计算如下：

$$\begin{cases} \theta_0 = \arccos\left[\min\left(\dfrac{h_f - c}{c\varepsilon},\ 1\right)\right] \\ \theta_e = \arccos\left[\max\left(-\dfrac{1}{\varepsilon},\ -1\right)\right] \end{cases} \tag{2-77}$$

当偏心率 $\varepsilon$ 接近于 1 时，会导致计算载荷无穷大的结果。然而，实际工况中 $\varepsilon=1$ 时会导致润滑油通路封闭，短轴承润滑效应减弱。因此，当 $\varepsilon$ 超过某个值时应考虑采用动压润滑或弹流润滑模型进行载荷计算。对应的保持架受到的反作用力和反作用力矩为

$$\begin{cases} \boldsymbol{Q}_{cb}^{c} = -\boldsymbol{T}_i^c \boldsymbol{T}_b^i \boldsymbol{Q}_{bc}^{b} \\ \boldsymbol{f}_{cb}^{c} = -\boldsymbol{T}_i^c \boldsymbol{T}_b^i \boldsymbol{f}_{bc}^{b} \\ \boldsymbol{M}_{f_{cb}^{c}} = \boldsymbol{T}_i^c \boldsymbol{T}_b^i \left[ -\boldsymbol{T}_b^b \boldsymbol{r}_b^i \times (\boldsymbol{Q}_{bc}^{b} + \boldsymbol{f}_{bc}^{b}) - \boldsymbol{M}_{f_{bc}^{b}} \right] \end{cases} \tag{2-78}$$

阻尼力模型：滚动体和保持架在相对运动方向存在阻尼力，其速度为接触点在滚动体质心和兜孔中心点 $O_{hc}$ 连线方向的相对运动速度 $\boldsymbol{u}_{t\theta}^{b}$，如式（2-65）所示。接触阻尼 $c_h$ 和油膜阻尼 $c_1$ 参考式（2-47）计算，需注意的是，当实际油膜厚度 $h$ 小于两者间隙或干摩擦时，油膜阻尼应记为 0。因此，滚动体在与保持架兜孔接触过程中受到的阻尼力为

$$\boldsymbol{D}_{bc}^{b} = -(c_h + c_1)\boldsymbol{u}_{t\theta}^{b} \tag{2-79}$$

保持架受到的相应阻尼力及力矩为

$$\begin{cases} \boldsymbol{D}_{cb}^{i} = -\boldsymbol{T}_b^i \boldsymbol{D}_{bc}^{b} \\ \boldsymbol{M}_{\boldsymbol{D}_{cb}^{c}} = \boldsymbol{T}_i^{cg} \left[ (\boldsymbol{r}_{pbc\theta}^{i} - \boldsymbol{r}_c^{i}) \times (\boldsymbol{D}_{cb}^{i}) \right] \end{cases} \tag{2-80}$$

滚动体-保持架接触载荷计算程序如下。

function sub_S_M_interaction_b_c(block)

global kp_contact_ioc kp_oil kp_bearing_geo kp_ball_phy kp_cage_phy kp_Ts

　　global kp_dry


%%参数加载

```
pball = block. InputPort(1). Data(1:6,:);
uball = block. InputPort(1). Data(7:12,:);
pcage = block. InputPort(2). Data(1:6);
ucage = block. InputPort(2). Data(7:12);
% Hertz 接触相关
kn = kp_contact_ioc(1,3);
ekn = kp_contact_ioc(2,3);
eal = kp_contact_ioc(3,3);
ebe = kp_contact_ioc(4,3);
Estar = 1/(1 - 0.3^2)/(1/kp_ball_phy(5) + 1/kp_cage_phy(5));
%膜厚、油膜阻尼计算相关
hfilm = kp_contact_ioc(5,3);%油膜厚度计算系数
Cdamp = kp_contact_ioc(6:7,3);
kxy = kp_contact_ioc(8,3);
sigma = kp_contact_ioc(9,3);%滚道表面粗糙度,与油膜阻尼公式、摩擦因
数计算相关
eda0 = kp_oil(1);
h0 = kp_oil(2);%最大油膜厚度,在保持架采用短轴承接触理论时使用
miubd = kp_dry(3);%干摩擦因数 miubd0
ulim = kp_oil(3);%极限剪切系数 ulim
Cfilm = kp_oil(4);%润滑油阻尼系数
%轴承结构参数
N = length(pball);
dm = sum(kp_bearing_geo(1:2)) * 0.5;%节圆直径
d = kp_bearing_geo(4);%滚动体直径
dp = kp_bearing_geo(21);%兜孔直径
C_scal_c = 1/(1/kp_ball_phy(1) + 0.25 * dm^2/kp_cage_phy(2) + 1/kp_
cage_phy(1))/kp_Ts/N;%阻尼优化系数
f_scal_c = 1/(1/kp_ball_phy(1) + d^2/kp_ball_phy(2) * 0.25 + 1/kp_cage_
phy(1) + 0.25 * dm^2/kp_cage_phy(2)) * 0.5/kp_Ts;%摩擦力修正系数
Rx = 0.5/(1/d - 1/dp);%当量曲率半径
```

%滚动体位置及运动参数

rbj_i_s = pball(1:3,:) + [0,0.5 * dm,0]';%滚动体位置,柱坐标

ubj_b = [uball(1,:);zeros(1,N);uball(2,:)];%滚动体在球方位坐标系的速度

wbj_b = uball(4:6,:);% 滚动体旋转角速度

wbcj_i_s = [-uball(3,:);zeros(2,N)];%球方位坐标系公转角速度,圆心始终在惯性坐标系原点上

rbj_i_c = [rbj_i_s(1,:);rbj_i_s(2,:). * sin(rbj_i_s(3,:));rbj_i_s(2,:). * cos(rbj_i_s(3,:))];%滚动体位置,惯性坐标系

%保持架位置及运动参数

cposi_j = 2 * pi/N * (0:N-1)';%兜孔轴线角度

rc_i = pcage(1:3);%保持架位置

rcposi_i = pcage(4:6);%保持架姿态

uc_i = ucage(1:3);%保持架速度

wc_c = transw(rcposi_i,ucage(4:6));%定体坐标系下保持架角速度

Tic = transfer(rcposi_i);%坐标系转换矩阵,i 到 c

Tci = Tic\eye(3);


%%接触位置计算

raj_c_p = [zeros(N,1),sin(cposi_j),cos(cposi_j)]';%兜孔轴线在定体坐标系中的单位向量

rca_c = [0,0,0]';%定体坐标系下保持架质心到兜孔轴线平面中心的向量distance between the origin point and plane composites of hole axes

ra_i = rc_i + Tci * rca_c;%兜孔轴线平面中心位置

raj_i_p = Tci * raj_c_p;%兜孔轴线在惯性坐标系中的单位向量

rjv_i = sum((rbj_i_c - ra_i). * raj_i_p,1). * raj_i_p;%滚动体在对应兜孔轴线上的投影向量

rjn_i = (rbj_i_c - ra_i) - rjv_i;%滚动体在对应兜孔轴线上投影点指向滚动体质心的向量

rjn_i_p = rjn_i./(sum(rjn_i. * rjn_i,1).^0.5 + eps);%向量单位化

%载荷初始化

Fball = zeros(6,length(pball));

```
Fcage = zeros(6,1);
```

```
% for single ball
for J = 1:N
Tib = transfer([ - rbj_i_s(3,J),0,0]');%坐标系转换矩阵
Tbi = Tib\eye(3);%坐标系转换矩阵
wb_b = wbj_b(:,J);%滚动体旋转角速度
rb_i_c = rbj_i_c(:,J);%滚动体位置,惯性坐标系
rn_b = Tib * rjn_i(:,J);%对应兜孔轴线投影点指向滚动体质心,在球方位
```
坐标系的向量
```
rv_b = Tib * rjv_i(:,J);%球方位坐标系,对应兜孔轴线投影线
rn_b_p = rn_b/(norm(rn_b) + eps);%向量单位化
rv_b_p = rv_b/norm(rv_b);%单位化向量
hbp = 0.5 * (dp - d) - norm(rn_b);%滚动体表面和保持架兜孔最短距离
```

```
unp_b = cross(wb_b,0.5 * d * rn_b_p) + ubj_b(:,J);%滚动体接触点速
```
度,球方位坐标系 unp_b denotes the velocity of the ball in contact point in
ball coordinate here
```
rcp_c = rca_c + Tic * (rjv_i(:,J) + 0.5 * dp * rjn_i_p(:,J));%保持架接
```
触点位置,定体坐标系
```
ucp_c = cross(wc_c,rcp_c);%保持架接触点速度,定体坐标系
ucp_b = Tib * (Tci * ucp_c + uc_i - cross(wbcj_i_s(:,J),Tci * rcp_c + rc_
i));%球方位坐标系中保持架接触点速度,需要考虑球方位坐标系的旋转,旋转
```
轴为惯性坐标系的 x 轴
```
unpe_b = unp_b + ucp_b - (unp_b + ucp_b)' * rn_b_p * rn_b_p;%接触平面
```
内速度求解,球方位坐标系,也可当作卷吸速度 unpe_b for the entrainment
velocity of the ball
```
unp_b = unp_b - ucp_b;%球方位坐标系,滚动体接触点相对保持架接触点
```
的速度 unp_b denotes the velocity of the ball relative to the cage in contact
point in ball coordinate here
```
unpl_b = unp_b' * rv_b_p * rv_b_p;%球方位坐标系,unp_b 在兜孔轴线上
```
的投影

unprv_b = ubj_b(:,J) - ucp_b;%滚动体质心相对接触点的运动速度,用于计算阻尼力

unpsv_b = (unp_b - unpl_b)' * rn_b_p * rn_b_p;% 球方位坐标系,unp_b 在 rn_b 方向的投影

unpss_b = unp_b - unpsv_b;%接触椭圆平面内的相对运动速度,用于计算摩擦力

unpss_b_p = unpss_b/(norm(unpss_b) + eps);


%弹性力直接计算容易导致系统崩溃,需要结合 dt 时间后的弹性力

hbp_dt = hbp - unpsv_b' * rn_b_p * kp_Ts;% hbp<0,unpsv_b 和 rn_b_p 方向一致时,容易得到间隙在缩小,计算一段时间后的间隙,预判是否会接触

if h0< = hbp&&h0< = hbp_dt% ||norm(rn_b)<1.e-6

　　%当这一刻和下一刻的距离大于油膜厚度或者滚动体质心与兜孔轴线非常靠近时,该滚动体不做计算

　　continue

end

if hbp< = 1.e-9||hbp_dt< = 1.e-9

　　%%当存在接触时,或者间隙比较小时(1nm),弹流、动压、Hertz 接触下的载荷求解

　　%正压力计算

　　ue = norm(unpe_b);%卷吸速度大小

　　th_ec2 = (unpe_b'/ue * cross(rv_b_p,rn_b_p))^2;%夹角计算

　　%计算可能因为动压、弹流、Hertz 接触产生的载荷和对应的真实油膜厚度

　　[Q,h] = lubri(eda0,kxy,Rx,th_ec2,ue,hfilm,kn,ekn,hbp,h0,sigma);

　　[Q_dt,~] = lubri(eda0,kxy,Rx,th_ec2,ue,hfilm,kn,ekn,hbp_dt,h0,sigma);

　　Q = Q + 0.5 * (Q_dt - Q);

　　Q = - Q * rn_b_p;

　　Fbps_b = [0,0,0]';

```
    if hbp<=1.e-9
        %damp calculation
        hs=h/sigma;
        hj=h-hbp;
        if hs<3 %油膜厚度相对于粗糙度很小或者卷吸速度很小时,滚
动体与保持架发生直接接触,认为不存在油膜阻尼力
            Cfilm=0;
        end
        % 摩擦力计算
         miuf = getmiu(eda0,miubd,ulim,eal,ebe,sigma,Estar,norm
(Q),ue,h);%摩擦因数计算
        Fbps_b=min(miuf*norm(Q),f_scal_c*norm(unpss_b))*(-
unpss_b_p);
        Q=Q-min((Cfilm+Cdamp(2)*(hj)^ekn),C_scal_c)*unprv
_b;%总的正压力计算
    end

    %载荷求解
    Fbp_b=Fbps_b+Q;
    Mbp_b=cross(rn_b_p*0.5*d,Fbps_b);
    Fbp_i=Tbi*Fbp_b;
    Fcp_i=-Fbp_i;
    rcb_b=Tib*(rb_i_c-rc_i);
    Mcp_b=-cross(rcb_b,Fbp_b)-Mbp_b;
    Mcp_c=Tic*Tbi*Mcp_b;
else
    %%当保持架油膜厚度很大时,且两者间隙比较大时,短轴承润滑理论
下的摩擦因数求解
    %假定短轴承润滑理论对应的间隙量级在1um以上
    %短轴承理论参数
    wnp_b=wb_b'*rv_b_p*rv_b_p;%兜孔轴线方向的转速,球体方位
坐标系
```

wcp_b = Tib * (Tci * (wc_c' * rv_b_p * rv_b_p));%保持架绕兜孔轴线方向的转速,球体方位坐标系

uwnps_b = cross(wnp_b + wcp_b,(norm(rn_b) + 0.5 * d) * rn_b_p);%球上线速度

e = norm(rn_b);%离心率

c = 0.5 * (dp − d);

epson = min(e/c,1);

Pbpx = 0;Pbpy = 0;Fbpx = 0;Fbpy = 0;norm_Mbp_b = 0;f_scal = 1.0;

h_th = 1.e − 6;%膜厚阈值,仅考虑大于这个膜厚部分的短轴承润滑理论

if h0>h_th

if epson>1.e − 3&&hbp<h0

　%偏心率比较大,油膜厚度大于最小间隙

　L = (4 * d * (h0 − hbp))^0.5;

　h00 = min(h0,c * (1 + epson));%油膜起始点

　h01 = max(hbp,h_th);%考虑到 hbp 可能小于 0,油膜结束点

　Us = norm(uwnps_b);

　if Us>1.e − 6

　Pbpx = 0.25 * Us * eda0 * L^3/(epson * c) * ((c − 2 * h01)/h01^2 − (c − 2 * h00)/h00^2);%沿 x 方向的动压力计算

　　th0 = acos(min((h00 − c)/(c * epson),1));

　　th1 = min(acos((h01 − c)/(c * epson)),pi);

　　f = @(th)sin(th).^2./(1 + epson * cos(th)).^3;

　　Pbpy = − 0.5 * Us * epson * eda0 * L^3/c^2 * integral(f,th0,th1,'RelTol',1.e − 3);%沿 y 方向的动压力计算

Fbpx = eda0 * Us * L * 0.5 * d/(c * epson) * log((1 + epson * cos(th0))/(1 + epson * cos(th1)));%沿 x 方向的剪切力计算

　　f = @(th)cos(th)./(1 + epson * cos(th));

　　Fbpy = − eda0 * Us * L * 0.5 * d/c * integral(f,th0,th1,'RelTol',1.e − 3);%沿 y 方向的阻尼力计算

53

```
            f = @(th)1./(1 + epson * cos(th));
            norm_Mbp_b = eda0 * Us * L * 0.25 * d^2/c * integral(f,th0,
th1,'RelTol',1.e-3);%摩擦力矩计算
            f_scal = min(norm_Mbp_b,Us * f_scal_c)/(norm_Mbp_b +
eps);
          end
      end
      end
    %载荷求解
    Fbp_b = ((Pbpx + Fbpx) * (-rn_b_p) + (Pbpy + Fbpy) * (-unpss_b_
p)) * f_scal;
      Mbp_b = norm_Mbp_b * cross(unpss_b_p,rn_b_p) * f_scal;
      Fbp_i = Tbi * Fbp_b;
      Fcp_i = -Fbp_i;
      rcb_b = Tib * (rb_i_c - rc_i);
      Mcp_b = -cross(rcb_b,Fbp_b) - Mbp_b;
      Mcp_c = Tic * Tbi * Mcp_b;
    end

    %%
    Fball(:,J) = [Fbp_b(1);Fbp_b(3);Fbp_b(2);Mbp_b];
    Fcage = Fcage + [Fcp_i;Mcp_c];
    end
    block.OutputPort(1).Data = Fball;
    block.OutputPort(2).Data = Fcage;
    %% coordinate transformation
    function T = transfer(p)
    p1 = p(1);p2 = p(2);p3 = p(3);
    T1 = [1 0 0;0 cos(p1) sin(p1);0 -sin(p1) cos(p1)];
    T2 = [cos(p2) 0 -sin(p2);0 1 0;sin(p2) 0 cos(p2)];
    T3 = [cos(p3) sin(p3) 0;-sin(p3) cos(p3) 0;0 0 1];
    T = T3 * T2 * T1;
```

```
function w = transw(p,dp)
c2 = cos(p(2));s2 = sin(p(2));c3 = cos(p(3));s3 = sin(p(3));
T = [c2 * c3, s3,0; - c2 * s3,c3,0;s2,0,1];
w = T * dp;
```

```
function [Q,h] = lubri(eda0,kxy,Rx,c2,ue,hfilm,kn,n,hbp,h0,
sigma)
% hfilm 油膜厚度计算系数
% hbp 球面与兜孔最短距离
hs = h0/sigma；
if ue<1. e - 6||hs<3
    %卷吸速度很小,不存在油膜压力;或者油膜厚度很低,不存在动压润滑
    Q = 0;h = hbp；
    if hbp<0
    %油膜厚度小于0,存在接触
    Q = kn * ( - hbp)^n;h = 0;
    end
    return；
end
```

```
if hbp> = h0
    %间隙大于最小油膜厚度,不存在接触
    h = hbp;Q = 0;
    return；
end
```

```
%至少存在动压润滑时
s2 = 1 - c2；
alpha = (s2 + kxy * c2)/(c2 + kxy * s2)；
phi = 1 - 2/(3 * alpha + 2)；
L = 0.131 * atan(0.5 * alpha) + 1.683；
A1 = 128 * alpha * Rx * (phi * eda0 * ue * Rx * L)^2;%动压润滑接触参数
```

```
A2 = hfilm * ue^0.68 * (c2 + kxy * s2)^ - 0.466 * (1 - exp( - 1.23 * alpha^ -
0.666667));%弹流润滑接触参数
    n1 = 1/n;
    A3 = kn^( - n1);% Hertz 接触参数
    Qc = (A1/A2)^0.5189;
    %滚动体/保持架接触载荷初始化
    if hbp>0
        Q0 = sqrt(A1/max(hbp,1.e - 5));%动压载荷
    else
        Q0 = kn * ( - hbp)^n;% Hertz 接触载荷
    end
    %寻找合适的载荷 Q0,使得滚动体和保持架的间隙在对应润滑状态和接触
状态下两者之间的间隙正好等于实际油膜厚度
    options = optimoptions('fsolve','Display','off','Algorithm','levenberg -
marquardt','MaxIterations',100,'StepTolerance',1.e - 4);
    [Q0,~,~] = fsolve(@(Q0)films(A1,A2,A3,n1,hbp,Qc,Q0),Q0,
options);
    Q = Q0;
    h = hbp + A3 * Q0^n1;%Hertz 接触挤压后的真实油膜厚度
    if h>h0
        %计算得到的油膜厚度大于原始油膜厚度
        if hbp<0 %且发生接触
            h = - hbp;
            Q = kn * ( - hbp)^n;% Hertz 接触载荷
        else %且未发生接触
            h = hbp;
            Q = 0;
        end
    end

    function miuf = getmiu(eda0,miubd,ulim,eal,ebe,sigma,E,Q,u,h)
    %摩擦因数求解
```

```
ea = eal * Q^0.3333333333;
eb = ebe * Q^0.3333333333;
p = 1.5 * Q/(pi * ea * eb + eps);% Hertz 接触载荷求解
eda = eda0 * exp((log(eda0) + 9.67) * (-1 + (1 + p * 5.1e-9).^0.68));
tw0 = 1.8e7;
hs = h/sigma;
miuhd = zeros(length(eda),1);
if h>1.e-9
    uhd = asinh(eda. * u/(tw0 * h)) * tw0./(p + eps);
    miuhd = uhd * ulim./(uhd + ulim);
end
miuf = getmiu_contact(E,p,sigma,hs,miubd,miuhd);% 考虑干摩擦工
```

况,对摩擦因数进行优化

```
function miu_inc = getmiu_contact(E,pmax,sigma,hs,miubd,miuhd)
if hs> = 3
    miu_inc = miuhd;
else
    X1 = 0.2907 * hs^-0.752 * exp(-hs^2 * 0.5);
    X2 = 0.0104 * (3-hs)^0.5077 * exp(-hs^2 * 0.5);
    qbd = X1 + E * sigma/pmax * X2;
    qbd = max(min(qbd,1),0);
    miu_inc = miubd * qbd + miuhd * (1-qbd);
end
```

```
function f = films(A1,A2,A3,n1,hbp,Qc,Q0)
% hbp:实际油膜厚度
% A3,n1:Hertz 接触导致的间隙
% A1:动压润滑接触参数
% A2:弹流润滑接触参数
%将 Hertz 接触弹簧、弹流(或动压)润滑弹簧当作串联系统,计算载荷 Q0
```

下的间隙

%寻找合适的载荷Q0,使得滚动体和保持架的间隙在对应润滑状态和接触状态下,两者之间的间隙正好等于实际油膜厚度

f = - A3 ∗ Q0^n1 - hbp;

if Q0<Qc

f = f + A1 ∗ Q0^ - 2;

else

f = f + A2 ∗ Q0^ - 0.073;

end

f = f ∗ 1. e6;%放大误差

3) 保持架-滚道接触

a) 接触位置

保持架的作用是使滚动体有序分布在轴承滚道上,其引导方式包括外套圈引导、内套圈引导和滚动体引导。当采用滚动体引导时,保持架和内外套圈均不接触,仅与滚动体发生接触;而当保持架采用内套圈或外套圈引导时,则保持架除了与滚动体发生接触,还会通过与内套圈或外套圈摩擦获得转动力矩。从保持架打滑率、质心轨迹稳定性、运转过程升温角度来看,角接触球轴承在低速时应采用内套圈引导或滚动体引导,高速时应采用外套圈引导[34]。由于动量轮用角接触球轴承的保持架采用外套圈引导方式,因此本节以球形兜孔保持架和外滚道的接触为例展开叙述。

如图 2 - 11 所示,可发现外套圈滚道两侧的内径大小不一,导致保持架外表面只能与滚道一侧内表面发生接触。对于深沟球轴承而言,通常会与两侧都发生接触。因此,保持架和外套圈的接触可简化为两个圆柱面之间的接触,如图 2 - 11(b)所示。在滚道轴向端面视图中保持架端面投影为椭圆,因此相当于求解椭圆上一点到圆上一点的最短距离,可通过数值方法求解极值得到。当保持架轴向单位向量 $\bar{r}_{ac}^{i}$ 和滚道轴向单位向量 $\bar{r}_{aor}^{i}$ 不重合时,保持架和滚道接触位置可能存在两点,分别是 $P_{co1}$ 和 $P_{co2}$,需要分别展开计算。已知保持架中心位置 $r_{c}^{i}$,滚道中心位置向量 $r_{or}^{i}$,保持架引导左端面[图 2 - 11(a)虚线框]中心点 $O_{c1}$ 点在保持架定体坐标系的位置向量 $r_{c1}^{c}$,则在保持架定体坐标系中保持架左端面点 $P_{co1}$ 的位置可表示为

$$r_{pco1}^{c} = r_{c1}^{c} + T_x \left[ 0,\ 0,\ \frac{1}{2} D_{c1} \right]^{T} \tag{2-81}$$

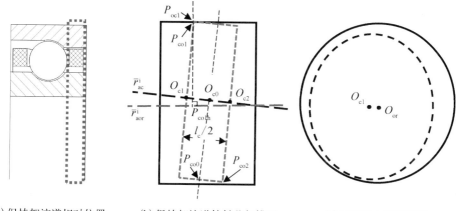

(a) 保持架滚道相对位置　　(b) 保持架滚道接触几何模型　　(c) 滚道轴向端面视图

**图 2‑11　保持架和滚道接触特征**

其中，$\boldsymbol{T}_x$ 指绕 $x$ 轴旋转角度 $\theta$，可表示为

$$\boldsymbol{T}_x = \begin{bmatrix} 1 & 0 & 0 \\ 0 & \cos\theta & \sin\theta \\ 0 & -\sin\theta & \cos\theta \end{bmatrix} \tag{2-82}$$

则点 $P_{\text{co1}}$ 在滚道轴向上投影点 $P_{\text{co1h}}$ 的位置向量为

$$\boldsymbol{r}_{\text{co1ph}}^{\text{i}} = \boldsymbol{r}_{\text{or}}^{\text{i}} + (\boldsymbol{r}_{\text{pco1}}^{\text{i}} - \boldsymbol{r}_{\text{or}}^{\text{i}})^{\text{T}} \bar{\boldsymbol{r}}_{\text{aor}}^{\text{i}} \cdot \bar{\boldsymbol{r}}_{\text{aor}}^{\text{i}} \tag{2-83}$$

进而可计算点 $P_{\text{c1}}$ 距滚道轴向的距离 $\delta_{\text{ph}}$ 为

$$\delta_{\text{ph}} = |\boldsymbol{r}_{\text{pco1}}^{\text{i}} - \boldsymbol{r}_{\text{co1ph}}^{\text{i}}| \tag{2-84}$$

其中，$\delta_{\text{ph}}$ 为最大值时对应的角度 $\theta$ 可通过牛顿迭代法、弦截法等数值计算方法得到，接触距离为

$$\delta = \frac{1}{2} d_{\text{om}} - \delta_{\text{ph}} \tag{2-85}$$

当 $\delta$ 大于 0 时表示存在间隙，小于 0 时表示已经接触，则此时滚道上对应的点 $P_{\text{oc1}}$ 的位置向量为

$$\boldsymbol{r}_{\text{poc1}}^{\text{i}} = \boldsymbol{r}_{\text{co1ph}}^{\text{i}} + \frac{1}{2} d_{\text{om}} \frac{\boldsymbol{r}_{\text{poc1}}^{\text{i}} - \boldsymbol{r}_{\text{co1ph}}^{\text{i}}}{|\boldsymbol{r}_{\text{poc1}}^{\text{i}} - \boldsymbol{r}_{\text{co1ph}}^{\text{i}}|} \tag{2-86}$$

多孔保持架相对于轴承外套圈而言刚度极低，因此当发生接触时认为外套

圈为刚体不发生变形，而保持架发生变形且接触点 $r_{\text{pco1}}^{\text{i}}$ 变形后替换为滚道的接触点 $r_{\text{pocl}}^{\text{c}}$。相应地保持架右端面（$O_{c2}$ 所在截面）、中间端面（$O_{c0}$ 所在截面）的最小距离及接触点位置向量的计算过程类似，仅需修改式（2-81）的向量 $r_{\text{cl}}^{\text{c}}$ 即可。

b) 接触载荷

以轴承外套圈接触为例，保持架和滚道之间的接触载荷存在直接接触、动压润滑的作用，前者采用赫兹线接触理论求解，后者采用短轴承理论求解。保持架与外套圈的接触力学模型主要包括赫兹线接触模型、润滑模型和阻尼力模型。如图 2-11 所示，在角接触球轴承中保持架和滚道仅单侧接触，对于直接接触，需计算保持架上对应点 $P_{\text{co1}}$、$P_{\text{co2}}$ 所在两个端面的最短距离，然后分别按线接触形式求解；对于动压润滑计算，需要计算保持架上对应点 $P_{\text{co0}}$ 所在横截面的最短距离。

赫兹线接触模型：已知外套圈的材料泊松比 $\xi_{\text{or}}$、弹性模量 $E_{\text{or}}$、滚道接触直径 $d_{\text{om}}$，轴承保持架的材料泊松比 $\xi_{\text{c}}$、弹性模量 $E_{\text{c}}$、外侧直径 $D_{\text{cl}}$，以及变形后接触点位置向量 $r_{\text{pocl}}^{\text{i}}$，变形量 $\delta$ 可通过式（2-85）计算得到。由赫兹线接触理论可以得到：

$$
\begin{cases}
-\delta = \dfrac{2Q'}{\pi}\left\{ \dfrac{1-\xi_{\text{c}}^2}{E_{\text{c}}}\left[\ln\left(\dfrac{2D_{\text{cl}}}{b}\right)-\dfrac{1}{2}\right] + \dfrac{1-\xi_{\text{or}}^2}{E_{\text{or}}}\left[\ln\left(\dfrac{2d_{\text{om}}}{b}\right)-\dfrac{1}{2}\right] \right\} \\[2mm]
b = 2\left(\dfrac{2Q'R}{\pi E'}\right)^{\frac{1}{2}} \\[2mm]
Q' = \dfrac{Q}{l_{\text{c}}/2} \\[2mm]
\dfrac{1}{R} = \dfrac{2}{D_{\text{cl}}} + \dfrac{2}{-d_{\text{om}}} \\[2mm]
\dfrac{1}{E'} = \dfrac{1-\xi_{\text{c}}^2}{E_{\text{c}}} + \dfrac{1-\xi_{\text{or}}^2}{E_{\text{or}}}
\end{cases}
$$

$$(2-87)$$

式中，$Q'$ 为线载荷；$E'$ 为综合弹性模量；$l_{\text{c}}$ 为保持架与滚道接触的总宽度。上述公式并没有显式地给出线载荷 $Q'$ 与接触变形量 $\delta$ 之间的关系，需通过迭代计算获得。一般地，可采用 Palmgren 公式进行近似计算，如下：

$$
\begin{cases}
Q' = KQ^{\frac{10}{9}} \\[2mm]
K = 0.356E'(l_{\text{c}}/2)^{8/9}
\end{cases}
$$

$$(2-88)$$

保持架受到外套圈的正压力及相应的作用力矩为

$$
\begin{cases}
\boldsymbol{Q}^{\mathrm{i}}_{\mathrm{cor1}} = -Q\ \dfrac{r^{\mathrm{i}}_{\mathrm{poc1}} - r^{\mathrm{i}}_{\mathrm{or}}}{\mid r^{\mathrm{i}}_{\mathrm{poc1}} - r^{\mathrm{i}}_{\mathrm{or}}\mid} \\[3mm]
\boldsymbol{M}^{\mathrm{c}}_{\mathrm{cor1}} = \boldsymbol{T}^{\mathrm{c}}_{\mathrm{i}}\big[(r^{\mathrm{i}}_{\mathrm{poc1}} - r^{\mathrm{i}}_{\mathrm{c}}) \times \boldsymbol{Q}^{\mathrm{i}}_{\mathrm{cor1}}\big]
\end{cases}
\tag{2-89}
$$

对应的外套圈受到保持架的正压力及相应的作用力矩为

$$
\begin{cases}
\boldsymbol{Q}^{\mathrm{i}}_{\mathrm{orc1}} = -Q\ \dfrac{r^{\mathrm{i}}_{\mathrm{poc1}} - r^{\mathrm{i}}_{\mathrm{or}}}{\mid r^{\mathrm{i}}_{\mathrm{poc1}} - r^{\mathrm{i}}_{\mathrm{or}}\mid} \\[3mm]
\boldsymbol{M}^{\mathrm{or}}_{\mathrm{orc1}} = \boldsymbol{T}^{\mathrm{or}}_{\mathrm{i}}\big[(r^{\mathrm{i}}_{\mathrm{poc1}} - r^{\mathrm{i}}_{\mathrm{or}}) \times \boldsymbol{Q}^{\mathrm{i}}_{\mathrm{orc1}}\big]
\end{cases}
\tag{2-90}
$$

需要注意的是，上述赫兹应力计算需要同时检测 $P_{\mathrm{co2}}$ 所在端面是否接触，如果接触，则进行同样步骤的计算并把载荷相加即可。

保持架上接触点的速度为

$$
\dot{\boldsymbol{r}}^{\mathrm{i}}_{\mathrm{poc1c}} = \boldsymbol{T}^{\mathrm{i}}_{\mathrm{c}}(\boldsymbol{\omega}^{\mathrm{c}}_{\mathrm{c}} \times \big[\boldsymbol{T}^{\mathrm{c}}_{\mathrm{i}}(r^{\mathrm{i}}_{\mathrm{poc1}} - r^{\mathrm{i}}_{\mathrm{c}})\big]) + \dot{\boldsymbol{r}}^{\mathrm{i}}_{\mathrm{c}}
\tag{2-91}
$$

轴承外套圈滚道上对应接触点的速度为

$$
\dot{\boldsymbol{r}}^{\mathrm{i}}_{\mathrm{poc1o}} = \boldsymbol{T}^{\mathrm{i}}_{\mathrm{or}}(\boldsymbol{\omega}^{\mathrm{or}}_{\mathrm{or}} \times \big[\boldsymbol{T}^{\mathrm{or}}_{\mathrm{i}}(r^{\mathrm{i}}_{\mathrm{poc1}} - r^{\mathrm{i}}_{\mathrm{or}})\big]) + \dot{\boldsymbol{r}}^{\mathrm{i}}_{\mathrm{or}}
\tag{2-92}
$$

保持架接触点相对于滚道在周向的速度为

$$
\boldsymbol{u}^{\mathrm{i}}_{\mathrm{s}} = (\dot{\boldsymbol{r}}^{\mathrm{i}}_{\mathrm{poc1c}} - \dot{\boldsymbol{r}}^{\mathrm{i}}_{\mathrm{poc1o}}) \boldsymbol{\cdot} \left(\bar{\boldsymbol{r}}^{\mathrm{i}}_{\mathrm{aor}} \times \frac{r^{\mathrm{i}}_{\mathrm{poc1}} - r^{\mathrm{i}}_{\mathrm{poc1h}}}{\mid r^{\mathrm{i}}_{\mathrm{poc1}} - r^{\mathrm{i}}_{\mathrm{poc1h}}\mid}\right) \boldsymbol{\cdot} \left(\bar{\boldsymbol{r}}^{\mathrm{i}}_{\mathrm{aor}} \times \frac{r^{\mathrm{i}}_{\mathrm{poc1}} - r^{\mathrm{i}}_{\mathrm{pco1h}}}{\mid r^{\mathrm{i}}_{\mathrm{poc1}} - r^{\mathrm{i}}_{\mathrm{pco1h}}\mid}\right)
$$

$$
\tag{2-93}
$$

因此，保持架由于与外套圈接触受到的摩擦力和摩擦力矩计算如下：

$$
\begin{cases}
\boldsymbol{f}^{\mathrm{i}}_{\mathrm{cor1}} = -\mu Q\ \dfrac{\boldsymbol{u}^{\mathrm{i}}_{\mathrm{s}}}{\mid \boldsymbol{u}^{\mathrm{i}}_{\mathrm{s}}\mid} \\[3mm]
\boldsymbol{M}_{f^{\mathrm{c}}_{\mathrm{cor1}}} = \boldsymbol{T}^{\mathrm{cg}}_{\mathrm{i}}\big[(r^{\mathrm{i}}_{\mathrm{poc1}} - r^{\mathrm{i}}_{\mathrm{c}}) \times \boldsymbol{f}^{\mathrm{i}}_{\mathrm{cor1}}\big]
\end{cases}
\tag{2-94}
$$

对应的外套圈受到的摩擦力和摩擦力矩为

$$
\begin{cases}
\boldsymbol{f}^{\mathrm{i}}_{\mathrm{orc1}} = -\boldsymbol{f}^{\mathrm{i}}_{\mathrm{cor1}} \\[3mm]
\boldsymbol{M}_{f^{\mathrm{or}}_{\mathrm{orc1}}} = \boldsymbol{T}^{\mathrm{or}}_{\mathrm{i}}\big[(r^{\mathrm{i}}_{\mathrm{poc1}} - r^{\mathrm{i}}_{\mathrm{or}}) \times \boldsymbol{f}^{\mathrm{i}}_{\mathrm{orc1}}\big]
\end{cases}
\tag{2-95}
$$

润滑模型：假设保持架和滚道轴线平行，摩擦力根据无限短轴承润滑理论计算得到。根据保持架右侧中间端面（$P_{\mathrm{co0}}$ 所在径向平面，如图 2-11 所示）最近点求解两者的相对转动速度,则保持架接触点相对于滚道在周向的速度计算如式(2-93)所示,将其中的数字 1 换成 0,表示不同端面速度。当保持架与滚道没有发生直接接触时,点 $P_{\text{co0}}$ 与点 $P_{\text{oc0}}$ 不重合,此时保持架上与滚道最近点的速度求解如式(2-91)所示,式中的 $\boldsymbol{r}_{\text{poc1}}^{\text{i}}$ 应用 $\boldsymbol{r}_{\text{pco0}}^{\text{i}}$ 替代。

半径间隙 $c$ 、偏心率 $\varepsilon$ 、平均半径 $R$ 、油膜宽度 $L$ 、不同角度理论油膜厚度 $h_{\text{L0}}$ 计算如下:

$$
\begin{cases}
c = \dfrac{1}{2}(d_{\text{om}} - D_{\text{cl}}) \\[2mm]
\varepsilon = \dfrac{c - \delta}{c} \\[2mm]
R = \dfrac{1}{2}(d_{\text{om}} + D_{\text{cl}}) \\[2mm]
L = l_{\text{c}} \\[2mm]
h_{\text{L0}} = c(1 + \varepsilon \cos\theta)
\end{cases}
\tag{2-96}
$$

不同轴向 $y$ 、不同角度 $\theta$ 对应的油膜压力 $p_\theta$ 的计算同式(2-75),对上述应力进行积分,可得油膜正压力、摩擦力、摩擦力矩如下:

$$
\begin{cases}
\boldsymbol{Q}_{\text{cor0}}^{\text{i}} = \displaystyle\int_{\theta_0}^{\theta_{\text{e}}} \int_{-L/2}^{L/2} p_\theta \sin\theta \, \dfrac{\boldsymbol{u}_{\text{s}}^{\text{i}}}{|\boldsymbol{u}_{\text{s}}^{\text{i}}|} + p_\theta \cos\theta \, \dfrac{\boldsymbol{r}_{\text{poc0}}^{\text{i}} - \boldsymbol{r}_{\text{pco0h}}^{\text{i}}}{|\boldsymbol{r}_{\text{poc0}}^{\text{i}} - \boldsymbol{r}_{\text{pco0h}}^{\text{i}}|} \mathrm{d}y\mathrm{d}\theta \\[4mm]
\boldsymbol{f}_{\text{cor0}}^{\text{i}} = \eta_0 R_x \displaystyle\int_{\theta_0}^{\theta_{\text{e}}} \int_{-L/2}^{L/2} \cos\theta \, \dfrac{\boldsymbol{u}_{\text{s}}^{\text{i}}}{h_0} - \sin\theta \, \dfrac{|\boldsymbol{u}_{\text{s}}^{\text{i}}|}{h_0} \, \dfrac{\boldsymbol{r}_{\text{poc0}}^{\text{i}} - \boldsymbol{r}_{\text{pco0h}}^{\text{i}}}{|\boldsymbol{r}_{\text{poc0}}^{\text{i}} - \boldsymbol{r}_{\text{pco0h}}^{\text{i}}|} \mathrm{d}y\mathrm{d}\theta \\[4mm]
\boldsymbol{M}_{f_{\text{cor0}}^{\text{c}}} = \boldsymbol{T}_{\text{i}}^{\text{c}} \left[ \eta_0 R_x^2 \, \dfrac{\boldsymbol{u}_{\text{s}}^{\text{i}}}{|\boldsymbol{u}_{\text{s}}^{\text{i}}|} \times \dfrac{\boldsymbol{r}_{\text{poc0}}^{\text{i}} - \boldsymbol{r}_{\text{pco0h}}^{\text{i}}}{|\boldsymbol{r}_{\text{poc0}}^{\text{i}} - \boldsymbol{r}_{\text{pco0h}}^{\text{i}}|} \int_{\theta_0}^{\theta_{\text{e}}} \int_{-\frac{L}{2}}^{\frac{L}{2}} \dfrac{|\boldsymbol{u}_{\text{s}}^{\text{i}}|}{h_0} \mathrm{d}y\mathrm{d}\theta \right]
\end{cases}
\tag{2-97}
$$

其中,$\theta_0$ 和 $\theta_{\text{e}}$ 分别对应油膜的起点和终点,可根据式(2-77)计算得到。对应的保持架受到的反作用力和反作用力矩为

$$
\begin{cases}
\boldsymbol{Q}_{\text{orc0}}^{\text{i}} = -\boldsymbol{Q}_{\text{cor0}}^{\text{i}} \\[2mm]
\boldsymbol{f}_{\text{orc0}}^{\text{i}} = -\boldsymbol{f}_{\text{cor0}}^{\text{i}} \\[2mm]
\boldsymbol{M}_{f_{\text{orc0}}^{\text{or}}} = \boldsymbol{T}_{\text{i}}^{\text{or}} \boldsymbol{T}_{\text{c}}^{\text{i}} \left[ -\boldsymbol{T}_{\text{i}}^{\text{c}} r_{\text{c}}^{\text{i}} \times (\boldsymbol{Q}_{\text{cor0}}^{\text{i}} + \boldsymbol{f}_{\text{cor0}}^{\text{i}}) - \boldsymbol{M}_{f_{\text{cor0}}^{\text{c}}} \right]
\end{cases}
\tag{2-98}
$$

阻尼力模型:保持架和轴承外套圈接触时会在相对运动方向产生阻尼力,其速度可近似为接触点 $P_{\text{oc}j}(j=1,2)$ 和外套圈轴线点 $P_{\text{co}jh}(j=1,2)$ 连线方向

的相对运动速度 $\boldsymbol{u}_{r\theta j}^{b}$，$j=1$ 时计算如下：

$$\boldsymbol{u}_{r\theta 1}^{i}=(\dot{\boldsymbol{r}}_{\mathrm{pocl c}}^{i}-\dot{\boldsymbol{r}}_{\mathrm{pocl o}}^{i})^{\mathrm{T}}\frac{r_{\mathrm{pocl}}^{i}-r_{\mathrm{pocl h}}^{i}}{\mid r_{\mathrm{pocl}}^{i}-r_{\mathrm{pocl h}}^{i}\mid}\cdot\frac{r_{\mathrm{pocl}}^{i}-r_{\mathrm{pocl h}}^{i}}{\mid r_{\mathrm{pocl}}^{i}-r_{\mathrm{pocl h}}^{i}\mid}\qquad(2-99)$$

接触阻尼 $c_{h}$ 和油膜阻尼 $c_{1}$ 可参考式(2-47)计算，当实际油膜厚度 $h$ 小于两者间隙或干摩擦时，油膜阻尼应为 0。因此，保持架和外套圈在接触过程中，保持架受到的阻尼力为

$$\begin{cases}\boldsymbol{D}_{\mathrm{cor}}^{i}=\sum_{j=1}^{2}-(c_{h}+c_{1})\boldsymbol{u}_{r\theta j}^{i}\\\boldsymbol{M}_{D_{\mathrm{cor}}^{c}}=T_{i}^{\mathrm{cg}}\sum_{j=1}^{2}\{(\boldsymbol{r}_{\mathrm{pcoj}}^{i}-\boldsymbol{r}_{\mathrm{c}}^{i})[-(c_{h}+c_{1})\boldsymbol{u}_{r\theta j}^{i}]\}\end{cases}\qquad(2-100)$$

当保持架和外套圈发生接触时，由于保持架变形，应将 $\boldsymbol{r}_{\mathrm{pcoj}}^{i}$ 替换为 $\boldsymbol{r}_{\mathrm{pocj}}^{i}$。外套圈受到的相应阻尼力及力矩为：

$$\begin{cases}\boldsymbol{D}_{\mathrm{orc}}^{i}=-\boldsymbol{D}_{\mathrm{cor}}^{i}\\\boldsymbol{M}_{D_{\mathrm{orc}}^{\mathrm{or}}}=T_{i}^{\mathrm{or}}\sum_{j=1}^{2}[(\boldsymbol{r}_{\mathrm{pocj}}^{i}-\boldsymbol{r}_{\mathrm{or}}^{i})(c_{h}+c_{1})\boldsymbol{u}_{r\theta j}^{i}]\end{cases}\qquad(2-101)$$

保持架-外套圈接触载荷计算程序如下。

```
function sub_S_M_interaction_c_r(block)
global kp_contact_ioc kp_oil kp_bearing_geo kp_cage_phy kp_Ts kp_dry
global kp_outterrace_phy
%%% parameter
%参数加载
pcage = block.InputPort(1).Data(1:6);
ucage = block.InputPort(1).Data(7:12);
prace = block.InputPort(2).Data(1:6);
urace = block.InputPort(2).Data(7:12);
% Hertz 接触、油膜厚度相关
kn = kp_contact_ioc(1,4);
ekn = kp_contact_ioc(2,4);
Cdamp = kp_contact_ioc(7,4);% 材料阻尼系数
eda0 = kp_oil(1);
miubd = kp_dry(4);
h0 = kp_oil(2);%%%保持架/滚道接触膜厚上限
```

```
hmin = kp_contact_ioc(9,4) * 3 * 4;%%大于 3 * sigma 代表未直接接触
%结构参数
Rr = kp_bearing_geo(18) * 0.5;%套圈引导半径
Rc = kp_bearing_geo(17) * 0.5;%保持架引导半径
guide_flag = (Rr>Rc) - (Rr<Rc);%引导套圈系数,外套圈为 1,内套圈
为 -1
% Rx = 1/(-1/Rr + 1/Rc);%当量曲率半径
L = (kp_bearing_geo(22) - kp_bearing_geo(21)) * 0.5;%边缘宽度
s = kp_bearing_geo(22) * 0.5;%引导接触位置
guide_pos = kp_bearing_geo(19:20);
f_scal_c = 1/(Rc^2/kp_cage_phy(2) + Rc^2/kp_outterrace_phy(2) + 1/
kp_cage_phy(1) + 1/kp_outterrace_phy(1))/(kp_Ts);
C_scal_c = 1/(1/kp_cage_phy(1) + 1/kp_outterrace_phy(1))/kp_Ts;


% race parameter
rrn_r_p = [1,0,0]';%套圈面法线单位向量
rr_i = prace(1:3);%套圈位置
rrposi_i = prace(4:6);%套圈姿态
ur_i = urace(1:3);%套圈速度
wr_r = transw(rrposi_i,urace(4:6));%套圈角速度,定体坐标系
Tir = transfer(rrposi_i);%变换矩阵
Tri = Tir\eye(3);


% cage parameter
rcs_c = [s,0,0]';%保持架边缘中心到保持架中心的向量
rc_i = pcage(1:3);%保持架位置
rcposi_i = pcage(4:6);%保持架姿态
uc_i = ucage(1:3);%保持架速度
wc_c = transw(rcposi_i,ucage(4:6));%保持架角速度
Tic = transfer(rcposi_i);%变换矩阵
Tci = Tic\eye(3);
```

```
%% contact solution
Fcage = zeros(6,1);
Frace = Fcage;
raor_i_p = Tri * rrn_r_p;%套圈面法线单位向量,惯性坐标系
rcr_c = Tic * (rr_i - rc_i);%保持架质心指向套圈质心,保持架定体坐标系
c = 0.5 * abs(Rr - Rc);%滚道、保持架间隔
P_a0 = 0.5 * eda0 * L^3/c;%动压力积分常量
P_b0 = eda0 * L * Rc/c;%剪切应力积分常量


for I = 1:2
if guide_pos(I) == 0,continue;end%如果在当前面没有接触则跳过
rcs_c = - rcs_c;%从左侧面开始计算
%查找保持架距离滚道的最近点并返回,pco1
[theta_min,delta_pc_min] = fminbnd(@(theta)rc_contact_point(theta,
Rc,rcs_c,rc_i,rr_i,Tci,raor_i_p,0),0,2 * pi);
[theta_max,delta_pc_max] = fminbnd(@(theta)rc_contact_point
(theta,Rc,rcs_c,rc_i,rr_i,Tci,raor_i_p,1),0,2 * pi);
if guide_flag == 1%外套圈引导
    hrc = Rr + delta_pc_min; %最小间隙求解,delta_pc 是距离的负值
    delta_max = (Rr - delta_pc_max); % 最大间隙求解,delta_pc_max
此时是距离的正值
    theta_m = theta_min;
else%内圈引导
    hrc = -(Rr - delta_pc_max); %最小间隙求解,delta_pc_max 此时是
距离的正值
    delta_max = - Rr - delta_pc_min;%最大间隙求解,delta_pc 是距离
的负值
    theta_m = theta_max;%极值点所在的角度
end
epson = 1 - hrc/delta_max;
```

65

rpco1_c = rc_contact_point(theta_m,Rc,rcs_c,rc_i,rr_i,Tci,raor_i_p, 2);%保持架外沿上距离滚道最近点的位置向量,保持架定体坐标系

rpco1_i = Tci * rpco1_c + rc_i;%保持架外沿上距离滚道最近点的位置向量,惯性坐标系

rco1ph_i = rr_i + (rpco1_i − rr_i)' * (raor_i_p) * (raor_i_p);%保持架外沿最近点位置在套圈轴线的投影点

rch_i_p = (rpco1_i − rco1ph_i)/norm(rpco1_i − rco1ph_i);%接触点所在平面法线的单位向量,指向套圈外面

rpoc1_i = rco1ph_i + Rr * rch_i_p;%滚道上距离保持架最近点位置向量,惯性坐标系

rca_i_p = cross(rch_i_p,raor_i_p);%套圈接触点周向切线方向单位向量

ucc_i = uc_i + Tci * cross(wc_c,rpco1_c);%保持架外沿上距离滚道最近点的速度,惯性坐标系

ucr_i = ur_i + Tri * cross(wr_r,Tir * (rpoc1_i − rr_i));%滚道上距离保持架最近点的速度,惯性坐标系

%%输出端口向量初始化

Frc_i = zeros(3,1);%保持架受力

Mrc_i = Frc_i;

Moutp = zeros(1,2);%储存直接接触或者膜厚很大时动压轴承产生的摩擦力矩

rch_i_p = rch_i_p * guide_flag;%接触点所在平面法线的单位向量,从保持架引导面指向套圈引导面

%%保持架所受力和力矩的计算

%弹性力直接计算容易导致系统崩溃,需结合 dt 时间后的弹性力

ucrcv_c = (ucc_i − ucr_i)' * rch_i_p * rch_i_p;%关于接触点,保持架速度−滚道速度,在接触面法线方向上

hrc_dt = hrc − ucrcv_c' * rch_i_p * kp_Ts;%速度与接近方向一致时,间隙在缩小

%当保持架和滚道接触时

if hrc<0||hrc_dt<0

% Hertz 接触力和阻尼力计算

Qh = abs(hrc)^ekn * kn * (−rch_i_p);%保持架受 Hertz 力,惯性坐标系

Qh_dt = abs(min(hrc_dt,0))^ekn * kn * (−rch_i_p);%保持架 dt 时间后受 Hertz 力,惯性坐标系

Qh = Qh + 0.5 * (Qh_dt−Qh);

Frc_i = Qh;%只有当前时刻接触时才认为存在阻尼力,因此此处仅有接触力

if hrc<0

Qc = −min(abs(hrc)^ekn * Cdamp,C_scal_c) * (ucrcv_c + (uc_i−ur_i)−(uc_i−ur_i)' * rch_i_p * rch_i_p);%保持架受阻尼力,惯性坐标系

Q = Qh + Qc;%保持架受力,惯性坐标系

Ure_cp = ucc_i−ucr_i−ucrcv_c;%保持架接触点速度−滚道接触点速度,在接触平面内

miuf = miubd;%假定为干摩擦状态

f_scal = min(miuf * norm(Qh),norm(Ure_cp) * f_scal_c)/(miuf * norm(Qh));% 摩擦力修正系数

Frc_i = Q − miuf * norm(Qh) * Ure_cp/norm(Ure_cp) * f_scal;%保持架优化摩擦力计算

end

Mrc_i = cross(rpco1_i−rc_i,Frc_i);%保持架受力矩计算

Mout_mr1 = Tir * (cross(Tci * (rcr_c + rcs_c),−Frc_i)−Mrc_i);%滚道受到力矩,输出分析用,不参与计算

Moutp(1) = Mout_mr1(1);

end

h_th=1.e−6;%膜厚阈值,仅考虑大于这个膜厚部分的短轴承润滑理论

%当滚道油膜厚度大于膜厚阈值时

if h0>h_th

if h0>hrc&&epson>1.e−3&&hrc>=hmin

%如果滚道油膜厚度大于最小间隙且偏心率大于 1.e−3 时,

%且最小间隙大于 hmin,保持润滑油流动性,可以采用短轴承理论

Us = (ucc_i − ur_i + ucr_i − ur_i)' * rca_i_p;%保持架和滚道接触点卷吸速度在周向方向的投影

Us_i_p = sign(Us) * rca_i_p;%卷吸速度方向

Ure = ((ucc_i − ur_i) − (ucr_i − ur_i))' * rca_i_p;%保持架接触点速度 − 滚道接触点速度,在周向方向上的投影

Ure_i_p = sign(Ure) * rca_i_p;%相对运动速度方向

if abs(Us)>1.e − 6 %当卷吸速度超过某个值时

    h00 = min(h0,delta_max);%初始间隙

    h01 = max(hrc,h_th);%最后间隙

    th0 = acos(min((h00 − hrc)/(delta_max − hrc),1));%初始接触角

    th1 = min(acos((h00 − hrc)/(delta_max − hrc)),pi);%最后接触角

    P_a = Us * P_a0;%动压力积分常量

    P_b = Ure * P_b0;%剪切应力积分常量

    Prcx = 0.5 * P_a/epson * ((c − 2 * h01)/h01^2 − (c − 2 * h00)/h00^2);%沿 x 方向动压力

    f = @(th)sin(th).^2./(1 + epson * cos(th)).^3;

    Prcy = − P_a * epson/c * integral(f,th0,th1,'RelTol',1.e − 3,'AbsTol',1e − 6);%沿 y 方向动压力

    Frcx = P_b/epson * log((1 + epson * cos(th0))/(1 + epson * cos(th1)));%沿 x 方向剪切应力

    f = @(th)cos(th)./(1 + epson * cos(th));

    Frcy = − P_b * integral(f,th0,th1,'RelTol',1.e − 3,'AbsTol',1e − 6);%沿 y 方向剪切应力

    f = @(th)1./(1 + epson * cos(th));

    norm_Mrc_c = P_b * Rc * integral(f,th0,th1,'RelTol',1.e − 3,'AbsTol',1e − 6);

    f_scal = min(norm_Mrc_c,abs(Ure) * f_scal_c)/(norm_Mrc_c + eps);

    Frc_i = (abs(Prcx) + abs(Frcx) * sign(Us * Ure)) * ( − rch_i_p) + ...

        abs(Prcy) * Us_i_p + abs(Frcy) * ( − Ure_i_p);%滚道对保持架的作用力

Frc_i = Frc_i * f_scal;%滚道对保持架的作用力优化

Mrc_i = norm_Mrc_c * cross(Ure_i_p,rch_i_p) * f_scal;%滚道对保持架的作用力矩

Mout_mr1 = Tir * (cross(Tci * (rcr_c + rcs_c), - Frc_i) - Mrc_i);%输出用

Moutp(2) = Mout_mr1(1);

end

end

end

%受力集成

% Frc_i = Frc_i;%保持架受力

Fcr_i = - Frc_i;%外套圈受力

Mrc_c = Tic * Mrc_i;%保持架受摩擦力矩

Mcr_i = cross(Tci * (rcr_c + rcs_c),Fcr_i) - Mrc_i;%滚道受摩擦力矩

Mcr_r = Tir * Mcr_i;

Fcage = Fcage + [Frc_i;Mrc_c];

Frace = Frace + [Fcr_i;Mcr_r];

end;

block.OutputPort(1).Data = Fcage;

block.OutputPort(2).Data = Frace;

block.OutputPort(3).Data = Moutp;

%% coordinate transformation

function T = transfer(p)

p1 = p(1);p2 = p(2);p3 = p(3);

T1 = [1 0 0;0 cos(p1) sin(p1);0 - sin(p1) cos(p1)];

T2 = [cos(p2) 0 - sin(p2);0 1 0;sin(p2) 0 cos(p2)];

T3 = [cos(p3) sin(p3) 0; - sin(p3) cos(p3) 0;0 0 1];

```
T = T3 * T2 * T1;
```

```
function w = transw(p,dp)
c2 = cos(p(2));s2 = sin(p(2));c3 = cos(p(3));s3 = sin(p(3));
T = [c2 * c3, s3,0; - c2 * s3,c3,0;s2,0,1];
w = T * dp;
```

```
function delta_ph = rc_contact_point(theta,Rc,rcs_c,rc_i,rr_i,Tci,
raor_i,flag)
```
% theta：保持架外沿不同角度上的点
% flag：0 返回距离的负值,因为优化函数取极小值
% flag：1 返回距离的正值
% flag：2 返回最近点的向量
```
Tx = [1,0,0;0,cos(theta),sin(theta);0, - sin(theta),cos(theta)];% 沿
x 方向旋转固定角度
rpco1_c = - rcs_c + Tx * [0,0,Rc]';% 保持架外沿上某点位置,保持架
定体坐标系
rpco1_i = Tci * rpco1_c + rc_i;% 保持架外沿上某点位置,惯性坐标系
rco1ph_i = rr_i + (rpco1_i - rr_i)' * (raor_i) * (raor_i);% 保持架外沿
某点位置在套圈轴线的投影点
if flag == 0, delta_ph = - norm(rpco1_i - rco1ph_i);end
if flag == 1, delta_ph = norm(rpco1_i - rco1ph_i);end
if flag == 2, delta_ph = rpco1_c; end
```

4) 非接触载荷

a) 重力载荷

相对于空间环境,地面环境轴承测试过程中存在重力场的影响。因此,在计算过程中应考虑重力因素对轴承动力学行为的影响。对任意轴承元件,其重力载荷可为

$$\boldsymbol{F}_g = m_\Theta \boldsymbol{g}, \quad \Theta = \mathrm{or, ir, c, b} \tag{2-102}$$

式中, $\boldsymbol{g}$ 为重力场; $\Theta = \mathrm{or, ir, c, b}$ 分别为轴承外套圈、内套圈、保持架和滚动体。

b) 滚动体上的黏性摩擦力

在轴承运转过程中由于挥发等因素,轴承空腔内会存在油气混合物(润滑油和空气),将对滚动体的公转产生黏性摩擦力。相比于润滑油,假定空气引起的黏性阻力可以忽略,因此该摩擦力取决于腔体内部润滑油的体积占比,可计算得

$$\boldsymbol{F}_v = -\frac{1}{2} C_D \rho \xi \mid \dot{r}_b^i \mid \dot{r}_b^i S \qquad (2-103)$$

式中,$C_D$ 为球体阻力系数,由雷诺数 $Re$ 确定[29];$\rho\xi$ 为油气混合物的密度;$S$ 为平移方向接触面积。相关计算如下:

$$\begin{cases} R_e = \rho\xi \mid \dot{r}_b^i \mid D/\eta_0 \\ \rho\xi = \rho_1\xi_1 + \rho_a(1-\xi_1) \\ S \approx \dfrac{\pi D^2}{4} - \dfrac{(D_{c1}-D_{c2})}{2}D \end{cases} \qquad (2-104)$$

式中,$\xi_1$ 为润滑油所占的体积分数。

c) 离心载荷和科里奥利力

依据达朗贝尔原理计算球心加速度,则滚动体在公转过程中将受到离心力 $\boldsymbol{F}_{\alpha_b^i}$、科里奥利力 $\boldsymbol{F}_{\beta_b^i}$,分别计算如下:

$$\begin{cases} \boldsymbol{F}_{\alpha_b^i} = m_b \mid \dot{\boldsymbol{\psi}}_b^i \mid^2 \boldsymbol{r}_b^i \dfrac{\boldsymbol{r}_b^i}{\mid \boldsymbol{r}_b^i \mid} \\ \boldsymbol{F}_{\beta_b^i} = -2m_b \dot{\boldsymbol{\psi}}_b^i \dot{r}_b^i \end{cases} \qquad (2-105)$$

其中,当 $\dot{\boldsymbol{\psi}}_b^i$ 与 $x^i$ 轴同方向时,滚动体位置角度 $\psi$ 减小。

d) 陀螺力矩

陀螺力矩是指绕对称轴旋转的转子在旋转轴方向改变时,转子受到的阻抗力矩。在滚动体自转的过程伴随着绕轴承轴线的公转,自转角速度方向发生改变,对应滚动体方位坐标系中旋转轴在 $yz$ 平面内的改变。已知球体的转动惯量 $I_b$,陀螺力矩为

$$\boldsymbol{M}_{\gamma_b^b} = -\boldsymbol{T}_i^b I_b \dot{\boldsymbol{\psi}}_b^i \times \omega_b^i \qquad (2-106)$$

除重力载荷外,其他非接触载荷计算如下。

```
function sub_S_M_Fball_rotate(block)
global kp_ball_phy kp_bearing_geo kp_oil kp_Ts
```

```
%% parameter
%para loaded
dm = sum(kp_bearing_geo(1:2)) * 0.5;
pball = block. InputPort(1). Data(1:6,:);
r = pball(2,:) + 0.5 * dm;
uball = block. InputPort(1). Data(7:12,:);
%陀螺力矩
Fball = kp_ball_phy(2) * uball(3,:). * [zeros(4, length(uball)); uball
(6,:); - uball(5,:)];
%离心力和科里奥利力
Fball = Fball + kp_ball_phy(1) * uball(3,:). * [zeros(1, length(uball));
uball(3,:). * r ...
        ; - 2 * uball(2,:); zeros(3, length(uball))];
%润滑油黏性阻力
Re_Cd = [0.1 1 10 1.e2 1.e3 1.e4 1.e5 2 * 1.e5 3 * 1.e5 4.e5 5.e5 1.e6;
275 30 4.2 1.2 0.48 0.4 0.45 0.4 0.1 0.09 0.09 0.09];
rou_air = 1.29;%kg/m3;
ro_lub = 1e3;
epson = 1;
ro = ro_lub * epson + rou_air * (1 - epson);
eda0 = kp_oil(1); d = kp_bearing_geo(4); wc = 1.e - 3;%润滑油黏度、滚
动体直径、保持架厚度
S = 0.25 * pi * d^2 - wc * d;
mRe = ro * abs(uball(3,:)). * r * d/eda0;
Cd = interp1(Re_Cd(1,:), Re_Cd(2,:), mRe,'linear','extrap');
Fd = - 0.5 * sign(uball(3,:)). * Cd * ro. * (uball(3,:). * r).^2 * S;%阻尼力
Fball(3,:) = Fball(3,:) + Fd;


block. OutputPort(1). Data = Fball;
```

## 2.2　角接触球轴承动力学模型

角接触球轴承在滚动体、内/外滚道、保持架接触载荷及外载的驱动下运动，

动力学模型则是计算轴承元件在这些载荷作用下的位置、姿态、接触载荷等轴承状态信息随时间发生变化的规律。本节针对摩擦力非线性导致动力学行为计算振荡的问题提出了修正方法,给出了角接触球轴承各个元件的加速度计算公式,并进行了计算验证。

### 2.2.1　摩擦力修正方法

如图 2-12 所示,假设一个物体在重力作用下与地面发生接触,接触摩擦因数 $\mu$ 取 1,采用库仑摩擦定律计算摩擦力。

**图 2-12　摩擦系统非线性分析**

在 Simulink 平台对该物理问题进行建模求解,系统参数如表 2-1 所示,分别采用 ode3 算法进行定步长积分、ode23 算法进行变步长积分、ode23 算法进行变步长积分结合过零检测方法。

**表 2-1　摩擦系统模型参数**

| 质量 $m_0$/kg | 初速度 $v_0$/(m/s) | 摩擦因数 $\mu$ | 积分步长 $\Delta t$/s |
| --- | --- | --- | --- |
| 1 | $1.5 \times 10^{-4}$ | 1 | $1 \times 10^{-4}$ |

定步长积分方法计算结果如图 2-13(a)所示,当一个积分步长 $\Delta t$ 内物体受到的摩擦力足够使物体停止相对运动时,由于积分过程假设该摩擦力始终保持初始时的大小且方向不变,因此会使物体产生沿相反方向的运动,这违背了物理规律。而当采用变步长求解器时,图 2-13(a)中两个变步长所示的速度求解与解析解几乎重合,但是最终速度并不为 0,而是会持续在 0 附近上下波动。一般而言,变步长求解器会动态调整时间步大小,使其在某个变量缓慢变化时增加,在该变量迅速变化时快速减小步长,导致求解器在不连续点附近执行许多小的时间步。因此,变步长方法通过缩短步长得到了与理论解非常接近的速度计算结果,但是图 2-13(b)中摩擦力的求解结果的波动现象非常明显,与实际物理

现象不一致。同时从图 2-13(b)中灰色背景中的线可知,摩擦力振荡周期非常短,即求解时间步量级相对于整个仿真时间而言很小。虽然采用了过零检测技术定位仿真过程的不连续性,然而求解的时间步长依然很小且摩擦力振荡的现象始终存在。总而言之,图 2-12 所示的简单摩擦系统在求解时不论是否采用变步长、过零检测方法,均会存在摩擦力振荡的现象,而且会导致计算步长极小、效率低下甚至无法直接开展动力学系统的求解。

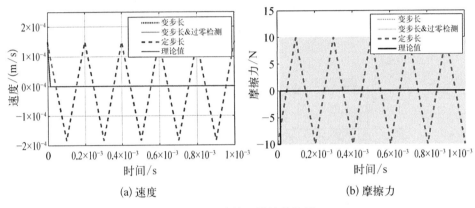

(a) 速度

(b) 摩擦力

图 2-13 摩擦系统计算结果

针对摩擦力模型非线性的问题,库仑模型认为在相对运动速度为 0 时摩擦力等于外力且方向相反,然而该定律在数值计算时面临困难。已经有诸多学者提出了解决方法,如 Threlfall 模型、Ambrósio 模型、LuGre 模型等,前两者的计算模型如图 2-14 所示,采用的方法是在相对运动速度接近于 0 的区域采用直线或其他函数进行替代,降低其非线性。目前,常用的 LuGre 模型是基于 Dahl 的刚毛模型推导得到的。上述工程模型都无法直接应用于轴承摩擦力的计算,因为 LuGre 模型描述的规律与轴承内部元件接触摩擦模型(包括弹流润滑、混合润滑等)不一致,Threlfall 模型等为了解决非线性问题而提出。如何准确地应

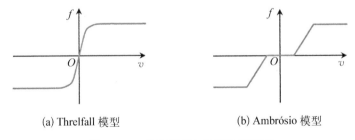

(a) Threlfall 模型

(b) Ambrósio 模型

图 2-14 其他摩擦力计算数值模型

用,使其反映出所需要的摩擦行为仍然是一个问题。因此,针对轴承弹流润滑等特殊情况,应提出适合其摩擦规律的数值计算模型以保证计算结果的准确性。

　　针对轴承动力学仿真的需求,本节提出了一种可以直接使用包含或不包含斯特里贝克(Stribeck)效应的库仑模型进行动力学仿真的方法,在维持摩擦学行为不变的情况下,保证了计算过程数值稳定性及准确性。摩擦力产生于具有发生相对运动或相对运动趋势的两个物体的接触面上,并阻碍两者的相对运动或相对运动趋势。因此,该方法认为摩擦力在一个时间步长内只会减小两个物体之间的相对运动速度,其作为一种耗散能量的作用力,并不会增加两者的相对运动速度。据此,本节提出的摩擦力修正方法如下:

$$|f| = \min(|f|, |I_0| / \Delta t) \tag{2-107}$$

式中, $f$ 为摩擦力; $I_0$ 为在时间步长 $\Delta t$ 内使两个物体的接触点在摩擦力方向相对运动速度为 0 的冲量。

　　如图 2-15 所示,针对具有质量 $m_1$、$m_2$,以及转动惯量 $J_1$、$J_2$ 的两个物体,表面距离两者质心分别为 $r_1$、$r_2$ 的两个点发生接触时, $I_0$ 计算如下:

$$I_0 = -\frac{1}{\dfrac{1}{m_1} + \dfrac{r_1^2}{I_1}\sin^2\alpha_1 + \dfrac{1}{m_2} + \dfrac{r_2^2}{J_2}\sin^2\alpha_2} \Delta v \tag{2-108}$$

式中, $\alpha_1$、$\alpha_2$ 为接触点和质心的连线与摩擦力方向产生的夹角。

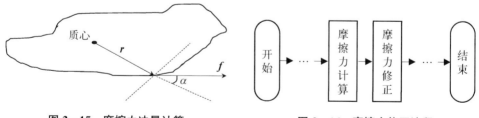

图 2-15　摩擦力冲量计算　　　　图 2-16　摩擦力修正流程

　　因此,用式(2-107)直接对任意摩擦模型计算得到的载荷进行修正,其应用于动力学仿真计算的流程如图 2-16 所示。

　　根据式(2-107),同样采用 ode3 算法进行定步长积分,其余参数同表 2-1。得到的结果如图 2-17 所示,前面 3 个时间步的计算结果与理论解相比误差较大,之后摩擦力和速度均准确地稳定在了 0,符合库仑摩擦定律下该系统的运动行为特征。

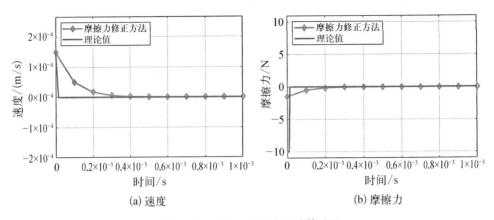

图 2-17　摩擦力修正方法计算结果

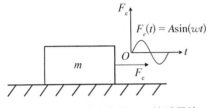

图 2-18　正弦外力作用下的质量块

该方法的数值误差由静摩擦力和动摩擦力产生的偏差组成。当接触点处于滑动状态时,迭代步长内摩擦力并不能使两个物体接触点相对运动速度为 0,根据式(2-107),摩擦力并不会被修正。因此,摩擦力修正方法的误差主要存在于静摩擦力的计算过程。质量为 $m$ 的物体受到按正弦规律变化的外载荷 $F_e$,外载荷的振幅 $A$ 小于物体与地面之间的最大静摩擦力(见图 2-18)。根据受力平衡可知,该物体受到的摩擦力理论上与外载荷大小相等,方向相反。

根据式(2-107),修正后的摩擦力计算如下:

$$f = -m\frac{v}{\Delta t} \tag{2-109}$$

式中,$v$ 为摩擦力修正方法进行动力学计算得到的运动速度(理论值为 0);$\Delta t$ 为仿真迭代步长。根据牛顿第二定律,采用摩擦力修正方法后,仿真计算得到的物体加速度为

$$\frac{\mathrm{d}v}{\mathrm{d}t} = \frac{F_e + f}{m} \tag{2-110}$$

联立式(2-109)和式(2-110),转化为

$$-\frac{\Delta t}{m}\frac{\mathrm{d}f}{\mathrm{d}t} = \frac{F_e + f}{m} \tag{2-111}$$

求解式(2-111),可得摩擦力修正方法给出的摩擦力为

$$f = Ce^{-\frac{t}{\Delta t}} + \frac{A\left[w\cos(wt) - \dfrac{\sin(wt)}{\Delta t}\right]}{\Delta t\left(\dfrac{1}{\Delta t^2} + w^2\right)} \qquad (2-112)$$

式(2-112)右端第一项为随时间衰减的函数,可快速收敛至 0,通过比较右端第二项与理论摩擦力数值,当 $w\Delta t \ll 1$ 时,得到摩擦力修正方法的误差如下:

$$\varepsilon = \mid f - (-F_e)\mid \approx \mid Aw\Delta t\cos(wt)\mid \qquad (2-113)$$

对图 2-18 所示的系统采用摩擦力修正方法[35]进行仿真,得到实际误差如图 2-19 所示,与式(2-113)的计算结果保持一致。因此,本节提出的摩擦力修正方法是静摩擦力变化频率和迭代步长的函数。当物体实际受到的摩擦力趋近于恒定值时(即 $w \to 0$),本节提出的方法计算得到的摩擦力可以快速收敛到准确值,收敛速度参考式(2-112)右端的第一项;当摩

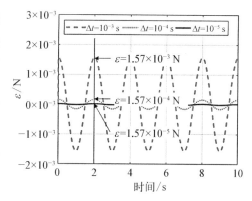

图 2-19　摩擦力修正方法误差

擦力变化频率不为 0 时,根据本节提出的方法计算得到的摩擦力误差见式(2-113),其相对误差振幅为 $w\Delta t$。

综上,基于定步长所建立的摩擦力修正方法,虽限制了动力学计算过程步长的自适应调整,但其解决了摩擦力非线性导致的系统振荡问题,可根据工程误差要求设定步长,进行动力学计算,提高了计算效率。而在轴承动力学计算中,阻尼力也可采用类似的方法进行修正,或者采用隐式欧拉法进行求解,提高收敛速度。

摩擦力修正计算界面及程序

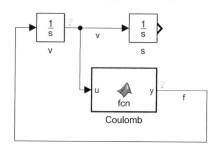

```
% Coulomb 函数
function y = fcn(u)
y = -sign(u) * 10;
```

77

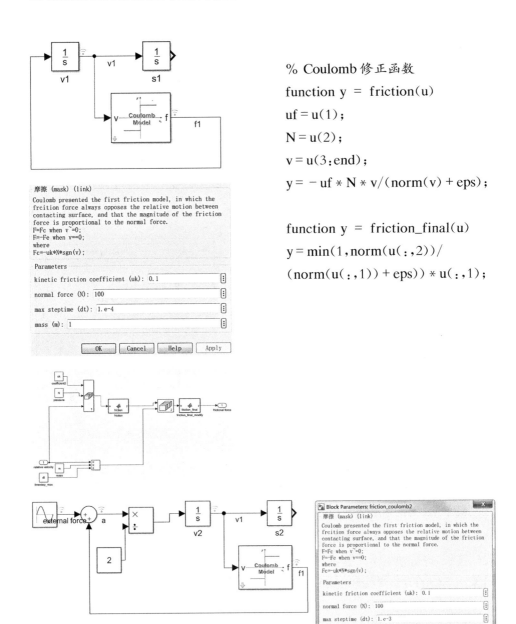

% Coulomb 修正函数

function y = friction(u)

uf = u(1);

N = u(2);

v = u(3:end);

y = − uf * N * v/(norm(v) + eps);

function y = friction_final(u)

y = min(1,norm(u(:,2))/

(norm(u(:,1)) + eps)) * u(:,1);

## 2.2.2 角接触球轴承加速度求解

根据式(2-9),滚动体的平动加速度是在惯性圆柱坐标系下描述的,角加速度是在滚动体方位坐标系下描述的。建立如下平动加速度求解方程:

$$\ddot{\pmb{r}}_{\mathrm{b}}^{\mathrm{b}} = \frac{\left[ F_g + F_v + F_{\alpha_{\mathrm{b}}^{\mathrm{i}}} + F_{\beta_{\mathrm{b}}^{\mathrm{i}}} + \sum (Q_{\mathrm{b}\Theta}^{\mathrm{b}} + f_{\mathrm{b}\Theta}^{\mathrm{b}} + D_{\mathrm{b}\Theta}^{\mathrm{b}}) \right]}{m_{\mathrm{b}}} \qquad (2-114)$$

式中，$\pmb{F}_v$ 为黏性摩擦力；$\pmb{F}_{\alpha_{\mathrm{b}}^{\mathrm{i}}}$ 为离心力；$\pmb{F}_{\beta_{\mathrm{b}}^{\mathrm{i}}}$ 为科里奥利力；$\pmb{Q}_{\mathrm{b}\Theta}^{\mathrm{b}}$ 为接触正压力；$\pmb{f}_{\mathrm{b}\Theta}^{\mathrm{b}}$ 为接触摩擦力；$D_{\mathrm{b}\Theta}^{\mathrm{b}}$ 为接触阻尼力；$\Theta$ 代表 or，ir，c，分别为与轴承外套圈、内套圈、保持架的接触。

平动加速度 $\ddot{\pmb{r}}_{\mathrm{b}}^{\mathrm{b}}$ 在惯性圆柱坐标系的描述参考式（2-114）。滚动体方位坐标系下滚动体的角加速度可计算为

$$\dot{\pmb{\omega}}_{\mathrm{b}}^{\mathrm{b}} = \frac{\left[ M_{\gamma_{\mathrm{b}}^{\mathrm{b}}} + \sum (M_{f_{\mathrm{b}\Theta}^{\mathrm{b}}}) \right]}{I_{\mathrm{b}}}, \quad \Theta = \mathrm{or},\ \mathrm{ir},\ \mathrm{c} \qquad (2-115)$$

式中，$\pmb{M}_{\gamma_{\mathrm{b}}^{\mathrm{b}}}$ 为陀螺力矩；$\pmb{M}_{f_{\mathrm{b}\Theta}^{\mathrm{b}}}$ 为接触摩擦力矩。因为球体是中心对称、轴对称物体，在方位坐标系 3 个坐标轴上的转动惯量一致，所以同时除以 $I_{\mathrm{b}}$。

轴承外套圈的加速度状态量在式（2-2）中已经给出，其平动加速度和姿态角加速度都是在惯性坐标系下表示的，其中后者采用卡尔丹角做旋转变换。根据牛顿第二定律，轴承外套圈平动加速度求解如下：

$$\ddot{\pmb{r}}_{\mathrm{or}}^{\mathrm{i}} = \frac{\left[ F_g + D_{\mathrm{orb}}^{\mathrm{i}} + D_{\mathrm{orcg}}^{\mathrm{i}} + \sum (Q_{\mathrm{or}\Theta}^{\mathrm{i}} + f_{\mathrm{or}\Theta}^{\mathrm{i}}) \right]}{m_{\mathrm{or}}}, \quad \Theta = \mathrm{b},\ \mathrm{c0},\ \mathrm{c1},\ \mathrm{c2}$$

$$\qquad (2-116)$$

式中，c0，c1，c2 分别表示保持架的三个端面，如图 2-11 所示；b 表示与滚动体之间的接触；$D_{\mathrm{orc}}^{\mathrm{i}}$ 表示保持架接触阻尼力，见式（2-101）。轴承外套圈在其定体坐标系内的加速度为

$$\dot{\pmb{\omega}}_{\mathrm{or}}^{\mathrm{or}} = \frac{M_{D_{\mathrm{orb}}^{\mathrm{or}}} + M_{D_{\mathrm{orc}}^{\mathrm{or}}} + \sum (M_{Q_{\mathrm{or}\Theta}^{\mathrm{or}}} + M_{f_{\mathrm{or}\Theta}^{\mathrm{or}}})}{I_{\mathrm{or}}}, \quad \Theta = \mathrm{b},\ \mathrm{c0},\ \mathrm{c1},\ \mathrm{c2}$$

$$\qquad (2-117)$$

式中，惯性矩阵 $\pmb{I}_{\mathrm{or}}$ 是对角阵为轴承外套圈在不同方向的转动惯量。

$$\pmb{I}_{\mathrm{or}} = \mathrm{diag}(I_{\mathrm{or}x},\ I_{\mathrm{or}y},\ I_{\mathrm{or}z}) \qquad (2-118)$$

可得到外套圈姿态角加速度在惯性坐标系下的解。

轴承内套圈的加速度状态求解与轴承外套圈类似，当保持架引导方式为外套圈引导时，内套圈的作用力和作用力矩没有保持架接触载荷这一项，其他同式

(2-116)、式(2-117)。

保持架的加速度状态描述与轴承外套圈类似,其受到的作用力主要是与滚动体和引导面接触产生,其中平动加速度求解如下:

$$\ddot{\boldsymbol{r}}_c^i = \frac{\left[ F_g + \sum (Q_{c\Theta}^i + f_{c\Theta}^i + D_{c\Theta}^i) \right]}{m_c}, \Theta = b, \text{ or} \qquad (2-119)$$

保持架定体坐标系下姿态角加速度为

$$\dot{\boldsymbol{\omega}}_c^c = \boldsymbol{I}_c^{-1} \left[ \sum (\boldsymbol{M}_{Q_{c\Theta}^c} + \boldsymbol{M}_{f_{c\Theta}^c} + \boldsymbol{M}_{D_{c\Theta}^c}) \right], \Theta = b, \text{ or} \qquad (2-120)$$

综上,轴承元件受到的载荷主要包括接触产生的正压力、摩擦力、阻尼力及其他载荷(重力、离心力、科里奥利力和陀螺力矩)。已知上述加速度的求解,即可通过 Runge-Kutta 等积分方法进行轴承的动力学仿真计算,获得轴承元件位置、速度和加速度状态在不同时刻的值。

角接触球轴承加速度计算程序如下。

```
function sub_S_M_force2acc_time_v2(block)
global kp_ball_phy kp_cage_phy kp_innerrace_phy kp_outterrace_phy
kp_bearing_geo
% kp_working:滚道载荷,kp_rotor_load:转子载荷
global kp_working kp_rotor_load
global kp_rotor_flag kp_gravity kp_preload %是否启用转子,重力势场,
预紧方式,1 为定位预紧
%% parameter
%para loaded
dm = sum(kp_bearing_geo(1:2)) * 0.5;
cfi = zeros(6,1);
cfo = block. DialogPrm(8). Data;%记录外套圈被约束的自由度[v1 v2 ... v6
t01; v1 v2 ... v6 t02;...]对应位置为 1 时表明约束,t 代表约束截止时间
    for i = 1:6, cfi(i) = block. DialogPrm(1 + i). Data; end %记录内圈的自
由度,cf(i) = 1 代表该自由度被约束
    if kp_rotor_flag == true
        %如果考虑转子
        cfr = zeros(6,1);
```

```
    for i = 1:6, cfr(i) = block.DialogPrm(9 + i).Data;end %转子自
由度,cfr(i) = 1 代表第 i 个自由度被约束
    end
    pball = block.InputPort(1).Data(1:6,:);
    uball = block.InputPort(1).Data(7:12,:);
    Fball = block.InputPort(1).Data(13:18,:);%作用力－滚动体弱固连坐
标系;作用力矩－定体坐标系
    pcage = block.InputPort(2).Data(1:6);
    ucage = block.InputPort(2).Data(7:12);
    Fcage = block.InputPort(2).Data(13:18);
    pirace = block.InputPort(3).Data(1:6);
    uirace = block.InputPort(3).Data(7:12);
    Firace = block.InputPort(3).Data(13:18);
    porace = block.InputPort(4).Data(1:6);
    uorace = block.InputPort(4).Data(7:12);
    Forace = block.InputPort(4).Data(13:18);%外套圈受到的作用力－惯
性坐标系;作用力矩－定体坐标系
    time = block.InputPort(5).Data;%当前已执行时间
    Tir = transfer(porace(4:6));%惯性坐标系→套圈定体坐标系的转换矩阵
    Tri = Tir\eye(3);%套圈定体坐标系→惯性坐标系的转换矩阵

    %%添加重力因素
    Fcage(1:3) = Fcage(1:3) + kp_gravity' * kp_cage_phy(1);%保持架重力
    for I = 1:length(pball)
        Tib = transfer([ - pball(3,I),0,0]');
        G = Tib * kp_ball_phy(1) * kp_gravity';
        Fball(1:3,I) = Fball(1:3,I) + [G(1),G(3),G(2)]';%滚动体重力
    end

    %%载荷的优化－外滚道
    if kp_rotor_flag = =  false
        %作用力优化,不考虑转子
```

81

Forace(4:6) = Forace(4:6) + Tir * kp_working(4:6);%将滚道所受外力矩部分转化为定体坐标系上,保持一致

Fball_m = Fball;Forace_m = Forace;

elseif kp_preload = = 1

%作用力优化,考虑转子,定位预紧

Frotor = [0;0;0;Tir * kp_rotor_load(4:6)];

[Fball_m,Forace_m] = F_modified_2(pball, porace, Fball, Forace, Frotor, uorace);

else

%作用力优化,考虑转子,定压预紧

Frotor = [0;0;0;Tir * kp_rotor_load(4:6)];

[Fball_m,Forace_m] = F_modified_3(pball, porace, Fball, Forace, Frotor, uorace);

end

%%加速度求解

aball = Fball_m./[kp_ball_phy(1) * ones(1,3),kp_ball_phy(2:4)]';

aball(3,:) = aball(3,:)/dm * 2;

acage = Fcage./[kp_cage_phy(1) * ones(1,3),kp_cage_phy(2:4)]';

airace = Firace./[kp_innerrace_phy(1) * ones(1,3),kp_innerrace_phy(2:4)]';

aorace = Forace_m./[kp_outterrace_phy(1) * ones(1,3),kp_outterrace_phy(2:4)]';

%% boundary condition 定体坐标系里沿 x,y,z 方向加速度限定条件,为限制某个自由度,一种是速度不变限制,另一种是速度为 0 限制

%对角加速度的自由度限制在定体坐标系上进行限制

airace(cfi(:,1) = = 1) = 0;%对内套圈状态值 cfi 为 1 的自由度进行约束,即加速度强制为 0

k = 1;

while k<size(cfo,1)&&time>cfo(k,end)

    k = k + 1;

end

c_ind = find(cfo(k,1:6) = = 1);

aorace(c_ind) = 0；%外套圈加速度为 0 限制

%%转变为卡尔丹角加速度

[acage(4:6),wcage] = transbeta(pcage,ucage,acage(4:6));

[airace(4:6),wirace] = transbeta(pirace,uirace,airace(4:6));

[aorace(4:6),worace] = transbeta(porace,uorace,aorace(4:6));

%% output

block.OutputPort(1).Data = aball；

block.OutputPort(2).Data = acage；

block.OutputPort(3).Data = airace；

block.OutputPort(4).Data = aorace；

block.OutputPort(5).Data = [wcage;wirace;worace];

%% angular velocity

function w  = transw(p,dp)

%从卡尔丹角变换速度 dp 求解定体坐标系中的角速度 w

c2 = cos(p(2));s2 = sin(p(2));c3 = cos(p(3));s3 = sin(p(3));

T = [c2 * c3, s3,0; − c2 * s3,c3,0;s2,0,1];

w = T * dp；

%% angular velocity transfer

function [dp,w]  = transbeta(p,u,dw)

%从卡尔丹角变换速度 dp 求解定体坐标系中的角加速度

c2 = cos(p(5));s2 = sin(p(5));t2 = s2/c2;u2 = u(5);

c3 = cos(p(6));s3 = sin(p(6));u3 = u(6);

T = [c2 * c3, s3,0; − c2 * s3,c3,0;s2,0,1];

w = T * u(4:6);

Tb = [c3/c2, − s3/c2,0;s3,c3,0; − t2 * c3,t2 * s3,1];

Ta = [ − u3 * s3/c2 + u2 * c3/c2 * t2, − u3 * c3/c2 − u2 * s3/c2 * t2,0;u3 * c3, − u3 * s3,0;...

　　u3 * s3 * t2 − u2 * c3/c2^2,u3 * c3 * t2 + u2 * s3/c2^2,0];

dp = Ta * w + Tb * dw;

%% coordinate transformation

function T = transfer(p)

%从惯性坐标系到转动过卡尔丹角 p 后的坐标系的坐标变化,x_p = T * x_i,x_i 指惯性坐标系的坐标

p1 = p(1);p2 = p(2);p3 = p(3);

T1 = [1 0 0;0 cos(p1) sin(p1);0 − sin(p1) cos(p1)];

T2 = [cos(p2) 0 − sin(p2);0 1 0;sin(p2) 0 cos(p2)];

T3 = [cos(p3) sin(p3) 0;− sin(p3) cos(p3) 0;0 0 1];

T = T3 * T2 * T1;

%%载荷计算函数−轴承外套圈−转子−套圈无轴向位移

function [Fball_m,Forace_m] = F_modified_2(pball, porace, Fball, Forace, Frotor, uorace)

% Frotor:转子所受外力矩载荷

global kp_outterrace_phy kp_rotor_phy kp_rotor_len

%求解−带转子

Tir = transfer(porace(4:6));Tri = Tir\eye(3);

r_rotor2orace_i = Tri * [− 1,0,0]' * kp_rotor_len * 0.5;%转子中心指向滚道中心的向量

wor_r = transw(porace(4:6),uorace(4:6));%获得定体坐标系下的运动角速度

Mrotor = 2 * Forace(4:6) + 2 * Tir * cross(r_rotor2orace_i,Forace(1:3)) + Frotor(4:6);%获得对转子中心的转矩,认为对转子作用力为 0,定体坐标系

aw_rotor = [Mrotor(1)/kp_rotor_phy(2);Mrotor(2:3)/kp_rotor_phy(3)];% x 方向的作用力矩 + 优化后的 yz 方向的作用力矩,定体坐标系

da_orace = cross(Tri * aw_rotor,r_rotor2orace_i) + cross(Tri * wor_r, uorace(1:3));%获得惯性坐标系下的端点加速度

dorace = [da_orace;aw_rotor];%da_orace:惯性坐标系;aw_rotor:定体坐

标系

　　Fball_m = Fball；

　　Forace_m = diag（［kp_outterrace_phy(1) * ones(1,3),kp_outterrace_phy(2:4)］) * dorace；

　　%%载荷优化函数－轴承外套圈－转子－套圈可轴向位移－定力预紧

　　function ［Fball_m,Forace_m］ ＝ F_modified_3(pball, porace, Fball, Forace, Frotor, uorace)

　　% Frotor:转子所受外力矩载荷

　　global kp_outterrace_phy kp_rotor_phy kp_rotor_len

　　%优化－带转子

　　Tir = transfer(porace(4:6))；Tri = Tir\eye(3)；

　　r_rotor2orace_i = Tri * ［－1,0,0］' * kp_rotor_len * 0.5；%转子中心指向滚道中心的向量

　　wor_r = transw(porace(4:6),uorace(4:6))；%获得定体坐标系下的运动角速度

　　Rcz_ ＝ r_rotor2orace_i/norm(r_rotor2orace_i)；%转子质心到轴承外圈质心的单位向量

　　Mrotor ＝ 2 * Forace(4:6) + 2 * Tir * cross(r_rotor2orace_i,Forace(1:3)) + Frotor(4:6)；%获得对转子中心的转矩,认为对转子作用力为 0,定体坐标系

　　Fball_m = Fball；

　　%转子加速度求解

　　aw_rotor = ［Mrotor(1)/kp_rotor_phy(2)；Mrotor(2:3)/kp_rotor_phy(3)］；% x 方向的作用力矩 + 优化后的 yz 方向的作用力矩,定体坐标系

　　%根据转子优化后的角加速度计算套圈质心的加速度,认为套圈可以轴向运动

　　da_orace = cross(Tri * aw_rotor,r_rotor2orace_i) + cross(Tri * wor_r, uorace(1:3)) + Forace(1:3)' * Rcz_ * Rcz_；%获得惯性坐标系下的端点加速

度,包括轴向加速度

dorace = [da_orace;aw_rotor];%da_orace:惯性坐标系;aw_rotor:定体坐标系

Forace_m = diag([kp_outterrace_phy(1) * ones(1,3),kp_outterrace_phy(2:4)]) * dorace;

### 2.2.3 角接触球轴承计算验证

为了验证所建立的角接触球轴承动力学计算结果的准确性、有效性,以Gupta的试验结果[14]为例开展验证。验证轴承参数如表2-2所示,其仅承受轴向载荷,大小为2 224 N[29],轴承材料及润滑油参数详见文献[14],计算仿真步长为 $10^{-6}$ s。

表 2-2 验证轴承参数

| 参 数 | 数 值 | 参 数 | 数 值 |
| --- | --- | --- | --- |
| 内径/mm | 100 | 兜孔直径/mm | 19.913 6 |
| 外径/mm | 180 | 保持架引导直径/mm | 130.073 |
| 接触角/(°) | 25 | 保持架引导宽度/mm | 8 |
| 内沟道曲率 | 0.54 | 套圈引导直径/mm | 128.612 5 |
| 外沟道曲率 | 0.52 | 滚动体数目 | 18 |
| 滚动体直径/mm | 19.05 | 转速/(r/min) | 10 000 |

Gupta试验和仿真得到的保持架质心运动轨迹如图2-20(a)(b)所示[14],刘秀海仿真得到的保持架质心运动轨迹如图2-20(c)所示[29],本节提出的动力学模型计算得到的轴承保持架质心运动轨迹如图2-20(d)所示。

Gupta计算得到的保持架质心运动轨迹的初始位置并不在套圈中心位置,而是采用准静态分析方法求得其初始位置后再进行动力学计算,因此其仿真得到的保持架质心轨迹初始时刻由于重力的作用在零位置以下。刘秀海的计算结果是轴承内圈相对外圈旋转25到45圈时的保持架质心运动轨迹,与试验轨迹一致,但是存在多处折线,可能是仿真步长过大导致的。本节仿真轨迹为内圈相对外圈旋转0~10圈时的保持架质心轨迹,快速收敛到稳定状态。因为本节计

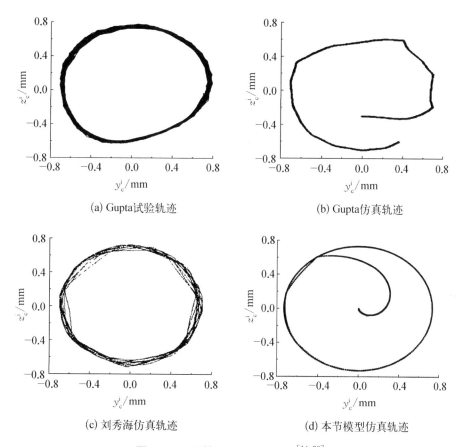

(a) Gupta试验轨迹

(b) Gupta仿真轨迹

(c) 刘秀海仿真轨迹

(d) 本节模型仿真轨迹

图 2-20　保持架质心运动轨迹[14,28]

算保持架质心初始位置为套圈中心位置,所以与 Gupta 仿真得到的轨迹在运动初始阶段有所不同。由图 2-20 可知,本节仿真得到的保持架质心轨迹在稳定运行阶段与 Gupta 试验测得的轨迹较为一致,而试验轴承保持架质心轨迹为不规则圆形的原因是保持架与引导套圈间隙的不确定性[14]。Gupta 认为,当保持架运动稳定时,其质心轨迹圆的半径为保持架与引导套圈之间的径向间隙值(即0.730 mm),与本节计算结果(0.730 mm)一致。

　　基于上述轴承,改变其结构特征或运行工况,分析本节所建立的角接触球轴承动力学模型的适用性。修改轴承外套圈相对内套圈的转速为 1 000 r/min 和100 r/min,计算得到轴承内套圈相对外套圈转动 10 圈后的保持架质心轨迹如图 2-21 所示,随着转速的降低,保持架质心运动轨迹受离心力影响逐渐降低。对比图 2-21 所示的 3 种转速工况下的保持架质心运动轨迹,转速为 10 000 r/min

时,保持架质心做圆周运动;而转速为 1 000 r/min 时,受重力影响保持架在离心力方向均存在竖直向下的分量,并且轨迹为圆弧段,圆弧半径小于 10 000 r/min对应的半径;转速为 100 r/min 时,离心力对保持架质心运动轨迹的影响很小,保持架质心在重力、滚动体和套圈的引导下做圆周运动。

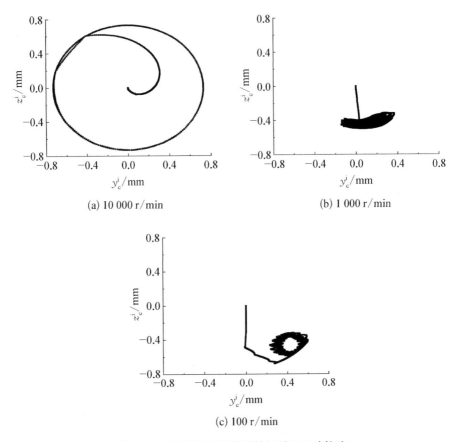

(a) 10 000 r/min

(b) 1 000 r/min

(c) 100 r/min

**图 2 - 21　不同转速下的保持架质心运动轨迹**

进一步地,修改滚动体的数目为 12 个和 6 个,外套圈相对内套圈转速为10 000 r/min,计算得到轴承内套圈相对外套圈转动 10 圈后的保持架质心轨迹如图 2 - 22 所示。不同滚动体数目下,保持架质心轨迹稳定后均为圆形,并且转动半径几乎一致。如图 2 - 22(b)(c)所示,当滚动体数目减小时,保持架与滚动体碰撞的概率降低,保持架质心在重力作用下沿 z 轴负方向运动的距离增加,之后在滚动体和套圈的共同引导下开始做圆周运动。因此,保持架质心做圆周运动受到自身离心力、滚动体和套圈共同影响。

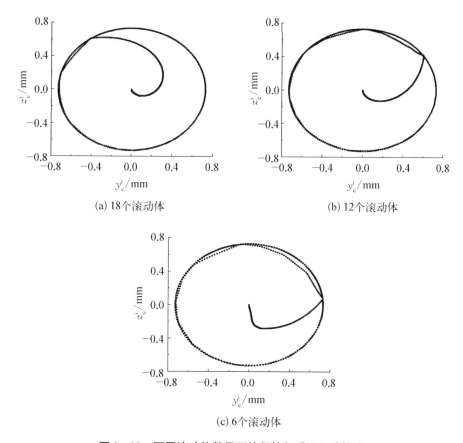

(a) 18个滚动体

(b) 12个滚动体

(c) 6个滚动体

**图 2‐22　不同滚动体数目下的保持架质心运动轨迹**

综上，通过与 Gupta 的试验和仿真结果、刘秀海的仿真轨迹对比分析，验证了轴承动力学模型的准确性。改变轴承结构和工况的计算结果表明，所建立的轴承动力学模型可适用于多种场景。因此，该模型能够用于分析轴承受载情况下其内部元件的动力学行为。

# 第3章

# 轴承动力学组件库

　　建立轴承动力学组件库,学者可以根据轴承运行工况选取组件并快速搭建动力学模型,提高轴承动力学模型的适用范围。此外,针对不同型号、工况角接触球轴承动力学计算研究,除了调整相应的轴承参数、外载荷等信息,还可以根据研究需要开发或修改计算组件,例如根据实际润滑方式修改滚子-滚道接触载荷计算组件,从而提高轴承动力学研究效率。

## 3.1　组件库组成

　　图 3-1 给出了摩擦计算的系统性特点[36-37],系统 $S = \{E, P, R, H\}$,其中,$E$ 代表系统元素,$P$ 代表元素的属性,$R$ 代表元素之间的关联关系,$H$ 代表历史信息;输入 $X$ 可以是系统元素的位置、运动速度、外界载荷等;输出 $Y$ 为系统摩擦输出,如摩擦力、摩擦力矩、磨损系数、摩擦生热等。因此,对于以接触摩擦载荷为主的轴承摩擦动力学组件,其建立应关注摩擦计算的系统性特点。

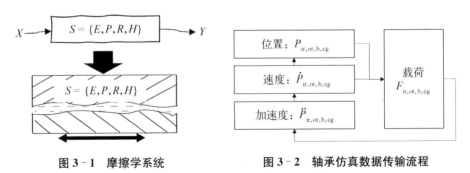

图 3-1　摩擦学系统　　　　　图 3-2　轴承仿真数据传输流程

　　轴承仿真数据传输流程如图 3-2 所示,结合摩擦计算的系统性特点,开发轴承初始化组件、元件状态组件、元件载荷组件及加速度组件。

### 3.1.1 轴承初始化组件库

图 3-1 给出了摩擦系统 $S$,包括元素、元素属性、元素之间的关系和历史信息,这些参数决定了角接触球轴承元件之间的摩擦接触载荷。因此,建立轴承初始化组件,并储存轴承系统特征,供轴承元件之间摩擦载荷计算过程访问。如图 3-3 所示,初始化组件的输入包括轴承的几何参数、材料参数、载荷、运动速度、预紧方式,以及润滑油性质,其将根据静力学建模计算得到轴承元件的位置和速度并输出,作为轴承动力学计算的初始状态。

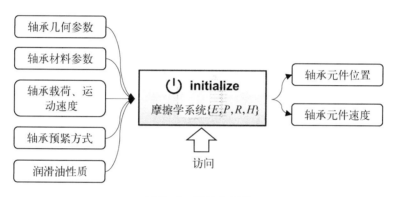

**图 3-3 初始化组件**

初始化组件计算代码(S_bearing_para_v2.m)如下。

function S_bearing_para_v2(block)%%%%%轴承初始化版本 2

%%设置整个程序的全局变量

%用于轴承元件位置、速度以及全局变量的初始化

setup(block);


function setup(block)


% Register the number of ports.

block.NumInputPorts  = 0;

block.NumOutputPorts = 9;


% Register the parameters.

```
block.NumDialogPrms = 22;
str = {'Tunable'};
block.DialogPrmsTunable = repmat(str,1,block.NumDialogPrms);

N = block.DialogPrm(2).Data(2);
for i = 1:2
    block.OutputPort(i).Dimensions = [6,N];
    block.OutputPort(i).DatatypeID = 0; % double
    block.OutputPort(i).Complexity = 'Real';
    block.OutputPort(i).SamplingMode = 'Sample';
end
for i = 3:9
    block.OutputPort(i).Dimensions = [6,1];
    block.OutputPort(i).DatatypeID  = 0; % double
    block.OutputPort(i).Complexity  = 'Real';
    block.OutputPort(i).SamplingMode = 'Sample';
end
% Register the sample times.
%   [0 offset]: Continuous sample time
%   [positive_num offset]: Discrete sample time
%
%   [-1, 0]: Inherited sample time
%   [-2, 0]: Variable sample time
block.SampleTimes = [-1 0];

block.RegBlockMethod('CheckParameters', @CheckPrms);
block.RegBlockMethod('InitializeConditions', @InitializeConditions);
block.RegBlockMethod('Outputs', @Outputs);
function InitializeConditions(block)
global kp_bearing_geo %21 innerrical diameter (m), outter diameter (m),
                      % bearing width (m), ball diameter (m), ball
number,
```

92

% contact angle（deg）, fi, fo, roughness and waveness,

%保持架/引导套圈直径,接触位置,兜孔直径,保持架半径

global kp_ball_phy %3 mass（kg）,moment of innertia（kg * m2）, elastic modulus（Pa）, restitution coefficient:

global kp_innerrace_phy %6 mass（kg）, moment of innertia（kg * m2）, elastic modulus（Pa）, restitution coefficient

global kp_outterrace_phy %6 mass（kg）, moment of innertia（kg * m2）, elastic modulus（Pa）, restitution coefficient

global kp_cage_phy %6 mass（kg）, moment of innertia（kg * m2）, elastic modulus（Pa）, restitution coefficient

% global kp_surface %8 standard deviation of the ball, innerrace, outtter race and cage;surface pattern parameter of …

global kp_contact_ioc %（9,4）coefficient kn, exponential number, eal, ebe, filmthickness coefficient,

%damping coefficient of film and material, kxy ,sigma

%of innerrace contact and outterrace contact, interaction between

%cage and ball,cage and race

global kp_oil % eda0,film thickness,极限剪切系数,阻尼系数

global kp_dry %储存干摩擦因数

global kp_preload %储存预紧方式,1 代表定位预紧,2 代表定压预紧

global kp_working %（7,1）outterrace load（1,6）; rotation velocity of outter race relative to inner race.

global C_damp

global kp_Ts kp_gravity kp_contact_c kp_contact_bc %迭代步长,重力场

global kp_para_test

global kp_rotor_flag %1 true or false,是否考虑加入转子对称模型

global kp_rotor_phy %4 mass（kg）, moment of innertia（kg * m2）

global kp_rotor_len %1 length（m）

global kp_rotor_load %6

%% para loaded geo1, geo2, geo3, geo4, geo5, bphy, iphy1, ophy1, iophy2,lphy

```
kp_bearing_geo = zeros(1,22);
k = 1;
for i = 1:6
k2 = length(block.DialogPrm(i).Data) + k - 1;
kp_bearing_geo(k:k2) = [block.DialogPrm(i).Data];
k = k2 + 1;
end
kp_bearing_geo(6) = deg2rad(kp_bearing_geo(6));
kp_ball_phy = [block.DialogPrm(7).Data(1),0,0,0,block.DialogPrm
(11).Data(1),block.DialogPrm(11).Data(5)];
kp_innerrace_phy = [block.DialogPrm(8).Data,block.DialogPrm(11).
Data(2),block.DialogPrm(11).Data(6)];
kp_outterrace_phy = [block.DialogPrm(9).Data,block.DialogPrm(11).
Data(3),block.DialogPrm(11).Data(7)];
kp_cage_phy = [block.DialogPrm(10).Data,block.DialogPrm(11).Data
(4),block.DialogPrm(11).Data(8)];
kp_contact_ioc = zeros(9,4);
% unity of units
kp_oil = [block.DialogPrm(12).Data(1),block.DialogPrm(12).Data(2)
*1.e-3,...

block.DialogPrm(12).Data(3),block.DialogPrm(12).Data(4)];
kp_dry = block.DialogPrm(13).Data;%储存干摩擦因数
kp_bearing_geo(9:12) = block.DialogPrm(3).Data * 1.e-6;
kp_preload = block.DialogPrm(14).Data;
kp_working = [block.DialogPrm(15).Data';block.DialogPrm(16).
Data];
kp_Ts = block.DialogPrm(17).Data;
kp_gravity = block.DialogPrm(18).Data;
kp_rotor_flag = block.DialogPrm(19).Data;
if kp_rotor_flag = = true
    %判断是否考虑转子
```

```
    kp_rotor_phy = block. DialogPrm(20). Data;
    kp_rotor_len = block. DialogPrm(21). Data;
    kp_rotor_load = block. DialogPrm(22). Data';
end
```

%% elastic para solution

[fi,fo,balld] = deal(kp_bearing_geo(7),kp_bearing_geo(8),kp_bearing_geo(4));

kp_ball_phy(1:4) = kp_ball_phy(1) * pi * balld^3/6 * [1,0.1 * balld^2, 0.1 * balld^2,0.1 * balld^2];

alpha = kp_bearing_geo(6);

dm = 0.5 * sum(kp_bearing_geo(1:2));

cagerace_r = kp_bearing_geo(17:20);

dp = kp_bearing_geo(21);

cage_width = kp_bearing_geo(22);

guide_width = (cage_width − dp) * 0.5;

gama = kp_bearing_geo(13:16);

sigma = kp_bearing_geo(9:12);

eda0 = kp_oil(1);

rxb = 0.5 * balld;

ryb = rxb;

rxoc = − fo * balld;

ryoc = − 0.5 * (dm/cos(alpha) + balld);

rxic = − fi * balld;

ryic = + 0.5 * (dm/cos(alpha) − balld);

rxcc = − 0.5 * dp;

rycc = inf;

RC = [rxic,ryic,rxoc,ryoc,rxcc,rycc];

ealfa = [1,1.076,1.2623,1.4556,1.6440,1.8258,2.011,2.265,2.494, 2.800,3.233,3.738,4.395,5.267,6.448,...

　　　　8.062,10.222,12.789,14.839,17.974,23.55,37.38,inf];

ebeta = [1,0.9318,0.8114,0.7278,0.6687,0.6245,0.5881,0.5480,

95

0.5186,0.4863,0.4499,0.4166,0.3830,...

　　　　0.3490,0.3150,0.2814,0.2497,0.2232,0.2072,0.18822,
0.16442,0.13050,0];

　　dstar = [1,0.9974,0.9761,0.9429,0.9077,0.8733,0.8394,0.7961,
0.7602,0.7169,0.6636,0.6112,0.5551,...

　　　　0.4960,0.4352,0.3745,0.3176,0.2705,0.2427,0.2106,0.17167,
0.11995,0];

　　Fpho = [0,0.1075,0.3204,0.4795,0.5916,0.6716,0.7332,0.7948,
0.83495,0.87366,0.90999,0.93657,0.95738,...

0.97290,0.983797,0.990902,0.995112,0.9973,0.9981847,0.9989156,0.
9994785,0.9998527,1];

　　C_damp = [ − 304.15, − 0.773,1.155, − 0.406,1.978,0.204, − 0.316,
− 0.276, − 0.385, − 0.013];

　　rx1 = rxb;ry1 = ryb;

　　for I = 1:4

　　　　if I = = 2

　　　　Estar = 1/(1 − 0.3^2)/(1/kp_ball_phy(5) + 1/kp_outterrace_phy(5));

　　　　elseif I = = 1

　　　　Estar = 1/(1 − 0.3^2)/(1/kp_ball_phy(5) + 1/kp_innerrace_phy(5));

　　　　elseif I = = 3

　　　　Estar = 1/(1 − 0.3^2)/(1/kp_ball_phy(5) + 1/kp_cage_phy(5));

　　　　else

　　　　　　if cagerace_r(1)>cagerace_r(2)

　　　　　　%如果保持架与内圈接触

　　　　　　Estar = 1/(1 − 0.3^2)/(1/kp_innerrace_phy(5) + 1/kp_cage_phy(5));

　　　　　　alphae = block. DialogPrm(11). Data(6) + block. DialogPrm
(11).Data(8);

　　　　　　else

　　　　　　%如果保持架与外圈接触

　　　　　　Estar = 1/(1 − 0.3^2)/(1/kp_outterrace_phy(5) + 1/kp_cage_
phy(5));

```
            alphae = block. DialogPrm(11). Data(7) + block. DialogPrm
(11). Data(8);
            end
        end
        if I = = 4 %contact parameter for cage and race

        kp_contact_ioc(1,I) = 0.356 * Estar * guide_width^(8/9);
        kp_contact_ioc(2,I) = 10/9;
        kp_contact_ioc(7,I) = 1.5 * alphae * kp_contact_ioc(1,I);
        if cagerace_r(1)>cagerace_r(2), kp_contact_ioc(9,I) = (sigma(4)^
2 + sigma(2)^2)^0.5;end
        if cagerace_r(1)<cagerace_r(2), kp_contact_ioc(9,I) = (sigma(4)^
2 + sigma(3)^2)^0.5;end
        continue
        end
        rx2 = RC(2 * I - 1);
        ry2 = RC(2 * I);
        rx = 1/(1/rx1 + 1/rx2);
        ry = 1/(1/ry1 + 1/ry2);
        aa = 0.5 * (1/rx + 1/ry);
        bb = 0.5 * abs(1/rx - 1/ry);
        myfpho = bb/aa;
        i = 1;
        while myfpho>Fpho(i), i = i + 1; end
        mydstar = dstar(i - 1) + (dstar(i) - dstar(i - 1))/(Fpho(i) - Fpho
(i - 1)) * (myfpho - Fpho(i - 1));
        eal = ealfa(i - 1) + (myfpho - Fpho(i - 1)) * (ealfa(i) - ealfa(i -
1))/(Fpho(i) - Fpho(i - 1));
        ebe = ebeta(i - 1) + (myfpho - Fpho(i - 1)) * (ebeta(i) - ebeta(i -
1))/(Fpho(i) - Fpho(i - 1));
        kp_contact_ioc(1,I) = 4/3 * Estar * aa/(mydstar * aa)^1.5;
        kp_contact_ioc(2,I) = 1.5;
```

```
        kp_contact_ioc(3:4,I) = [eal,ebe]';
        if ry>rx
            kp_contact_ioc(3:4,I) = [ebe,eal]';
        end
        kp_contact_ioc(3:4,I) = kp_contact_ioc(3:4,I) * (0.75/aa/Estar)^
(1/3);
        a1 = log(eda0) + 9.67;
        alfa = 0.68 * a1 * 5.1e-9;
        G = alfa * Estar;
        U = eda0/(Estar * rx);
        W = 1/(Estar * rx^2);
        k = eal/ebe;
        kp_contact_ioc(5,I) = 4.31 * rx * U^0.68 * G^0.49/W^0.073;
        kp_contact_ioc(6,I) = C_damp(1)/rx * G^C_damp(2) * W^C_damp
(3) * U^C_damp(4) * ...
            (C_damp(5) - k^C_damp(6) * exp(k^C_damp(7))) * gama(I +
1)^C_damp(10);
        kp_contact_ioc(6,I) = kp_contact_ioc(6,I) * Estar * rx^2 * 0.5;
        alphae = kp_ball_phy(6) + block.DialogPrm(11).Data(5+I);
        kp_contact_ioc(7,I) = 1.5 * alphae * kp_contact_ioc(1,I);
        kp_contact_ioc(8,I) = rx/ry;
        kp_contact_ioc(9,I) = (sigma(1)^2 + sigma(I+1)^2)^0.5;
    end


%% initial position solved
% suggest that innerrace is static, only change the position of the
ball and
% outterrace
N = kp_bearing_geo(5);
kni = kp_contact_ioc(1,1);
kno = kp_contact_ioc(1,2);
ekn = kp_contact_ioc(2,1);
```

Pd = 2 * (fo + fi − 1) * balld * (1 − cos(alpha))；

ekn1 = 1/ekn；

pirace = zeros(6,N)；

pirace(3, :) = 2 * pi/N * (0:N − 1)'；

porace_k1 = zeros(6,1)；

Forace_initial = kp_working(1:6)；

Forace_k0 = Forace_initial；

porace_k1(1) = ((Forace_initial(1)/(N * sin(alpha)))^ekn1 * (kni^ − ekn1 + kno^ − ekn1) + (fi + fo − 1) * balld) * sin(alpha)；

Ric = 0.5 * dm − ((0.5 − fi) * balld + 0.25 * Pd)；

Roc = 0.5 * dm + ((0.5 − fo) * balld + 0.25 * Pd)；

iter_N = 0；

while norm(Forace_k0)＞1&&iter_N＜10

　　options = optimoptions('fsolve','Display','final − detailed','Algorithm','levenberg − marquardt','MaxIterations',1000)；

　　if kp_rotor_flag = = true

　　　%考虑转子下的计算

　　　if kp_preload = = 2 %定压预紧

　　　[porace_k0,Forace_k0,～] = fsolve(@(porace_k1)...

F_solution_zhuanzi_dyyj(kp_working(1),kp_rotor_load,Roc,Ric,fo,fi,kni,kno,ekn1,balld,N,porace_k1,kp_rotor_len,0,0),porace_k1,options)；

　　　else% 定位预紧

　　　%预紧力下的位移计算,即初始状态下转子不受其他作用力,仅受预紧力作用而产生的位移

　　　Preload_k0 = kp_rotor_load；Preload_k0(1:6) = 0；%初始状态下没有载荷

　　　pk1_posi = [0,0,0]'；

　　　[pk1_px0,Preload_k0,～] = fsolve(@(pk1_px)...

F_solution_zhuanzi_dwyj(kp_working(1),Preload_k0,Roc,Ric,fo,fi,kni,kno,ekn1,balld,N,pk1_px,pk1_posi,kp_rotor_len,0,[0,0]),porace_k1(1), options）；

%转子受到其他载荷,预紧力下的载荷计算

[pk1_posi0,Forace_k0,~] = fsolve(@(pk1_posi)...

F_solution_zhuanzi_dwyj(kp_working(1),kp_rotor_load,Roc,Ric,fo,fi,
kni,kno,ekn1,balld,N,pk1_px0,pk1_posi,kp_rotor_len,0,[1,0]),pk1_posi,
options）；

%轴承外套圈位置计算

porace_k0 = P_solution_zhuanzi_dwyj(kp_rotor_len, pk1_px0,
pk1_posi0)；

end

else

[porace_k0,Forace_k0,~] = fsolve(@(porace_k1)...

F_solution(Forace_initial,pirace,Roc,Ric,fo,fi,kni,kno,ekn1,balld,N,
porace_k1),porace_k1,options）；

porace_k1(1) = porace_k1(1) + 4.e-6；

iter_N = iter_N + 1；

end

rb_initial = P_solution(pirace,Roc,Ric,fo,fi,kni,kno,ekn1,balld,dm,
N,porace k0)；

porace_initial = porace_k0；

rc_initial = [rb_initial(1,1),0,0,0,0,0]'；

%% initial velocity solved

w0 = kp_working(7) * 2 * pi/60；

w = w0 * 0.95；

gamab = balld/dm；

tbeta = sin(alpha)/(cos(alpha) + gamab)；

cbeta = 1/sqrt(tbeta^2 + 1)；

wr1 = (cos(alpha) + tbeta * sin(alpha))/(1 + gamab * cos(alpha))；

wr2 = (cos(alpha) + tbeta * sin(alpha))/(1 - gamab * cos(alpha))；

wr = w/((wr2 + wr1) ∗ gamab ∗ cbeta);

wr1 = (cos(alpha) + tbeta ∗ sin(alpha)) ∗ (1 + gamab ∗ cos(alpha));

wr2 = (cos(alpha) + tbeta ∗ sin(alpha)) ∗ (1 − gamab ∗ cos(alpha));

wm = (w ∗ wr1)/(wr1 + wr2);

wxp = wr ∗ cbeta;

wzp = wr ∗ sqrt(1 − cbeta^2);

wyp = 0;

ub_initial = repmat([0,0, − wm,wxp,wyp,wzp]',1,N);

uo_initial = [0,0,0,w0,0,0]';%须转化为卡尔丹角

uc_initial = [0,0,0,wm,0,0]';%须转化为卡尔丹角

uo_initial(4:6) = transw_rev(porace_initial(4:6),uo_initial(4:6));%转化为卡尔丹角

uc_initial(4:6) = transw_rev(rc_initial(4:6),uc_initial(4:6));%转化为卡尔丹角


%%赋值到工作区

assignin('base','porace_initial',porace_initial);

assignin('base','Forace_initial',Forace_initial);

assignin('base','Frotor_initial',kp_rotor_load);

assignin('base','rb_initial',rb_initial);

assignin('base','rc_initial',rc_initial);

assignin('base','N',N);

assignin('base','ub_initial',ub_initial);

assignin('base','uo_initial',uo_initial);

assignin('base','uc_initial',uc_initial);

assignin('base','ri_initial',zeros(6,1));

assignin('base','ui_initial',zeros(6,1));

%% initial cage contact parameter with race

h0 = kp_oil(2);

Rr = kp_bearing_geo(19);

Rc = kp_bearing_geo(18);

kn = kp_contact_ioc(1,4);

```
c = abs(Rr - Rc);
kp_contact_c = repmat([h0/10,1/kn,c,c - h0,c - h0,0,0,0]',1,2);
%% initial ball and cage contact parameter
kp_contact_bc = zeros(4,N);
kp_para_test = zeros(20,6,4);
disp('bearing_para end');

function Outputs(block)
global kp_rotor_flag
%初始条件赋值
InitializeConditions(block);
block.OutputPort(1).Data = evalin('base','ub_initial');
block.OutputPort(2).Data = evalin('base','rb_initial');
block.OutputPort(3).Data = evalin('base','ui_initial');
block.OutputPort(4).Data = evalin('base','ri_initial');
block.OutputPort(5).Data = evalin('base','uo_initial');
block.OutputPort(6).Data = evalin('base','porace_initial');
block.OutputPort(7).Data = evalin('base','uc_initial');
block.OutputPort(8).Data = evalin('base','rc_initial');
Forace_initial = evalin('base','Forace_initial');
block.OutputPort(9).Data = [Forace_initial(1:3);0;0;0];

function CheckPrms(block)
    % Check the validity of the parameters.
    pp = 0;
    for i = 1:14
        pp = pp + isnan(sum(block.DialogPrm(i).Data));
    end

    if pp
        error(message('simdemos:msfcn_frame_filt:finiteInputs'));
    end
```

```
%%% coordinate transformation
function T = transfer(p)
%从惯性坐标系到转动过卡尔丹角 p 后的坐标系的坐标变化,x_p = T * x_i
p1 = p(1);p2 = p(2);p3 = p(3);
T1 = [1 0 0;0 cos(p1) sin(p1);0 - sin(p1) cos(p1)];
T2 = [cos(p2) 0 - sin(p2);0 1 0;sin(p2) 0 cos(p2)];
T3 = [cos(p3) sin(p3) 0; - sin(p3) cos(p3) 0;0 0 1];
T = T3 * T2 * T1;


%%% angular velocity
function dp = transw_rev(p,w)
%从定体坐标系中的角速度 w 求解卡尔丹角变换速度 dp
c2 = cos(p(2));s2 = sin(p(2));c3 = cos(p(3));s3 = sin(p(3));
T = [c3/c2, - s3/c2,0;s3,c3,0; - s2/c2 * c3, - s2/c2 * s3,1];
dp = T * w;


%%%载荷求解
 function Force = F_solution(Load,pirace,Roc,Ric,fo,fi,kni,kno,
ekn1,balld,N,porace_k1)
rgc_r = [0,0,0]';
rgcn_r_p = [1,0,0]';
rr_i = porace_k1(1:3);
rrposi_i = porace_k1(4:6);
Tir = transfer(rrposi_i);
Tri = Tir\eye(3);
rgc_i = Tri * rgc_r;
rrc_i = rr_i + rgc_i;
rgcn_i_p = Tri * rgcn_r_p;
Forace_k1 = Load;
kn = 1/(kni^ - ekn1 + kno^ - ekn1);
ekn = 1/ekn1;
for I = 1:N
```

rb_i_s = pirace(1:3,I) + [0,Ric,0]';

rb_i_c = [rb_i_s(1),rb_i_s(2) * sin(rb_i_s(3)),rb_i_s(2) * cos(rb_i_s(3))]';

Tib = transfer([ - rb_i_s(3),0,0]');

Tbi = Tib\eye(3);

rcn_i = (rb_i_c - rrc_i) - (rb_i_c - rrc_i)' * rgcn_i_p * rgcn_i_p;

rbr_i = rcn_i/norm(rcn_i) * Roc + rrc_i - rb_i_c;

rbr_b = Tib * rbr_i;

rbr_b(abs(rbr_b/max(abs(rbr_b))) < 1. e - 10) = 0; %% Tib

error considering

rbr_b_p = rbr_b/norm(rbr_b);

deltn = norm(rbr_b) - (fi + fo - 1) * balld;

if deltn < 0

continue

end

Qff = - (deltn * kn)^ekn;

Q = Qff * rbr_b_p;

Forace_k1(1:3) = Forace_k1(1:3) + Tbi * Q;

rrrb_b = Tib * (rr_i - rb_i_c);

Forace_k1(4:6) = Forace_k1(4:6) + Tbi * cross(rrrb_b,Q);

end

Force = Forace_k1;

function rb_initial = P_solution(pirace,Roc,Ric,fo,fi,kni,kno,ekn1,balld,dm,N,porace_k1)

rb_initial = zeros(6,N);

rgc_r = [0,0,0]';

rgcn_r_p = [1,0,0]';

rr_i = porace_k1(1:3);

rrposi_i = porace_k1(4:6);

Tir = transfer(rrposi_i);

```
        Tri = Tir\eye(3);
        rgc_i = Tri * rgc_r;
        rrc_i = rr_i + rgc_i;
        rgcn_i_p = Tri * rgcn_r_p;
        kn = 1/(kni^ - ekn1 + kno^ - ekn1);
        ekn = 1/ekn1;
        for I = 1:N
            rb_i_s = pirace(1:3,I) + [0,Ric,0]';
            rb_i_c = [rb_i_s(1),rb_i_s(2) * sin(rb_i_s(3)),rb_i_s(2) * cos(rb_i_
    s(3))]';
            Tib = transfer([ - rb_i_s(3),0,0]');

            rcn_i = (rb_i_c - rrc_i) - (rb_i_c - rrc_i)' * rgcn_i_p * rgcn_i_p;
            rbr_i = rcn_i/norm(rcn_i) * Roc + rrc_i - rb_i_c;
            rbr_b = Tib * rbr_i;
            rbr_b(abs(rbr_b/max(abs(rbr_b))) < 1.e - 10) = 0;%% Tib
    error considering
            deltn = norm(rbr_b) - (fi + fo - 1) * balld;
            Qff = - (abs(deltn) * kn)^ekn;
            kr = ((fi - 0.5) * balld + abs(Qff/kni)^ekn1 * sign(deltn))/norm
    (rbr_i);
            rb_initial(1:3,I) = rb_i_c + rbr_i * kr;
            rb_initial(2:3,I) = [norm(rb_initial(2:3,I)) - 0.5 * dm,rb_i_s(3)]';
        end


    function Force = F_solution_zhuanzi_dyyj(raceLoad,Load,Roc,Ric,
fo,fi,kni,kno,ekn1,balld,N,porace_k1,L,delta,Pflag)
    %轴承外圈采用定压预紧方式
    % rgc_r:滚道质心指向曲率中心面圆心的向量
    % pirace:[0,0,滚动体在径向平面内的角度位置 phi]
    % rrc_i:外滚道曲率圆心位置的全局坐标
    % rr_i:外滚道质心位置的全局坐标
```

```
% rrposi_i:外滚道在全局坐标系的旋转角度,卡尔丹角表示
% Tir:从惯性坐标系到滚道外滚道坐标系的转换
% L:转子长度
% delta:转角
% Pflag:判断是否输出外滚道所受到转子的作用力
% raceLoad:滚道预紧载荷
% Load:转子所受载荷,不包括轴向力
pirace = zeros(6,N);
pirace(3,:) = 2 * pi/N * (0:N - 1)' + delta;
rr_i1 = porace_k1(1:3);
rrposi_i1 = porace_k1(4:6);
Tir = transfer(rrposi_i1);
Tri = Tir\eye(3);
%假设转子为刚性杆,长度为L,计算杆另一端的轴承外滚道的位置和朝向
%假设两个轴承由于预紧作用导致沿转子轴向的位移方向相反,大小相等
ro1_i = [-1,0,0]' * L/2;
ro_i = [1,0,0]' * L/2;
rN_i = [1,0,0]';
rn_i = Tri * [1,0,0]';
ctheta = rn_i' * rN_i;
rr_i2 = rr_i1 + 2 * (ro1_i - ro1_i' * rN_i/ctheta * rn_i) + 2 * (- rr_i1' * rN
_i/ctheta) * rn_i;
rrposi_i2 = rrposi_i1;
rr_i0 = [rr_i1,rr_i2];
rrposi_i0 = [rrposi_i1,rrposi_i2];
kn = 1/(kni^ - ekn1 + kno^ - ekn1);
ekn = 1/ekn1;
Force = zeros(6,1);
for K = 0:1
    %两个轴承盖
    flag = (-1)^K;
    rgc_r = [0,0,0]' * flag;
```

```
rgcn_r_p = [1,0,0]' * flag;%滚道朝向
rr_i = rr_i0(:,K + 1);
rrposi_i = rrposi_i0(:,K + 1);
Tir = transfer(rrposi_i);
Tri = Tir\eye(3);
rgc_i = Tri * rgc_r;
rrc_i = rr_i + rgc_i;
rgcn_i_p = Tri * rgcn_r_p;
Forace_k1 = zeros(6,1);
FM = zeros(3,1);
Fn = zeros(N,1)';
for I = 1:N
    rb_i_s = pirace(1:3,I) + [0,Ric,0]';%滚动体对应内滚道曲率圆
心位置在柱坐标系上的表示,[x,r,phi]
    rb_i_c = [rb_i_s(1),rb_i_s(2) * sin(rb_i_s(3)),rb_i_s(2) * cos
(rb_i_s(3))]';%上述曲率圆心位置的全局坐标系上
    Tib = transfer([ - rb_i_s(3),0,0]');%从全局坐标系到滚动体坐
标系的转换
    Tbi = Tib\eye(3);%滚动体坐标系到全局坐标系的转换

    rcn_i = (rb_i_c - rrc_i) - (rb_i_c - rrc_i)' * rgcn_i_p * rgcn_i_p;
    rbr_i = rcn_i/norm(rcn_i) * Roc + rrc_i - rb_i_c;%内/外滚道曲
率中心的向量,从内滚道曲率中心指向外滚道
    rbr_b = Tib * rbr_i;
    rbr_b_p = rbr_b/norm(rbr_b);
    deltn = norm(rbr_b) - (fi + fo - 1) * balld;
    if deltn<0
        continue
    end
    Qff = - (deltn * kn)^ekn;
    Q = Qff * rbr_b_p;
    if ~(isreal(Q))
```

```
        disp('isreal Q in bearing_para')
    end
    Forace_k1(1:3) = Forace_k1(1:3) + Tbi * Q;
    %外滚道质心朝向内滚道曲率中心某点,相当于力的作用向量
    rrrb_b = Tib * (rb_i_c - ro_i * flag);
    Forace_k1(4:6) = Forace_k1(4:6) + Tbi * cross(rrrb_b,Q);
    FM = FM + Tbi * cross(Tib * (rb_i_c - rr_i),Q);
    Fn(I) = abs(Qff);
    end
    if Pflag == 1&&K == 0
```

% 输出滚道受到转子带来的作用力,平衡时作用力与反作用力方向相反,大小相等

```
        Force = - [Forace_k1(1:3);FM];
        break;
    end
    Force = Force + [abs(Forace_k1(1) + raceLoad * flag);Forace_k1
(2:6)];
    end
    if Pflag == 0, Force = Force + [0;Load(2:6)];end


    function Force = F_solution_zhuanzi_dwyj(raceLoad,Load,Roc,Ric,
fo,fi,kni,kno,ekn1,balld,N,pk1_px,pk1_posi,L,delta,Pflag)
    %轴承外圈采用定位预紧方式
    % rgc_r:滚道质心指向曲率中心面圆心的向量
    % pirace:[0,0,滚动体在径向平面内的角度位置 phi]
    % rrc_i:外滚道曲率圆心位置的全局坐标
    % rr_i:外滚道质心位置的全局坐标
    % rrposi_i:外滚道在全局坐标系的旋转角度,卡尔丹角表示
    % Tir:从惯性坐标系到滚道外滚道坐标系的转换
    % L:转子长度
    % pk1_px:预紧力作用下轴向位移
    % pk1_posi:转子旋转角度
```

% Pflag:第一个用于判断属于哪种模式(0 为预紧力求解,1 为转子作用力矩求解),第 2 个用于判断是否将计算得到的结果输出

% Force:预紧力方向(x 方向)为两个受到的作用力和预紧力之间的差值取绝对值后相加,其他方向代表转子受到的作用力

% Load:转子所受载荷

% raceLoad:滚道预紧载荷

```
global Frace Frace_num Prace porace_k1
pirace = zeros(6,N);
pirace(3,:) = 2 * pi/N * (0:N - 1)' + delta;
rrposi_i1 = pk1_posi;
Tir = transfer(rrposi_i1);%从惯性坐标系转化为定体坐标系 x_r = Tir * x_i
Tri = Tir\eye(3);
%假设转子为刚性杆,长度为 L,计算杆另一端的轴承外滚道的位置和朝向
%假设两个轴承由于预紧作用导致沿转子轴向的位移方向相反,大小相等
ro1_i = [ - 1,0,0]' * L/2;
ro_i = [1,0,0]' * L/2;
rN_i = [1,0,0]';
rn_i = Tri * [1,0,0]';
k = 0.5 * L - pk1_px;
rr_i1 = - ro1_i - k * rn_i;
ctheta = rn_i' * rN_i;
rr_i2 = rr_i1 + 2 * (ro1_i - ro1_i' * rN_i/ctheta * rn_i) + 2 * ( - rr_i1' * rN_i/
ctheta) * rn_i;
rrposi_i2 = rrposi_i1;
rr_i0 = [rr_i1,rr_i2];
rrposi_i0 = [rrposi_i1,rrposi_i2];
porace_k1 = [rr_i1;rrposi_i1];%可能给初始化的轴承滚道用
kn = 1/(kni^ - ekn1 + kno^ - ekn1);
ekn = 1/ekn1;
Force = zeros(6,1);
for K = 0:1
    %两个轴承盖
    flag = ( - 1)^K;
```

```
rgc_r = [0,0,0]' * flag;
rgcn_r_p = [1,0,0]' * flag;%滚道朝向
rr_i = rr_i0(:,K+1);
rrposi_i = rrposi_i0(:,K+1);
Tir = transfer(rrposi_i);
Tri = Tir\eye(3);
rgc_i = Tri * rgc_r;
rrc_i = rr_i + rgc_i;
rgcn_i_p = Tri * rgcn_r_p;
Forace_k1 = zeros(6,1);
FM = zeros(3,1);
Fn = zeros(N,1)';
for I = 1:N
    rb_i_s = pirace(1:3,I) + [0,Ric,0]';%滚动体对应内滚道曲率圆
心位置在柱坐标上的表示
    rb_i_c = [rb_i_s(1),rb_i_s(2) * sin(rb_i_s(3)),rb_i_s(2) * cos
(rb_i_s(3))]';%上述曲率圆心位置的全局坐标
    Tib = transfer([-rb_i_s(3),0,0]');%从全局坐标到滚动体坐标
系的转换
    Tbi = Tib\eye(3);%滚动体坐标到全局坐标系的转换

    rcn_i = (rb_i_c - rrc_i) - (rb_i_c - rrc_i)' * rgcn_i_p * rgcn_i_p;
    rbr_i = rcn_i/norm(rcn_i) * Roc + rrc_i - rb_i_c;%内/外滚道曲
率中心的向量,从内滚道曲率中心指向外滚道
    rbr_b = Tib * rbr_i;
    rbr_b_p = rbr_b/norm(rbr_b);
    deltn = norm(rbr_b) - (fi + fo - 1) * balld;
    if deltn<0
        continue
    end
    Qff = -(deltn * kn)^ekn;
    Q = Qff * rbr_b_p;
    if ~(isreal(Q))
```

```
        disp('isreal Q in bearing_para')
    end
    Forace_k1(1:3) = Forace_k1(1:3) + Tbi * Q;
    %外滚道质心朝向内滚道曲率中心某点,相当于力的作用向量
    rrrb_b = Tib * (rb_i_c - ro_i * flag);
    Forace_k1(4:6) = Forace_k1(4:6) + Tbi * cross(rrrb_b,Q);
    FM = FM + Tbi * cross(Tib * (rb_i_c - rr_i),Q);
    Fn(I) = abs(Qff);
end
if Pflag(2) = = 1
    plot(Fn);
    Frace(6 * K + 1:6 * K + 6,Frace_num) = [Forace_k1(1:3);FM];
    Prace(6 * K + 1:6 * K + 6,Frace_num) = [rr_i;rrposi_i];
end
Force = Force + [abs(Forace_k1(1) + raceLoad * flag);Forace_k1
(2:6)];

end
if Pflag(2) = = 1,Frace_num = Frace_num + 1;end
Force = Force + [0;Load(2:6)];
if Pflag(1) = = 1, Force = Force(2:6); end


function porace = P_solution_zhuanzi_dwyj(L, pk1_px, pk1_posi)
Tir = transfer(pk1_posi);%从惯性坐标系转化为定体坐标系 x_r = Tir * x_i
Tri = Tir\eye(3);
ro1_i = [-1,0,0]' * L/2;
rn_i = Tri * [1,0,0]';
k = 0.5 * L - pk1_px;
rr_i1 = -ro1_i - k * rn_i;
porace = [rr_i1;pk1_posi];
```

### 3.1.2　元件状态组件库

元件状态组件用于记录和更新轴承元件的速度、位置信息。如图 3 - 4 所

示,以保持架为例,对于轴承每种元件状态组件均包括两类,速度组件和位置组件。速度组件输入为该元件的加速度,输出为该元件的速度;位置组件输入为该元件的速度,输出为该元件的位置。因此,状态组件输出参数为输入参数对时间的积分,积分算法可以根据需要选择龙格-库塔(Runge-Kutta)算法、欧拉(Euler)算法等。

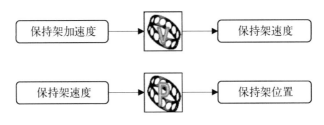

图 3-4　元件状态组件

### 3.1.3　元件载荷组件库

轴承元件的载荷主要包括接触正压力、摩擦力和阻尼力,需要在轴承不同元件之间建立接触载荷组件;另外,由于滚动体公转产生离心力、科里奥利力及陀螺力矩,同时轴承各元件也受到重力场的影响,需要建立非接触载荷组件。

滚动体-滚道接触载荷组件:因为轴承内/外套圈滚道与滚动体的接触载荷计算过程一致,接触模型的不同仅在于几何参数,所以仅需建立一个滚动体-滚道接触组件即可。如图 3-5 所示,根据轴承滚动体-滚道接触计算公式,该组件的输入为滚动体位置、速度,套圈位置、速度信息;输出为滚动体和套圈的接触载荷。接触载荷包括赫兹接触载荷、摩擦载荷和阻尼载荷。在组件中,载荷计算公式得到的摩擦载荷需要采用2.2.1节的高效计算方法进行修正。

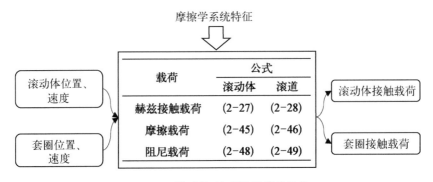

图 3-5　滚动体-滚道接触载荷组件

滚动体-滚道接触载荷组件代码(S_M_interaction_b_r. m)如下。

```
function S_M_interaction_b_r(block)
% The setup method is used to setup the basic attributes of the
% S - function such as ports, parameters, etc. Do not add any other
% calls to the main body of the function.
% interaction between ball and race
setup(block);


%% block 属性设置
function setup(block)
%% block 属性设置
    block.NumInputPorts   = 2; %2 个输入端口,分别输入滚动体和滚道
的状态量
    block.NumOutputPorts  = 3; %3 个输出端口,输出滚动体、滚道以及人
为设定的状态
    block.NumDialogPrms = 2; %2 个参数,分别是内外圈的标记和滚动
体数目
    for i=1:2 %输入端口设置
        block.InputPort(i).DatatypeID   = 0; %设置数据精度为 double
        block.InputPort(i).Complexity   = 'Real'; %表示仅为实数
        block.InputPort(i).SamplingMode = 0;
    end
    for i=1:3 %输出端口设置
        block.OutputPort(i).DatatypeID   = 0; %设置数据类型为 double
        block.OutputPort(i).Complexity   = 'Real'; %表示仅为实数
        block.OutputPort(i).SamplingMode = 0;
    end
    %端口维度设置
    N = block.DialogPrm(2).Data;
    block.InputPort(1).Dimensions = [12 N];
    block.InputPort(2).Dimensions  = [12,1];
    block.OutputPort(1).Dimensions = [6 N];
```

```
block. OutputPort(2). Dimensions = [6 1];
block. OutputPort(3). Dimensions = [8 N];
% Register parameters
block. SampleTimes = [0 0]; %Continuous sample time

block. RegBlockMethod('InitializeConditions', @InitializeConditions);
block. RegBlockMethod('Outputs', @Outputs);
block. RegBlockMethod('SetInputPortDimensions', @SetInpPortDims);
block. RegBlockMethod('SetOutputPortDimensions', @SetOutPortDims);


%%输出端口初始化
function InitializeConditions(block)
%%输出端口初始化
block. OutputPort(1). Data(:,:) = 0;
block. OutputPort(2). Data(:) = 0;
block. OutputPort(3). Data(:,:) = 0;


%%输出端口内容计算
function Outputs(block)
%%输出端口内容计算
global kp_contact_ioc kp_bearing_geo kp_ball_phy kp_innerrace_phy kp_
outterrace_phy kp_oil kp_dry
global kp_Ts
global kp_rotor_phy kp_rotor_flag


%%参数加载
pball = block. InputPort(1). Data(1:6,:);
uball = block. InputPort(1). Data(7:12,:);
prace = block. InputPort(2). Data(1:6);
urace = block. InputPort(2). Data(7:12);
raceflag = block. DialogPrm(1). Data; % raceflag 1 indicates that
innerace in bearing calculated, 2 for outterrace.
```

f_fio = ( - 1)^raceflag;

% Hertz 接触相关

kn = kp_contact_ioc(1,raceflag);

ekn = kp_contact_ioc(2,raceflag);

eal = kp_contact_ioc(3,raceflag);

ebe = kp_contact_ioc(4,raceflag);

if raceflag = = 1

　　Estar = 1/(1 - 0.3^2)/(1/kp_ball_phy(5) + 1/kp_innerrace_phy(5));

else

　　Estar = 1/(1 - 0.3^2)/(1/kp_ball_phy(5) + 1/kp_outterrace_phy(5));

end

%膜厚、油膜阻尼计算相关,极限剪切系数 ulim

hfilm = kp_contact_ioc(5,raceflag);

Cdamp = kp_contact_ioc(6:7,raceflag);

kxy = kp_contact_ioc(8,raceflag);%Rx/Ry

eda0 = kp_oil(1);

h0 = kp_oil(2);

ulim = kp_oil(3);

Cfilm = kp_oil(4);%油膜阻尼系数

%滚道表面粗糙度,与油膜阻尼公式、摩擦因数计算相关

sigma = kp_contact_ioc(9,raceflag);

%轴承参数:节圆直径 dm,滚动体直径 d,滚道沟曲率 fio,初始接触角 alpha,径向游隙 Pd

dm = sum(kp_bearing_geo(1:2)) * 0.5;

d = kp_bearing_geo(4);

fio = kp_bearing_geo(6 + raceflag);

alpha = kp_bearing_geo(6);

Pd = 2 * (sum(kp_bearing_geo(7:8)) - 1) * d * (1 - cos(alpha));

if kp_rotor_flag = = 0

%摩擦力修正参数,考虑滚动体的质量和转动惯量,因为滚动体可能与内/外滚道同时接触,所以乘 0.5

f_scal_c = 1/(1/kp_ball_phy(1) + d^2/kp_ball_phy(2) * 0.25 + 1/kp_outterrace_phy(1) + 0.25 * dm^2/kp_outterrace_phy(2)) * 0.5/kp_Ts;

else

f_scal_c = 1/(1/kp_ball_phy(1) + d^2/kp_ball_phy(2) * 0.25 + 1/kp_rotor_phy(1) + 0.25 * dm^2/kp_rotor_phy(2)) * 0.5/kp_Ts;

end

%阻尼力修正系数

C_scal_c = 1/(1/kp_ball_phy(1) + 0.25 * dm^2/kp_outterrace_phy(3) + 1/kp_outterrace_phy(1))/kp_Ts;

miubd0 = kp_dry(raceflag);%干摩擦因数

Rc = 0.5 * dm + ((0.5 - fio) * d + 0.25 * Pd) * f_fio;%沟曲率中心圆半径

R0 = 2 * fio * d/(2 * fio + 1);%接触后当量曲率半径


%套圈向量初始化

rgc_r = [0,0,0]';%沟曲率中心圆的圆心在套圈定体坐标系中的位置(原点为质心)

rgcn_r_p = [1,0,0]';%定体坐标系下的套圈面法线向量

rr_i = prace(1:3);%套圈质心位置

rrposi_i = prace(4:6);%套圈姿态

ur_i = urace(1:3);%套圈质心速度

wr_r = transw(rrposi_i,urace(4:6));%定体坐标系下的套圈角速度

Tir = transfer(rrposi_i);%惯性坐标系→套圈定体坐标系的转换矩阵

Tri = Tir\eye(3);%套圈定体坐标系→惯性坐标系的转换矩阵

rrc_i = rr_i + Tri * rgc_r;%套圈沟曲率中心圆的圆心在惯性坐标系的位置

rgcn_i_p = Tri * rgcn_r_p;%惯性坐标系下的套圈面法线向量


%输出端口向量初始化

Fball = zeros(6,length(pball));

Frace = zeros(6,1);

Moutp = zeros(8,length(pball));


%%输出端口值求解

for I = 1:length(pball)

    %%球体坐标系及其位置向量构建

    rb_i_s = pball(1:3,I) + [0,0.5 * dm,0]';%圆柱坐标系的滚动体位

置,[x,r,phi]

ub_b=[uball(1,I),0,uball(2,I)]';%滚动体质心速度,[vx,0,vz]

wbc_i_s=[-uball(3,I),0,0]';%球体方位坐标系旋转角速度 angular velocity of coordinate of the ball

wb_b=uball(4:6,I);%方位坐标系下的球体旋转角速度

rb_i_c=[rb_i_s(1),rb_i_s(2)*sin(rb_i_s(3)),rb_i_s(2)*cos(rb_i_s(3))]';%惯性坐标系的滚动体位置

Tib=transfer([-rb_i_s(3),0,0]');%惯性坐标系→球体方位坐标系的转换矩阵

Tbi=Tib\eye(3);%球体方位坐标系→惯性坐标系的转换矩阵


%%相对接触向量计算

rcn_i=(rb_i_c-rrc_i)-(rb_i_c-rrc_i)'*rgcn_i_p*rgcn_i_p;%曲率圆圆心 o_or 到球体质心在曲率圆平面投影点的向量

rbr_i=rcn_i/norm(rcn_i)*Rc+rrc_i-rb_i_c;%球体质心 o_b 到沟曲率中心 o_gor 的向量

rbr_b=Tib*rbr_i;%球体方位坐标系下的曲率中心相对球体质心的位置向量

rbr_b(abs(rbr_b/max(abs(rbr_b)))<1.e-10)=0;

rbr_b_p=rbr_b/norm(rbr_b);%相对位置的单位向量


%%干涉长度以及相对运动速度求解

deltn=norm(rbr_b)-(fio-0.5)*d;%干涉长度计算


%%当前时刻没有发生接触时,则认为没有力的作用,跳过该球体的求解继续求解下一个球体

if deltn<0, continue;end

Q=kn*deltn^ekn*rbr_b_p;%Hertz 接触力计算

absQ=norm(Q);

ea=eal*absQ^0.3333333333;%Hertz 接触长半轴计算

eb=ebe*absQ^0.3333333333;%Hertz 接触短半轴计算

alpa=asin(ea/R0);%接触区域弧度

rbr0_b=(R0*cos(alpa)-((0.5*d)^2-(R0*sin(alpa))^2)^0.5)*

rbr_b_p;%球心到接触后综合曲率中心的向量

ubcrv_b = Tib * (cross(Tri * wr_r - wbc_i_s,Tbi * (rbr0_b - R0 * rbr_b_p) + rb_i_c - rr_i) + ur_i) - ub_b;%接触变形情况下套圈离球体最近点相对于球体质心的相对运动速度

%%套圈材料阻尼力计算
sigm0 = 1.5 * norm(Q)/(pi * ea * eb + eps);%最大接触应力计算
Q = Q + min(Cdamp(2) * deltn^ekn,C_scal_c) * (ubcrv_b' * rbr_b_p) * rbr_b_p;%套圈材料阻尼力计算

%%多个接触点位置相对球心的向量求解
rgr_i = rb_i_c - rrc_i + rbr_i;%沟曲率圆的圆心 o_or 到沟曲率中心的位置向量
rgr_b = Tib * rgr_i;%转换到球体方位坐标系
rgr_b(abs(rgr_b/max(abs(rgr_b))) < 1.e - 10) = 0;% Tib error considering
rbrh_b = cross(rbr_b,cross(rbr_b,rgr_b));
rbrh_b_p = rbrh_b/(norm(rbrh_b) + eps);
tha_p_num = 6;%沿长轴方向划分成 2 * tha_p_num - 1 块
tha_p = linspace(-1,1,2 * tha_p_num - 1)';%沿长轴方向划分成这些块,即惯性坐标系的 xz 平面
tha = tha_p * alpa;%长轴方向划分小单元
rcptha_b = rbr0_b + R0 * (- rbr_b_p * cos(tha)' + rbrh_b_p * sin(tha)');%多个接触点相对球心的向量求解
rcp_b = rcptha_b;%多个接触点相对球心的向量
rcp_b_p = rcp_b./sum(rcp_b.^2,1).^0.5;%接触点向量单位化

%%多个接触点相对球心的速度求解
ucpb_b = ub_b + cross(repmat(wb_b,[1,length(rcp_b)]),rcp_b);%球上接触点速度求解

ucpr_b = Tib * (cross(repmat(Tri * wr_r - wbc_i_s,[1,length(rcp_b)]),

Tbi * rcp_b + rb_i_c - rr_i) + ur_i);%套圈上接触点速度求解

ucprv_b = sum(ucpr_b. * rcp_b_p,1). * rcp_b_p;%套圈上接触点沿接触点平面法线方向的速度

ucpbv_b = sum(ucpb_b. * rcp_b_p,1). * rcp_b_p;%球上接触点沿接触点向量方向的速度

ucps_b = (ucpr_b - ucprv_b) - (ucpb_b - ucpbv_b);%接触点在椭圆平面内相对运动速度

ucpv_b = ucprv_b - ucpbv_b;%接触点沿椭圆平面法线方向的相对运动速度

ucps_b_p_value = sum(ucps_b.^2,1).^0.5;%椭圆平面内接触点相对运动速度大小

ucps_b_p = ucps_b. /(ucps_b_p_value + eps);

ucpes_b = (ucpr_b - ucprv_b) + (ucpb_b - ucpbv_b);%卷吸速度

ucpes_b_p = ucpes_b. /(sum(ucpes_b.^2,1).^0.5 + eps);

%%油膜厚度计算

us = norm(ucpes_b(:,tha_p_num));%取接触中间点的卷吸速度作为滚动体与滚道的卷吸速度

th_ec = (ucpes_b_p(:,tha_p_num)' * rbrh_b_p)^2;%卷吸速度与椭圆长半轴的夹角 th_e,th_ec = cos(th_e)^2

th_es = 1 - th_ec;% th_es = sin(th_e)^2

h = hfilm * us^0.68 * absQ^ - 0.073 * (th_ec + kxy * th_es)^ - 0.466...

  * (1 - exp( - 1.23 * ((th_ec + kxy * th_es)/(kxy * th_ec + th_es))^0.666667));%动压膜厚计算

h_need = h;%实现动压润滑需求膜厚

h = min(h0,h);%动压膜厚应小于最小膜厚

hs = h/sigma;%相对膜厚,sigma 代表粗糙度

if hs< = 3 %当膜厚接近于 0 或者没有卷吸速度形成的动压油膜时,则认为没有油膜阻尼

  Cfilm = 0;

end

%%摩擦力计算

p = sigm0 * sqrt(1 − tha_p.^2);%接触点应力大小计算

miubd = zeros(length(rcp_b),1) + miubd0；%接触点干摩擦下的摩擦因数

miuhd = getmiu_Eyring(eda0, ulim, p, ucps_b_p_value', h, hs, miubd)；%接触点润滑下的摩擦因数

miu_inc = getmiu_contact(Estar, sigm0, sigma, hs, miubd, miuhd)；%接触点摩擦因数计算

dtha_p = tha_p(2) − tha_p(1);

inte_con = 0.5 * pi * ea * eb * sigm0 * dtha_p;

tw_inc = inte_con * miu_inc. * (1 − tha_p.^2);%摩擦力大小计算,注意 dtha_p 不等于 dtha

tw_inc = min(tw_inc, ucps_b_p_value' * f_scal_c/length(ucps_b_p_value));%摩擦力大小优化,分别根据各个点的计算结果判断

Fbinc_b = sum(tw_inc'. * ucps_b_p,2);%计算得到摩擦力,包括方向

Mb_b = sum(tw_inc'. * cross(rcp_b, ucps_b_p),2);%摩擦力产生的摩擦力矩计算

%%油膜阻尼力计算并优化,总的合力计算

Fb_b = Fbinc_b + Q + min(Cfilm, C_scal_c) * ucpv_b(:,tha_p_num);

%%合力及合力矩计算

Fb_i = Tbi * Fb_b;

Fr_i = − Fb_i;

rrrb_b = Tib * (rb_i_c − rr_i);%force is movable

Mr_r = − Tir * Tbi * (Mb_b + cross(rrrb_b, Fb_b));%因为摩擦力分布在滚动体表面,所以其对套圈的摩擦力矩可以转化为合力加力矩对套圈的作用力矩

Fball(:,I) = [Fb_b(1);Fb_b(3);Fb_b(2);Mb_b];%滚动体所受合力计算

Frace = Frace + [Fr_i;Mr_r];%套圈所受合力计算

Moutp_mr1 = − Tir * Tbi * Mb_b;

```
    Moutp_mr2 = -Tir * Tbi * cross(rrrb_b,Fb_b);
```

```
Moutp(:,I) = [absQ,ucpb_b(2,tha_p_num),ucpr_b(2,tha_p_num),wb_b' *
rcp_b_p(:,tha_p_num),wb_b(2),h_need,...
    Moutp_mr1(1),Moutp_mr2(1)]';
```

```
  end
```

%%输出端口赋值

```
block. OutputPort(1). Data = Fball;
block. OutputPort(2). Data = Frace;
block. OutputPort(3). Data = Moutp;
```

%% coordinate transformation

```
function T = transfer(p)
```

%从惯性坐标系到转动过卡尔丹角 p 后的坐标变化,x_p = T * x_i,x_i 指惯性坐标系的坐标

```
p1 = p(1);p2 = p(2);p3 = p(3);
T1 = [1 0 0;0 cos(p1) sin(p1);0 -sin(p1) cos(p1)];
T2 = [cos(p2) 0 -sin(p2);0 1 0;sin(p2) 0 cos(p2)];
T3 = [cos(p3) sin(p3) 0; -sin(p3) cos(p3) 0;0 0 1];
T = T3 * T2 * T1;
```

%% angular velocity

```
function w = transw(p,dp)
```

%由卡尔丹角变换速度 dp 求解定体坐标系中的角速度 w

```
c2 = cos(p(2));s2 = sin(p(2));c3 = cos(p(3));s3 = sin(p(3));
T = [c2 * c3, s3,0; -c2 * s3,c3,0;s2,0,1];
w = T * dp;
```

```
function miuhd = getmiu_Eyring(eda0,ulim,p,u,h,hs,miubd)
```

% hs:膜厚/粗糙度,小于 3 时为混合润滑状态;假设 hs>1 时才存在动压润滑

```
eda = eda0 * exp((log(eda0) + 9.67) * (-1 + (1 + p * 5.1e-9).^0.68));
tw0 = 1.8e7;
miuhd = zeros(length(eda),1);
```

```
if hs>1
    %膜厚大于1nm才存在动压润滑
    uhd = asinh(eda. * u/(tw0 * h)) * tw0. /(p + eps);
    miuhd = uhd * ulim. /(uhd + ulim);
else
    % hs很小时设定为滑动摩擦
    miuhd(:) = miubd;
end


function miu_inc = getmiu_contact(E,pmax,sigma,hs,miubd,miuhd)
%摩擦因数计算
if hs> = 3
    %当没有接触时
    miu_inc = miuhd;
else
    %当存在直接接触时
    X1 = 0.2907 * hs^ - 0.752 * exp( - hs^2 * 0.5);
    X2 = 0.0104 * (3 - hs)^0.5077 * exp( - hs^2 * 0.5);
    qbd = X1 + E * sigma/pmax * X2;
    qbd = max(min(qbd,1),0);
    miu_inc = miubd * qbd + miuhd * (1 - qbd);
end
```

滚动体-保持架接触载荷组件：如图 3-6 所示，滚动体-保持架接触载荷组

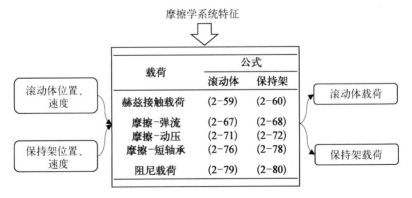

图 3-6　滚动体-保持架接触载荷组件

件输入为滚动体、保持架的位置和速度信息,输出为滚动体、保持架的接触载荷。接触载荷包括赫兹载荷、摩擦载荷和阻尼载荷。考虑滚动体和保持架在接触过程中润滑机理的演变,摩擦载荷计算理论包括弹流动压润滑理论、动压润滑理论和短轴承润滑理论。在组件中,载荷计算公式得到的摩擦载荷需要采用 2.2.1 节的高效计算方法进行修正。

滚动体-保持架接触载荷组件代码(S_M_interaction_b_c. m)如下。

```
function S_M_interaction_b_c(block)
% The setup method is used to setup the basic attributes of the
% S - function such as ports, parameters, etc. Do not add any other
% calls to the main body of the function.
% interaction between ball and race
setup(block);


function setup(block)
    block. NumInputPorts   = 2;
    block. NumOutputPorts  = 2;
    block. NumDialogPrms  = 1;
    for i = 1:2
        block. InputPort(i). DatatypeID   = 0; % double,节点坐标,膜
厚,压力分布
        block. InputPort(i). Complexity    = 'Real';
        block. InputPort(i). SamplingMode = 0;
        block. OutputPort(i). DatatypeID   = 0; % double,节点坐标,膜
厚,压力分布
        block. OutputPort(i). Complexity    = 'Real';
        block. OutputPort(i). SamplingMode  = 0;
    end
    N = block. DialogPrm(1). Data;
    block. InputPort(1). Dimensions = [12 N];
    block. InputPort(2). Dimensions  = [12,1];
    block. OutputPort(1). Dimensions = [6 N];
```

```
block.OutputPort(2).Dimensions = [6,1];
block.SampleTimes = [0 0];%Continuous sample time

block.RegBlockMethod('InitializeConditions',@InitializeConditions);
block.RegBlockMethod('Outputs',@Outputs);

%endfunction

% function SetOutPortDims(block, idx, di)
% block.OutputPort(idx).Dimensions = di;

function InitializeConditions(block)
block.OutputPort(1).Data(:,:) = 0;
block.OutputPort(2).Data(:) = 0;

function Outputs(block)
global kp_contact_ioc kp_oil kp_bearing_geo kp_ball_phy kp_cage_phy
kp_Ts
global kp_dry

%%参数加载
pball = block.InputPort(1).Data(1:6,:);
uball = block.InputPort(1).Data(7:12,:);
pcage = block.InputPort(2).Data(1:6);
ucage = block.InputPort(2).Data(7:12);
% Hertz 接触相关
kn = kp_contact_ioc(1,3);
ekn = kp_contact_ioc(2,3);
eal = kp_contact_ioc(3,3);
ebe = kp_contact_ioc(4,3);
Estar = 1/(1 - 0.3^2)/(1/kp_ball_phy(5) + 1/kp_cage_phy(5));
%膜厚、油膜阻尼计算相关
```

hfilm = kp_contact_ioc(5,3);%油膜厚度计算系数

Cdamp = kp_contact_ioc(6:7,3);

kxy = kp_contact_ioc(8,3);

sigma = kp_contact_ioc(9,3);%滚道表面粗糙度,与油膜阻尼公式、摩擦因数计算相关

eda0 = kp_oil(1);

h0 = kp_oil(2);%最大油膜厚度,在保持架采用短轴承接触理论时使用

miubd = kp_dry(3);%干摩擦因数 miubd0

ulim = kp_oil(3);%极限剪切系数 ulim

Cfilm = kp_oil(4);%润滑油阻尼系数

%轴承结构参数

N = length(pball);

dm = sum(kp_bearing_geo(1:2)) * 0.5;%节圆直径

d = kp_bearing_geo(4);%滚动体直径

dp = kp_bearing_geo(21);%兜孔直径

C_scal_c = 1/(1/kp_ball_phy(1) + 0.25 * dm^2/kp_cage_phy(2) + 1/kp_cage_phy(1))/kp_Ts/N;% 阻尼优化系数

f_scal_c = 1/(1/kp_ball_phy(1) + d^2/kp_ball_phy(2) * 0.25 + 1/kp_cage_phy(1) + 0.25 * dm^2/kp_cage_phy(2)) * 0.5/kp_Ts;%摩擦力修正系数

Rx = 0.5/(1/d - 1/dp);%当量曲率半径


%滚动体位置及运动参数

rbj_i_s = pball(1:3,:) + [0,0.5 * dm,0]';%滚动体位置,柱坐标

ubj_b = [uball(1,:);zeros(1,N);uball(2,:)];%滚动体在球方位坐标系中的速度

wbj_b = uball(4:6,:);%滚动体旋转角速度

wbcj_i_s = [−uball(3,:);zeros(2,N)];%球方位坐标系公转角速度,圆心始终在惯性坐标系原点上

rbj_i_c = [rbj_i_s(1,:);rbj_i_s(2,:). * sin(rbj_i_s(3,:));rbj_i_s(2,:). * cos(rbj_i_s(3,:))];%滚动体位置,惯性坐标系

%保持架位置及运动参数

cposi_j = 2 * pi/N * (0:N − 1)';%兜孔轴线角度

125

rc_i = pcage(1:3);%保持架位置

rcposi_i = pcage(4:6);%保持架姿态

uc_i = ucage(1:3);%保持架速度

wc_c = transw(rcposi_i,ucage(4:6));%定体坐标系下保持架角速度

Tic = transfer(rcposi_i);%坐标系转换矩阵,i 到 c

Tci = Tic\eye(3);

%%接触位置计算

raj_c_p = [zeros(N,1),sin(cposi_j),cos(cposi_j)]';%兜孔轴线在定体坐标系中的单位向量

rca_c = [0,0,0]';%定体坐标系下保持架质心到兜孔轴线平面中心的向量

ra_i = rc_i + Tci * rca_c;%兜孔轴线平面中心位置

raj_i_p = Tci * raj_c_p;%兜孔轴线在惯性坐标系中的单位向量

rjv_i = sum((rbj_i_c - ra_i). * raj_i_p,1). * raj_i_p;%滚动体在对应兜孔轴线上的投影向量

rjn_i = (rbj_i_c - ra_i) - rjv_i;%滚动体在对应兜孔轴线上投影点指向滚动体质心的向量

rjn_i_p = rjn_i. /(sum(rjn_i. * rjn_i,1).^0.5 + eps);%向量单位化

%载荷初始化

Fball = zeros(6,length(pball));

Fcage = zeros(6,1);

% for single ball

for J = 1:N

Tib = transfer([-rbj_i_s(3,J),0,0]');%坐标系转换矩阵

Tbi = Tib\eye(3);%坐标系转换矩阵

wb_b = wbj_b(:,J);%滚动体旋转角速度

rb_i_c = rbj_i_c(:,J);%滚动体位置,惯性坐标系

rn_b = Tib * rjn_i(:,J);%对应兜孔轴线投影点指向滚动体质心,在球方位坐标系的向量

rv_b = Tib * rjv_i(:,J);%球方位坐标系,对应兜孔轴线投影线

rn_b_p = rn_b/(norm(rn_b) + eps);%向量单位化

rv_b_p = rv_b/norm(rv_b);%单位化向量

hbp = 0.5 * (dp − d) − norm(rn_b);%滚动体表面和保持架兜孔最短距离

unp_b = cross(wb_b, 0.5 * d * rn_b_p) + ubj_b(:, J);%滚动体接触点速度, 球方位坐标系

rcp_c = rca_c + Tic * (rjv_i(:, J) + 0.5 * dp * rjn_i_p(:, J));%保持架接触点位置, 定体坐标系

ucp_c = cross(wc_c, rcp_c);%保持架接触点速度, 定体坐标系

ucp_b = Tib * (Tci * ucp_c + uc_i − cross(wbcj_i_s(:, J), Tci * rcp_c + rc_i));%球方位坐标系中保持架接触点速度, 需要考虑球方位坐标系的旋转, 旋转轴为惯性坐标系的 x 轴

unpe_b = unp_b + ucp_b − (unp_b + ucp_b)' * rn_b_p * rn_b_p;%接触平面内速度求解, 球方位坐标系, 也可当作卷吸速度

unp_b = unp_b − ucp_b;% 球方位坐标系, 滚动体接触点相对保持架接触点的速度

unpl_b = unp_b' * rv_b_p * rv_b_p;%球方位坐标系, unp_b 在兜孔轴线上的投影

unprv_b = ubj_b(:, J) − ucp_b;%滚动体质心相对接触点的运动速度, 用于计算阻尼力

unpsv_b = (unp_b − unpl_b)' * rn_b_p * rn_b_p;%球方位坐标系, unp_b 在 rn_b 方向的投影

unpss_b = unp_b − unpsv_b;%接触椭圆平面内的相对运动速度, 用于计算摩擦力

unpss_b_p = unpss_b/(norm(unpss_b) + eps);

%弹性力直接计算容易导致系统崩溃, 需要结合 dt 时间后的弹性力

hbp_dt = hbp − unpsv_b' * rn_b_p * kp_Ts;% hbp<0, unpsv_b 和 rn_b_p 方向一致时, 容易得到间隙在缩小, 计算一段时间后的间隙, 预判是否会接触

if h0< = hbp&&h0< = hbp_dt% || norm(rn_b)<1.e−6

%当这一刻和下一刻的距离大于油膜厚度或者滚动体质心与兜孔轴线非常靠近时, 该滚动体不做计算

continue

```
        end
    if hbp<=1.e-9||hbp_dt<=1.e-9
        %%当存在接触时,或者间隙比较小时(1nm),弹流、动压、Hertz 接触
下的载荷求解
        %正压力计算
        ue = norm(unpe_b);%卷吸速度大小
        th_ec2 = (unpe_b'/ue * cross(rv_b_p,rn_b_p))^2;%夹角计算
        %计算可能因动压、弹流、Hertz 接触产生的载荷和对应的真实油膜厚度
        [Q,h] = lubri(eda0,kxy,Rx,th_ec2,ue,hfilm,kn,ekn,hbp,h0,
sigma);
        [Q_dt,~] = lubri(eda0,kxy,Rx,th_ec2,ue,hfilm,kn,ekn,hbp_dt,
h0,sigma);
        Q = Q + 0.5 * (Q_dt-Q);
        Q = -Q * rn_b_p;
        Fbps_b=[0,0,0]';

        if hbp<=1.e-9
            %damp calculation
            hs = h/sigma;
            hj = h - hbp;
            if hs<3 %油膜厚度相对于粗糙度很小或者卷吸速度很小时,认
为不存在阻尼力
                Cfilm = 0;
            end
            %摩擦力计算
             miuf = getmiu(eda0,miubd,ulim,eal,ebe,sigma,Estar,norm
(Q),ue,h);%摩擦因数计算
            Fbps_b=min(miuf * norm(Q),f_scal_c * norm(unpss_b)) * (-
unpss_b_p);
                Q=Q - min((Cfilm + Cdamp(2) * (hj)^ekn),C_scal_c) * unprv_
b;%总的正压力计算
        end
```

%载荷求解

Fbp_b = Fbps_b + Q;

Mbp_b = cross(rn_b_p $*$ 0.5 $*$ d, Fbps_b);

Fbp_i = Tbi $*$ Fbp_b;

Fcp_i = $-$ Fbp_i;

rcb_b = Tib $*$ (rb_i_c $-$ rc_i);

Mcp_b = $-$ cross(rcb_b, Fbp_b) $-$ Mbp_b;

Mcp_c = Tic $*$ Tbi $*$ Mcp_b;

else

%%当保持架油膜厚度很大时,且两者间隙比较大时短轴承润滑理论下的摩擦因数求解

%假定短轴承润滑理论对应的间隙量级在 1um 以上

%短轴承理论参数

wnp_b = wb_b' $*$ rv_b_p $*$ rv_b_p;%兜孔轴线方向的转速,球体方位坐标系

wcp_b = Tib $*$ (Tci $*$ (wc_c' $*$ rv_b_p $*$ rv_b_p));%保持架绕兜孔轴线方向的转速,球体方位坐标系

uwnps_b = cross(wnp_b + wcp_b, (norm(rn_b) + 0.5 $*$ d) $*$ rn_b_p);%球上线速度

e = norm(rn_b);%离心率

c = 0.5 $*$ (dp $-$ d);

epson = min(e/c, 1);

Pbpx = 0; Pbpy = 0; Fbpx = 0; Fbpy = 0; norm_Mbp_b = 0; f_scal = 1.0;

h_th = 1.e $-$ 6;%膜厚阈值,仅考虑大于这个膜厚部分的短轴承润滑理论

if h0 > h_th

if epson > 1.e $-$ 3 && hbp < h0

%偏心率比较大,油膜厚度大于最小间隙

L = (4 $*$ d $*$ (h0 $-$ hbp))^0.5;

h00 = min(h0, c $*$ (1 + epson));%油膜起始点

h01 = max(hbp, h_th);%考虑到 hbp 可能小于 0,油膜结束点

Us = norm(uwnps_b);

if Us > 1.e $-$ 6

```
        Pbpx = 0.25 * Us * eda0 * L^3/(epson * c) * ((c - 2 * h01)/h01^
2 - (c - 2 * h00)/h00^2);%沿 x 方向的动压力计算
        th0 = acos(min((h00 - c)/(c * epson),1));
        th1 = min(acos((h01 - c)/(c * epson)),pi);
        f = @(th)sin(th).^2./(1 + epson * cos(th)).^3;
        Pbpy = - 0.5 * Us * epson * eda0 * L^3/c^2 * integral(f,th0,
th1,'RelTol',1.e - 3);%沿 y 方向的动压力计算
        Fbpx = eda0 * Us * L * 0.5 * d/(c * epson) * log((1 + epson *
cos(th0))/(1 + epson * cos(th1)));% 沿 x 方向的剪切力计算
        f = @(th)cos(th)./(1 + epson * cos(th));
        Fbpy = - eda0 * Us * L * 0.5 * d/c * integral(f,th0,th1,'RelTol
',1.e - 3);%沿 y 方向的阻尼力计算
        f = @(th)1./(1 + epson * cos(th));
        norm_Mbp_b = eda0 * Us * L * 0.25 * d^2/c * integral(f,th0,
th1,'RelTol',1.e - 3);%摩擦力矩计算
        f_scal = min(norm_Mbp_b,Us * f_scal_c)/(norm_Mbp_b + eps);
      end
    end
  end
  %载荷求解
  Fbp_b = ((Pbpx + Fbpx) * ( - rn_b_p) + (Pbpy + Fbpy) * ( - unpss_
b_p)) * f_scal;
  Mbp_b = norm_Mbp_b * cross(unpss_b_p,rn_b_p) * f_scal;
  Fbp_i = Tbi * Fbp_b;
  Fcp_i = - Fbp_i;
  rcb_b = Tib * (rb_i_c - rc_i);
  Mcp_b = - cross(rcb_b,Fbp_b) - Mbp_b;
  Mcp_c = Tic * Tbi * Mcp_b;
 end


%%
Fball(:,J) = [Fbp_b(1);Fbp_b(3);Fbp_b(2);Mbp_b];
```

```
Fcage = Fcage + [Fcp_i;Mcp_c];
end
block. OutputPort(1). Data = Fball;
block. OutputPort(2). Data = Fcage;
%% coordinate transformation
function T = transfer(p)
p1 = p(1);p2 = p(2);p3 = p(3);
T1 = [1 0 0;0 cos(p1) sin(p1);0 - sin(p1) cos(p1)];
T2 = [cos(p2) 0 - sin(p2);0 1 0;sin(p2) 0 cos(p2)];
T3 = [cos(p3) sin(p3) 0; - sin(p3) cos(p3) 0;0 0 1];
T = T3 * T2 * T1;


function w = transw(p,dp)
c2 = cos(p(2));s2 = sin(p(2));c3 = cos(p(3));s3 = sin(p(3));
T = [c2 * c3, s3,0; - c2 * s3,c3,0;s2,0,1];
w = T * dp;


function [Q,h] = lubri(eda0, kxy, Rx, c2, ue, hfilm, kn, n, hbp, h0,
sigma)
% hfilm 油膜厚度计算系数
% hbp 球面与兜孔最短距离
hs = h0/sigma;
if ue<1.e - 6||hs<3
    %卷吸速度很小,不存在油膜压力;或者油膜厚度很低,不存在动压润滑
    Q = 0;h = hbp;
    if hbp<0
    %膜厚小于0,存在接触
    Q = kn * ( - hbp)^n;h = 0;
    end
    return;
end
```

131

```
if hbp>=h0
    %间隙大于最小油膜厚度,不存在接触
    h=hbp;Q=0;
    return;
end


%至少存在动压润滑时
s2=1-c2;
alpha=(s2+kxy*c2)/(c2+kxy*s2);
phi=1-2/(3*alpha+2);
L=0.131*atan(0.5*alpha)+1.683;
A1=128*alpha*Rx*(phi*eda0*ue*Rx*L)^2;%动压润滑接触参数
A2=hfilm*ue^0.68*(c2+kxy*s2)^-0.466*(1-exp(-1.23*
alpha^-0.666667));%弹流润滑接触参数
n1=1/n;
A3=kn^(-n1);% Hertz 接触参数
Qc=(A1/A2)^0.5189;
%滚动体/保持架接触载荷初始化
if hbp>0
    Q0=sqrt(A1/max(hbp,1.e-5));%动压载荷
else
    Q0=kn*(-hbp)^n;% Hertz 接触载荷
end
%寻找合适的载荷 Q0,使得滚动体和保持架的间隙在对应润滑状态和接触
状态下两者之间的间隙正好等于实际油膜厚度
options = optimoptions('fsolve','Display','off','Algorithm','levenberg-
marquardt','MaxIterations',100,'StepTolerance',1.e-4);
[Q0,~,~] = fsolve(@(Q0)films(A1,A2,A3,n1,hbp,Qc,Q0),Q0,
options);
Q=Q0;
h=hbp+A3*Q0^n1;%Hertz 接触挤压后的真实油膜厚度
if h>h0
```

%计算得到的油膜厚度要大于原始油膜厚度

```
if hbp<0 %且发生接触
    h = - hbp；
    Q = kn * ( - hbp)^n；% Hertz 接触载荷
else %且未发生接触
    h = hbp；
    Q = 0；
    end
end


function miuf = getmiu(eda0,miubd,ulim,eal,ebe,sigma,E,Q,u,h)
%摩擦因数求解
ea = eal * Q^0.3333333333；
eb = ebe * Q^0.3333333333；
p = 1.5 * Q/(pi * ea * eb + eps)；% Hertz 接触载荷求解
eda = eda0 * exp((log(eda0) + 9.67) * ( - 1 + (1 + p * 5.1e - 9).^0.68))；
tw0 = 1.8e7；
hs = h/sigma；
miuhd = zeros(length(eda),1)；
if h>1.e - 9
    uhd = asinh(eda. * u/(tw0 * h)) * tw0. /(p + eps)；
    miuhd = uhd * ulim. /(uhd + ulim)；
end
miuf = getmiu_contact(E,p,sigma,hs,miubd,miuhd)；%考虑干摩擦工
况,对摩擦因数进行优化


function miu_inc = getmiu_contact(E,pmax,sigma,hs,miubd,miuhd)
if hs> = 3
    miu_inc = miuhd；
else
    X1 = 0.2907 * hs^ - 0.752 * exp( - hs^2 * 0.5)；
    X2 = 0.0104 * (3 - hs)^0.5077 * exp( - hs^2 * 0.5)；
    qbd = X1 + E * sigma/pmax * X2；
```

qbd = max(min(qbd,1),0);
    miu_inc = miubd * qbd + miuhd * (1 - qbd);
end


function f = films(A1,A2,A3,n1,hbp,Qc,Q0)
% hbp：实际油膜厚度
% A3,n1：Hertz 接触导致的间隙
% A1：动压润滑接触参数
% A2：弹流润滑接触参数
%将 Hertz 接触弹簧、弹流（或动压）润滑弹簧当作串联系统，计算载荷 Q0 下的间隙
%寻找合适的载荷 Q0，使得滚动体和保持架的间隙在对应润滑状态和接触状态下两者之间的间隙正好等于实际油膜厚度
f = - A3 * Q0^n1 - hbp;
if Q0 < Qc
    f = f + A1 * Q0^ - 2;
else
    f = f + A2 * Q0^ - 0.073;
end
f = f * 1.e6;%放大误差

保持架-套圈接触载荷组件：如图 3-7 所示，保持架-套圈接触载荷组件输入为保持架、轴承套圈的位置和速度信息，输出为保持架、套圈接触载荷。其中，套圈为保持架的引导套圈。接触载荷包括赫兹接触载荷、摩擦载荷和阻尼载荷。在组件中，载荷计算公式得到的摩擦载荷需要采用 2.2.1 节的高效计算方法进行修正。

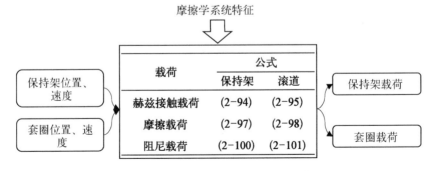

图 3-7　保持架-套圈接触载荷组件

保持架-套圈接触载荷组件计算代码(S_M_interaction_c_r.m)如下。

```
function S_M_interaction_c_r(block)
%仅能用于外圈引导,内圈引导的计算待修改
setup(block);

function setup(block)
    block.NumInputPorts   = 2;
    block.NumOutputPorts  = 3;

    for i=1:2
        block.InputPort(i).Dimensions = [12 1];
        block.InputPort(i).DatatypeID   = 0; % double,节点坐标,膜
厚,压力分布
        block.InputPort(i).Complexity   = 'Real';
        block.InputPort(i).SamplingMode = 0;
    end
    for i=1:3
        block.OutputPort(i).Dimensions = [6 1];
        block.OutputPort(i).DatatypeID   = 0; % double,节点坐标,膜
厚,压力分布
        block.OutputPort(i).Complexity   = 'Real';
        block.OutputPort(i).SamplingMode = 0;
    end
    block.OutputPort(3).Dimensions = [1 2];

    block.SampleTimes = [0 0];%Continuous sample time

    block.RegBlockMethod('InitializeConditions', @InitializeConditions);
    block.RegBlockMethod('Outputs', @Outputs);

% function SetOutPortDims(block, idx, di)
% block.OutputPort(idx).Dimensions = di;
```

```
function InitializeConditions(block)
block.OutputPort(1).Data(:,:) = 0;
block.OutputPort(2).Data(:) = 0;


function Outputs(block)
global kp_contact_ioc kp_oil kp_bearing_geo kp_cage_phy kp_Ts kp_dry
global kp_outterrace_phy
%% parameter
%参数加载
pcage = block.InputPort(1).Data(1:6);
ucage = block.InputPort(1).Data(7:12);
prace = block.InputPort(2).Data(1:6);
urace = block.InputPort(2).Data(7:12);
% Hertz 接触、油膜厚度相关
kn = kp_contact_ioc(1,4);
ekn = kp_contact_ioc(2,4);
Cdamp = kp_contact_ioc(7,4);%材料阻尼系数
eda0 = kp_oil(1);
miubd = kp_dry(4);
h0 = kp_oil(2);%%保持架/滚道接触膜厚上限
hmin = kp_contact_ioc(9,4) * 3 * 4;%%大于 3 * sigma 代表未直接接触
%结构参数
Rr = kp_bearing_geo(18) * 0.5;%套圈引导半径
Rc = kp_bearing_geo(17) * 0.5;%保持架引导半径
guide_flag = (Rr>Rc) - (Rr<Rc);%引导套圈系数,外套圈为正 1,内套
圈为负 1
% Rx = 1/(-1/Rr + 1/Rc);%当量曲率半径
L = (kp_bearing_geo(22) - kp_bearing_geo(21)) * 0.5;%边缘宽度
s = kp_bearing_geo(22) * 0.5;%引导接触位置
guide_pos = kp_bearing_geo(19:20);
f_scal_c = 1/(Rc^2/kp_cage_phy(2) + Rc^2/kp_outterrace_phy(2) + 1/
kp_cage_phy(1) + 1/kp_outterrace_phy(1))/(kp_Ts);
C_scal_c = 1/(1/kp_cage_phy(1) + 1/kp_outterrace_phy(1))/kp_Ts;
```

```
% race parameter
rrn_r_p = [1,0,0]';%套圈面法线单位向量
rr_i = prace(1:3);%套圈位置
rrposi_i = prace(4:6);%套圈姿态
ur_i = urace(1:3);%套圈速度
wr_r = transw(rrposi_i,urace(4:6));%套圈角速度,定体坐标系
Tir = transfer(rrposi_i);%变换矩阵
Tri = Tir\eye(3);


% cage parameter
rcs_c = [s,0,0]';%保持架边缘中心到保持架中心的向量
rc_i = pcage(1:3);%保持架位置
rcposi_i = pcage(4:6);%保持架姿态
uc_i = ucage(1:3);%保持架速度
wc_c = transw(rcposi_i,ucage(4:6));%保持架角速度
Tic = transfer(rcposi_i);%变换矩阵
Tci = Tic\eye(3);


%% contact solution
Fcage = zeros(6,1);
Frace = Fcage;
raor_i_p = Tri * rrn_r_p;%套圈面法线单位向量,惯性坐标系
rcr_c = Tic * (rr_i - rc_i);%保持架质心指向套圈质心,保持架定体坐标系
c = 0.5 * abs(Rr - Rc);%滚道、保持架间隔
P_a0 = 0.5 * eda0 * L^3/c;%动压力积分常量
P_b0 = eda0 * L * Rc/c;%剪切应力积分常量


for I = 1:2
if guide_pos(I) = =0,continue; end%如果在当前面没有接触则跳过
rcs_c = - rcs_c;%从左侧面开始计算
%查找保持架距离滚道的最近点并返回,pco1
[theta_min, delta_pc_min] = fminbnd(@(theta) rc_contact_point
(theta,Rc,rcs_c,rc_i,rr_i,Tci,raor_i_p,0),0,2 * pi);
```

$[\text{theta\_max}, \text{delta\_pc\_max}] = \text{fminbnd}(@(\text{theta})\text{rc\_contact\_point}$
$(\text{theta}, \text{Rc}, \text{rcs\_c}, \text{rc\_i}, \text{rr\_i}, \text{Tci}, \text{raor\_i\_p}, 1), 0, 2 * \text{pi});$

if guide_flag == 1 %外套圈引导

  hrc = Rr + delta_pc_min; %最小间隙求解, delta_pc 是距离的负值

  delta_max = (Rr − delta_pc_max); %最大间隙求解, delta_pc_max 是距离的正值

  theta_m = theta_min;

else %内圈引导

  hrc = −(Rr − delta_pc_max); %最小间隙求解, delta_pc_max 是距离的正值

  delta_max = −Rr − delta_pc_min; %最大间隙求解, delta_pc 是距离的负值

  theta_m = theta_max; %极值点所在的角度

end

epson = 1 − hrc/delta_max;

rpco1_c = rc_contact_point(theta_m, Rc, rcs_c, rc_i, rr_i, Tci, raor_i_p, 2); %保持架外沿上距离滚道最近点的位置向量, 保持架定体坐标系

rpco1_i = Tci * rpco1_c + rc_i; %保持架外沿上距离滚道最近点的位置向量, 惯性坐标系

rco1ph_i = rr_i + (rpco1_i − rr_i)' * (raor_i_p) * (raor_i_p); %保持架外沿最近点位置在套圈轴线的投影点

rch_i_p = (rpco1_i − rco1ph_i)/norm(rpco1_i − rco1ph_i); %接触点所在平面法线单位向量, 指向套圈外面

rpoc1_i = rco1ph_i + Rr * rch_i_p; %滚道上距离保持架最近点位置向量, 惯性坐标系

rca_i_p = cross(rch_i_p, raor_i_p); %套圈接触点周向切线方向单位向量

ucc_i = uc_i + Tci * cross(wc_c, rpco1_c); %保持架外沿上距离滚道最近点的速度, 惯性坐标系

ucr_i = ur_i + Tri * cross(wr_r, Tir * (rpoc1_i − rr_i)); %滚道上距离保持架最近点的速度, 惯性坐标系

%%输出端口向量初始化

138

Frc_i＝zeros(3,1)；%保持架受力

Mrc_i＝Frc_i；

Moutp＝zeros(1,2)；%储存直接接触或者膜厚很大时动压轴承产生的摩擦力矩

rch_i_p＝rch_i_p * guide_flag；%接触点所在平面法线单位向量,从保持架引导面指向套圈引导面


%%保持架受力、受力矩计算

% 弹性力直接计算容易导致系统崩溃,需要结合 dt 时间后的弹性力

ucrcv_c＝(ucc_i − ucr_i)' * rch_i_p * rch_i_p；%关于接触点,保持架速度 − 滚道速度,在接触面法线方向上

hrc_dt ＝ hrc − ucrcv_c' * rch_i_p * kp_Ts；%速度与接近方向一致时,间隙在缩小

%当保持架和滚道接触时

if hrc＜0||hrc_dt＜0

　　% Hertz 接触力和阻尼力计算

　　Qh＝abs(hrc)^ekn * kn * (− rch_i_p)；%保持架受 Hertz 力,惯性坐标系

　　Qh_dt ＝ abs(min(hrc_dt,0))^ekn * kn * (− rch_i_p)；%保持架 dt 时间后受 Hertz 力,惯性坐标系

　　Qh ＝ Qh ＋ 0.5 * (Qh_dt − Qh)；


　　Frc_i＝Qh；%只有当前时刻接触时才认为存在阻尼力,因此此处仅有接触力

　　if hrc＜0


Qc＝− min(abs(hrc)^ekn * Cdamp,C_scal_c) * (ucrcv_c ＋ (uc_i − ur_i) − (uc_i − ur_i)' * rch_i_p * rch_i_p)；%保持架受阻尼力,惯性坐标系

　　　　Q ＝ Qh ＋ Qc；%保持架受力,惯性坐标系

　　　　Ure_cp ＝ ucc_i − ucr_i − ucrcv_c；%保持架接触点速度 − 滚道接触点速度,在接触平面内

　　　　miuf ＝ miubd；%假定为干摩擦状态

　　　　f_scal ＝ min(miuf * norm(Qh),norm(Ure_cp) * f_scal_c)/(miuf * norm(Qh))；%摩擦力修正系数

　　　　Frc_i ＝ Q − miuf * norm(Qh) * Ure_cp/norm(Ure_cp) * f_

scal；%保持架优化摩擦力计算

  end

  Mrc_i = cross(rpco1_i − rc_i,Frc_i)；%保持架受力矩计算

  Mout_mr1 = Tir * (cross(Tci * (rcr_c + rcs_c), − Frc_i) − Mrc_i)；%滚道受到力矩,输出分析用,不参与计算

  Moutp(1) = Mout_mr1(1)；

 end

  h_th = 1. e − 6；%膜厚阈值,仅考虑大于这个膜厚部分的短轴承润滑理论

%当滚道油膜厚度大于膜厚阈值时

if h0＞h_th

if h0＞hrc&&epson＞1. e − 3&&hrc＞ = hmin

  %如果滚道油膜厚度大于最小间隙且偏心率大于 1. e − 3 时,

  %且最小间隙大于 hmin,保持润滑油流动性,可以采用短轴承理论

  Us = (ucc_i − ur_i + ucr_i − ur_i)′ * rca_i_p；%保持架和滚道接触点卷吸速度在周向方向的投影

  Us_i_p = sign(Us) * rca_i_p；%卷吸速度方向

  Ure = ((ucc_i − ur_i) − (ucr_i − ur_i))′ * rca_i_p；%保持架接触点速度 − 滚道接触点速度,在周向方向上的投影

  Ure_i_p = sign(Ure) * rca_i_p；%相对运动速度方向

  if abs(Us)＞1. e − 6 %当卷吸速度超过某个值时

    h00 = min(h0,delta_max)；%初始间隙

    h01 = max(hrc,h_th)；%最后间隙

    th0 = acos(min((h00 − hrc)/(delta_max − hrc),1))；%初始接触角

    th1 = min(acos((h00 − hrc)/(delta_max − hrc)),pi)；%最后接触角

    P_a = Us * P_a0；%动压力积分常量

    P_b = Ure * P_b0；%剪切应力积分常量

    Prcx = 0.5 * P_a/epson * ((c − 2 * h01)/h01^2 − (c − 2 * h00)/h00^2)；%沿 x 方向动压力

    f = @(th)sin(th).^2./(1 + epson * cos(th)).^3；

    Prcy = − P_a * epson/c * integral(f,th0,th1,'RelTol',1. e − 3,'AbsTol',1e − 6)；%沿 y 方向动压力

    Frcx = P_b/epson * log((1 + epson * cos(th0))/(1 + epson * cos (th1)));%沿 x 方向剪切应力

$\qquad$ f = @(th)cos(th)./(1 + epson * cos(th));

$\qquad$ Frcy = - P_b * integral(f, th0, th1, 'RelTol', 1. e - 3, 'AbsTol', 1e - 6);%沿 y 方向剪切应力

$\qquad$ f = @(th)1./(1 + epson * cos(th));

$\qquad$ norm_Mrc_c = P_b * Rc * integral(f, th0, th1, 'RelTol', 1. e - 3, 'AbsTol', 1e - 6);

$\qquad$ f_scal = min(norm_Mrc_c, abs(Ure) * f_scal_c)/(norm_Mrc_c + eps);

$\qquad$ Frc_i = (abs(Prcx) + abs(Frcx) * sign(Us * Ure)) * ( - rch_i_p) + ...

$\qquad$ abs(Prcy) * Us_i_p + abs(Frcy) * ( - Ure_i_p);%滚道对保持架的作用力

$\qquad$ Frc_i = Frc_i * f_scal;%滚道对保持架的作用力优化

$\qquad$ Mrc_i = norm_Mrc_c * cross(Ure_i_p, rch_i_p) * f_scal;%滚道对保持架的作用力矩

$\qquad$ Mout_mr1 = Tir * (cross(Tci * (rcr_c + rcs_c), - Frc_i) - Mrc_i);%输出用

$\qquad$ Moutp(2) = Mout_mr1(1);

$\qquad$ end

$\qquad$ end

$\qquad$ end


%受力集成

% Frc_i = Frc_i;%保持架受力

Fcr_i = - Frc_i;%外套圈受力

Mrc_c = Tic * Mrc_i;%保持架受摩擦力矩

Mcr_i = cross(Tci * (rcr_c + rcs_c), Fcr_i) - Mrc_i;%滚道受摩擦力矩

Mcr_r = Tir * Mcr_i;


Fcage = Fcage + [Frc_i; Mrc_c];

Frace = Frace + [Fcr_i; Mcr_r];

```
end；
block. OutputPort(1). Data = Fcage；
block. OutputPort(2). Data = Frace；
block. OutputPort(3). Data = Moutp；
```

```
%% coordinate transformation
function T = transfer(p)
p1 = p(1)；p2 = p(2)；p3 = p(3)；
T1 = [1 0 0;0 cos(p1) sin(p1);0 − sin(p1) cos(p1)]；
T2 = [cos(p2) 0 − sin(p2);0 1 0;sin(p2) 0 cos(p2)]；
T3 = [cos(p3) sin(p3) 0; − sin(p3) cos(p3) 0;0 0 1]；
T = T3 * T2 * T1；
```

```
function w = transw(p,dp)
c2 = cos(p(2))；s2 = sin(p(2))；c3 = cos(p(3))；s3 = sin(p(3))；
T = [c2 * c3, s3,0; − c2 * s3,c3,0;s2,0,1]；
w = T * dp；
```

```
function delta_ph = rc_contact_point(theta, Rc, rcs_c, rc_i, rr_i, Tci,
raor_i, flag)
```

% theta：保持架外沿不同角度上的点

% flag：0 返回距离的负值，因为优化函数取极小值

% flag：1 返回距离的正值

% flag：2 返回最近点的向量

```
Tx = [1,0,0;0,cos(theta),sin(theta);0, − sin(theta),cos(theta)]；%沿
```
x 方向旋转固定角度

```
rpco1_c = − rcs_c + Tx * [0,0,Rc]'；%保持架外沿上某点位置,保持架
```
定体坐标系

```
rpco1_i = Tci * rpco1_c + rc_i；%保持架外沿上某点位置,惯性坐标系
```

```
rco1ph_i = rr_i + (rpco1_i − rr_i)' * (raor_i) * (raor_i)；%保持架外沿
```
某点位置在套圈轴线的投影点

```
if flag = = 0, delta_ph = − norm(rpco1_i − rco1ph_i)；end
```

if flag = = 1, delta_ph = norm(rpco1_i － rco1ph_i);end

if flag = = 2, delta_ph = rpco1_c; end

非接触载荷组件：如图 3 － 8 所示，非接触载荷组件输入为滚动体位置、速度信息，输出为保持架、套圈和滚动体的载荷。其中，保持架和套圈仅计算重力载荷，滚动体计算重力、黏性摩擦力、离心力、科里奥利力和陀螺力矩等载荷。

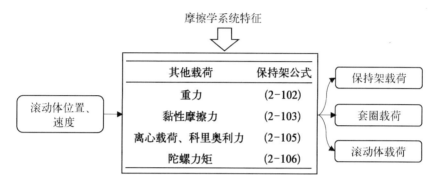

图 3 － 8　非接触载荷组件

非接触载荷组件计算代码(S_M_Fball_rotate.m)如下。

```
function S_M_Fball_rotate(block)
% The setup method is used to setup the basic attributes of the
% S－function such as ports，parameters，etc. Do not add any other
% calls to the main body of the function.
% interaction between ball and race
setup(block);


function setup(block)
    block.NumInputPorts  = 1;
    block.NumOutputPorts = 1;
    block.NumDialogPrms  = 1;
    for i=1:1
        block.InputPort(i).DatatypeID   = 0; % double,节点坐标,膜
厚,压力分布
        block.InputPort(i).Complexity   = 'Real';
        block.InputPort(i).SamplingMode = 0;
```

```
        block. OutputPort(i). DatatypeID   = 0;  % double,节点坐标,膜
厚,压力分布
        block. OutputPort(i). Complexity   = 'Real';
        block. OutputPort(i). SamplingMode = 0;
    end
    N = block. DialogPrm(1). Data;
    block. InputPort(1). Dimensions = [12 N];
    block. OutputPort(1). Dimensions = [6 N];
    block. SampleTimes  = [0 0]; %Continuous sample time

    block. RegBlockMethod('InitializeConditions', @InitializeConditions);
    block. RegBlockMethod('Outputs', @Outputs);

% function SetOutPortDims(block, idx, di)
% block. OutputPort(idx). Dimensions  = di;

function InitializeConditions(block)
block. OutputPort(1). Data(:,:) = 0;

function Outputs(block)
global kp_ball_phy kp_bearing_geo kp_oil kp_Ts
%% parameter
%para loaded
dm = sum(kp_bearing_geo(1:2)) * 0.5;
pball = block. InputPort(1). Data(1:6,:);
r = pball(2,:) + 0.5 * dm;
uball = block. InputPort(1). Data(7:12,:);
%陀螺力矩
Fball = kp_ball_phy(2) * uball(3,:). * [zeros(4, length(uball)); uball
(6,:); -uball(5,:)];
%离心力和科里奥利力
```

Fball = Fball + kp_ball_phy(1) * uball(3,:). * [zeros(1,length(uball));
uball(3,:). * r...

　　　　; -2 * uball(2,:);zeros(3,length(uball))];

%润滑油黏性阻力

Re_Cd = [0.1 1 10 1.e2 1.e3 1.e4 1.e5 2 * 1.e5 3 * 1.e5 4.e5 5.e5 1.e6;
275 30 4.2 1.2 0.48 0.4 0.45 0.4 0.1 0.09 0.09 0.09];

rou_air = 1.29;%kg/m3;

ro_lub = le3;

epson = 1;

ro = ro_lub * epson + rou_air * (1 - epson);

eda0 = kp_oil(1);d = kp_bearing_geo(4);wc = 1.e - 3;%润滑油黏度、滚动体直径＆保持架厚度

S = 0.25 * pi * d^2 - wc * d;

mRe = ro * abs(uball(3,:)). * r * d/eda0;

Cd = interp1(Re_Cd(1,:),Re_Cd(2,:),mRe,'linear','extrap');

Fd = -0.5 * sign(uball(3,:)). * Cd * ro. * (uball(3,:). * r).^2 * S;%阻尼力

Fball(3,:) = Fball(3,:) + Fd;


block. OutputPort(1). Data = Fball;

### 3.1.4　加速度组件库

如图 3 - 9 所示,加速度组件输入为轴承各元件受到的载荷,输出为各元件的加速度。其中,加速度包括平动加速度和转动加速度。

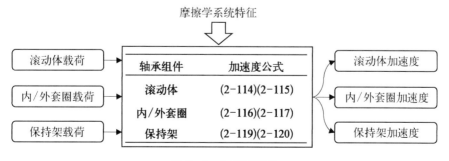

图 3 - 9　加速度组件

加速度组件计算代码(S_M_force2acc_time_v2. m)如下。

```
function S_M_force2acc_time_v2(block)
% The setup method is used to setup the basic attributes of the
% S - function such as ports,parameters,etc. Do not add any other
% calls to the main body of the function.
% interaction between ball and race
setup(block);


function setup(block)
    block. NumInputPorts  = 5;
    block. NumOutputPorts = 5;
    block. NumDialogPrms  = 15;


        block. InputPort(5). DatatypeID   = 0; % double,节点坐标,膜
厚,压力分布
        block. InputPort(5). Complexity   = 'Real';
        block. InputPort(5). SamplingMode = 0;
    for i = 1:5
        block. InputPort(i). DatatypeID   = 0; % double,节点坐标,膜
厚,压力分布
        block. InputPort(i). Complexity   = 'Real';
        block. InputPort(i). SamplingMode = 0;
        block. OutputPort(i). DatatypeID   = 0; % double,节点坐标,膜
厚,压力分布
        block. OutputPort(i). Complexity   = 'Real';
        block. OutputPort(i). SamplingMode = 0;
    end
    for i = 2:4
    block. InputPort(i). Dimensions = [18,1];
    block. OutputPort(i). Dimensions = [6,1];
    end
```

```
block. OutputPort(5). Dimensions = [9,1];
block. InputPort(5). Dimensions = 1;
N = block. DialogPrm(1). Data;
cf = zeros(6,2);
for i = 1:6
    cf(i) = block. DialogPrm(1 + i). Data;
end
block. InputPort(1). Dimensions = [18 N];
block. OutputPort(1). Dimensions = [6 N];
block. SampleTimes = [0 0];%Continuous sample time


block. RegBlockMethod('InitializeConditions', @InitializeConditions);
block. RegBlockMethod('Outputs', @Outputs);


function InitializeConditions(block)
block. OutputPort(1). Data(:,:) = 0;
block. OutputPort(2). Data(:) = 0;
block. OutputPort(3). Data(:) = 0;
block. OutputPort(4). Data(:) = 0;
block. OutputPort(5). Data(:) = 0;


function Outputs(block)
global kp_ball_phy kp_cage_phy kp_innerrace_phy kp_outterrace_phy
kp_bearing_geo
% kp_working:滚道载荷,kp_rotor_load:转子载荷
global kp_working kp_rotor_load
global kp_rotor_flag kp_gravity kp_preload %是否启用转子,重力势场,
预紧方式,1 为定位预紧
%% parameter
%para loaded
dm = sum(kp_bearing_geo(1:2)) * 0.5;
```

cfi = zeros(6,1);

cfo = block.DialogPrm(8).Data;%记录外套圈被约束的自由度[v1 v2 … v6 t01; v1 v2 … v6 t02;…]对应位置为 1 时表明约束,t 代表约束截止时间

for i = 1:6, cfi(i) = block.DialogPrm(1 + i).Data;end%记录内圈的自由度,cf(i) = 1 代表该自由度被约束

if kp_rotor_flag == true

    %如果考虑转子

    cfr = zeros(6,1);

    for i = 1:6, cfr(i) = block.DialogPrm(9 + i).Data;end % 转子自由度,cfr(i) = 1 代表第 i 个自由度被约束

end

pball = block.InputPort(1).Data(1:6,:);

uball = block.InputPort(1).Data(7:12,:);

Fball = block.InputPort(1).Data(13:18,:);%作用力－滚动体弱固连坐标系;作用力矩－定体坐标系

pcage = block.InputPort(2).Data(1:6);

ucage = block.InputPort(2).Data(7:12);

Fcage = block.InputPort(2).Data(13:18);

pirace = block.InputPort(3).Data(1:6);

uirace = block.InputPort(3).Data(7:12);

Firace = block.InputPort(3).Data(13:18);

porace = block.InputPort(4).Data(1:6);

uorace = block.InputPort(4).Data(7:12);

Forace = block.InputPort(4).Data(13:18);%外套圈受到的作用力－惯性坐标系;作用力矩－定体坐标系

time = block.InputPort(5).Data;%当前已执行时间

Tir = transfer(porace(4:6));%惯性坐标系→套圈定体坐标系的转换矩阵

Tri = Tir\eye(3);%套圈定体坐标系→惯性坐标系的转换矩阵

%%添加重力因素

Fcage(1:3) = Fcage(1:3) + kp_gravity' * kp_cage_phy(1);%保持架重力

```
for I = 1:length(pball)
    Tib = transfer([-pball(3,I),0,0]');
    G = Tib * kp_ball_phy(1) * kp_gravity';
    Fball(1:3,I) = Fball(1:3,I) + [G(1),G(3),G(2)]';%滚动体重力
end
```

%%载荷的优化－外滚道

```
if kp_rotor_flag = = false
    %作用力优化,不考虑转子
    Forace(4:6) = Forace(4:6) + Tir * kp_working(4:6);%将滚道所受
```
外力矩部分转化为定体坐标系上,保持一致
```
    Fball_m = Fball;Forace_m = Forace;
elseif kp_preload = = 1
    %作用力优化,考虑转子,定位预紧
    Frotor = [0;0;0;Tir * kp_rotor_load(4:6)];
    [Fball_m,Forace_m] = F_modified_2(pball, porace, Fball,
Forace, Frotor, uorace);
else
    %作用力优化,考虑转子,定压预紧
    Frotor = [0;0;0;Tir * kp_rotor_load(4:6)];
    [Fball_m,Forace_m] = F_modified_3(pball, porace, Fball,
Forace, Frotor, uorace);
end
%%加速度求解
aball = Fball_m./[kp_ball_phy(1) * ones(1,3),kp_ball_phy(2:4)]';
aball(3,:) = aball(3,:)/dm * 2;
acage = Fcage./[kp_cage_phy(1) * ones(1,3),kp_cage_phy(2:4)]';
airace = Firace./[kp_innerrace_phy(1) * ones(1,3),kp_innerrace_phy
(2:4)]';
aorace = Forace_m./[kp_outterrace_phy(1) * ones(1,3),kp_outterrace_
phy(2:4)]';
```

%% boundary condition 定体坐标系里沿 x,y,z 方向加速度限定条件,为限制某个自由度,一种是速度不变限制,另一种是速度为 0 限制

%对角加速度的自由度限制,在定体坐标系上进行限制

airace(cfi(:,1) == 1) = 0; %对内套圈状态值 cfi 为 1 的自由度进行约束,即加速度强制为 0

k = 1;

while k<size(cfo,1)&&time>cfo(k,end)

  k = k + 1;

end

c_ind = find(cfo(k,1:6) == 1);

aorace(c_ind) = 0; %外套圈加速度为 0 限制


%%转变为卡尔丹角加速度

[acage(4:6),wcage] = transbeta(pcage,ucage,acage(4:6));

[airace(4:6),wirace] = transbeta(pirace,uirace,airace(4:6));

[aorace(4:6),worace] = transbeta(porace,uorace,aorace(4:6));

%% output

block.OutputPort(1).Data = aball;

block.OutputPort(2).Data = acage;

block.OutputPort(3).Data = airace;

block.OutputPort(4).Data = aorace;

block.OutputPort(5).Data = [wcage;wirace;worace];


%% angular velocity

function w = transw(p,dp)

%从卡尔丹角变换速度 dp 求解定体坐标系中的角速度 w

c2 = cos(p(2));s2 = sin(p(2));c3 = cos(p(3));s3 = sin(p(3));

T = [c2 * c3, s3,0; - c2 * s3,c3,0;s2,0,1];

w = T * dp;


%% angular velocity transfer

function [dp,w] = transbeta(p,u,dw)

%从卡尔丹角变换速度 dp 求解定体坐标系中的角加速度

c2 = cos(p(5));s2 = sin(p(5));t2 = s2/c2;u2 = u(5);

c3 = cos(p(6));s3 = sin(p(6));u3 = u(6);

T = [c2 * c3,s3,0; − c2 * s3,c3,0;s2,0,1];

w = T * u(4:6);

Tb = [c3/c2, − s3/c2,0;s3,c3,0; − t2 * c3,t2 * s3,1];

Ta = [ − u3 * s3/c2 + u2 * c3/c2 * t2, − u3 * c3/c2 − u2 * s3/c2 * t2,0;u3 * c3, − u3 * s3,0;...

　　　u3 * s3 * t2 − u2 * c3/c2^2,u3 * c3 * t2 + u2 * s3/c2^2,0];

dp = Ta * w + Tb * dw;


%% coordinate transformation

function T = transfer(p)

%从惯性坐标系到转动卡尔丹角 p 后的坐标系的坐标变化,x_p = T * x_i, x_i 指惯性坐标系的坐标

p1 = p(1);p2 = p(2);p3 = p(3);

T1 = [1 0 0;0 cos(p1) sin(p1);0 − sin(p1) cos(p1)];

T2 = [cos(p2) 0 − sin(p2);0 1 0;sin(p2) 0 cos(p2)];

T3 = [cos(p3) sin(p3) 0; − sin(p3) cos(p3) 0;0 0 1];

T = T3 * T2 * T1;


%%载荷计算函数 − 轴承外套圈 − 转子 − 套圈无轴向位移

function [Fball_m,Forace_m] = F_modified_2(pball, porace, Fball, Forace,Frotor, uorace)

% Frotor:转子所受外力矩载荷

global kp_outterrace_phy kp_rotor_phy kp_rotor_len

%求解 − 带转子

Tir = transfer(porace(4:6));Tri = Tir\eye(3);

r_rotor2orace_i = Tri * [ − 1,0,0]' * kp_rotor_len * 0.5;%转子中心指向滚道中心的向量

wor_r = transw(porace(4:6),uorace(4:6));%获得定体坐标系下的运动角速度

151

Mrotor = 2 * Forace(4:6) + 2 * Tir * cross(r_rotor2orace_i, Forace(1: 3)) + Frotor(4:6); %获得对转子中心的转矩,认为对转子作用力为 0,定体坐标系

aw_rotor = [Mrotor(1)/kp_rotor_phy(2); Mrotor(2:3)/kp_rotor_phy (3)]; %x 方向的作用力矩 + 优化后的 yz 方向的作用力矩,定体坐标系

da_orace = cross(Tri * aw_rotor, r_rotor2orace_i) + cross(Tri * wor_r, uorace(1:3)); %获得惯性坐标系下的端点加速度

dorace = [da_orace; aw_rotor]; %da_orace:惯性坐标系;aw_rotor:定体坐标系

Fball_m = Fball;

Forace_m = diag([kp_outterrace_phy(1) * ones(1,3), kp_outterrace_phy (2:4)]) * dorace;

%%载荷优化函数 – 轴承外套圈 – 转子 – 套圈可轴向位移 – 定力预紧

function [Fball_m, Forace_m] = F_modified_3(pball, porace, Fball, Forace, Frotor, uorace)

% Frotor:转子所受外力矩载荷

global kp_outterrace_phy kp_rotor_phy kp_rotor_len

%优化 – 带转子

Tir = transfer(porace(4:6)); Tri = Tir\eye(3);

r_rotor2orace_i = Tri * [-1,0,0]' * kp_rotor_len * 0.5; %转子中心指向滚道中心的向量

wor_r = transw(porace(4:6), uorace(4:6)); %获得定体坐标系下的运动角速度

Rcz_ = r_rotor2orace_i/norm(r_rotor2orace_i); %转子质心到轴承外圈质心的单位向量

Mrotor = 2 * Forace(4:6) + 2 * Tir * cross(r_rotor2orace_i, Forace(1: 3)) + Frotor(4:6); %获得对转子中心的转矩,认为对转子作用力为 0,定体坐标系

Fball_m = Fball;

%转子加速度求解

aw_rotor = [Mrotor(1)/kp_rotor_phy(2);Mrotor(2:3)/kp_rotor_phy(3)];%x 方向的作用力矩 + 优化后的 yz 方向的作用力矩,定体坐标系

%根据转子优化后的角加速度计算套圈质心的加速度,认为套圈可以轴向运动

da_orace = cross(Tri * aw_rotor,r_rotor2orace_i) + cross(Tri * wor_r,uorace(1:3)) + Forace(1:3)' * Rcz_ * Rcz_;%获得惯性坐标系下的端点加速度,包括轴向加速度

dorace = [da_orace;aw_rotor];%da_orace:惯性坐标系;aw_rotor:定体坐标系

Forace_m = diag([kp_outterrace_phy(1) * ones(1,3),kp_outterrace_phy(2:4)]) * dorace;

### 3.1.5　组件库搭建示例

1) 组件构造

以库仑摩擦力计算组件搭建为例,确定其输入包括接触压力、相对运动速度,输出为摩擦力,参数包括质量、最大时间步长、摩擦因数,参数位置填入符号变量。由于未定义,此时带参数的模块边框显示为红色。构建如图 3 - 10 所示的 Simulink 仿真程序,函数编写程序见 2.2.1 节摩擦因数修正方法。

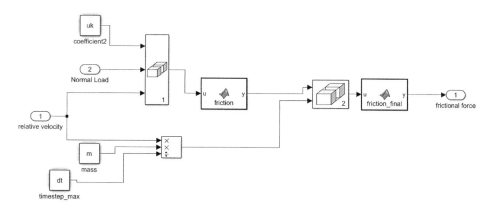

**图 3 - 10　Simulink 仿真程序-库仑摩擦计算**

全选仿真程序,右击建立子系统,如图 3 - 11 所示。

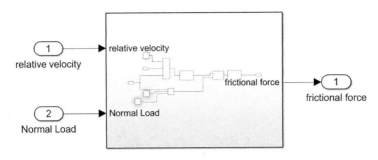

图 3-11　子系统

右击子系统,新建 Mask,Mask 不同界面设置参数如图 3-12 所示。

(a) Icon&Ports界面　　　(b) Parameters&Dialog界面　　　(c) Documentation界面

图 3-12　Mask 编辑

双击建立好的模块,界面如图 3-13 所示,保存该程序为"library_example",放在文件夹"mylibrary"中。

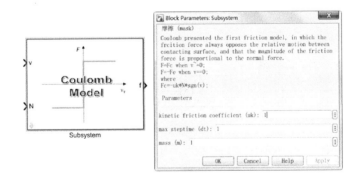

图 3-13　模块界面

2) 组件导入

在 MATLAB 安装目录下查找"slblocks. m"文件(例如:C:\Program

Files\MATLAB\R2018a\toolbox\simulink\blocks\slblocks. m），复制到文件夹"mylibrary"中。打开复制的"slblocks. m"文件，修改 Browser(1)的属性，并删除 Browser(2)，如图 3－14 所示。

```
76  Browser(1).Library = 'simulink';
77  Browser(1).Name    = 'Simulink';
78  Browser(1).IsFlat = 0;% Is this library "flat" (i.e. no subsystems)?

80  Browser(2).Library = 'simulink_extras';
81  Browser(2).Name    = 'Simulink Extras';
82  Browser(2).IsFlat = 0;% Is this library "flat" (i.e. no subsystems)?

84  blkStruct.Browser = Browser;
85  clear Browser;
```

```
76  Browser(1).Library = 'library_example';
77  Browser(1).Name    = 'mylibrary';
78  Browser(1).IsFlat = 0;% Is this library "flat" (i.e. no subsystems)?
79
80
81
82  blkStruct.Browser = Browser;
83  clear Browser;
```

(a) 修改前　　　　　　　　　　　　　　(b) 修改后

**图 3－14　"slblock. m"文件修改**

复制"mylibrary"文件夹至 MATLAB 安装目录下的"... \ toolbox \ simulink\simulink"文件夹中（如 C：\ Program Files \ MATLAB \ R2018a \ toolbox\simulink\simulink）。打开 MATLAB 的 Simulink 窗口，点击"Library Browser"，打开组件库浏览器，按"F5"刷新。这时在组件库根目录下即可看到安装好的"mylibrary"组件，如图 3－15 所示。后续"mylibrary"组件可以像"Simulink Library Browser"的其他组件一样被调用。

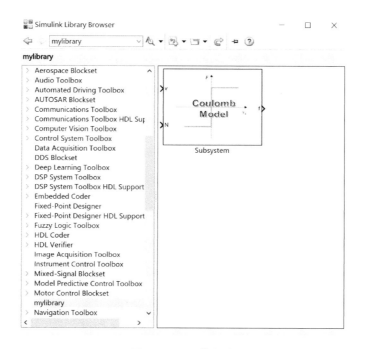

**图 3－15　组件查看**

## 3.2 组件库计算示例

根据轴承动力学组件库的组成,完成元件状态、元件载荷、加速度等多个组件库的搭建。以 2.2.3 节角接触球轴承计算验证为例,通过阐述轴承动力学计算流程及组件设置,说明运用组件库开展轴承动力学计算的过程。

### 3.2.1 组件库搭建示例

轴承动力学计算流程如图 3-16 所示,实线框为流程每个环节需要开展的计算或更新的内容,虚线框为执行这些功能所用到的组件。具体说明如下:输

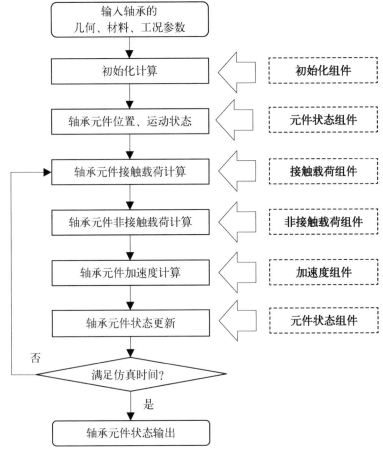

**图 3-16 轴承动力学计算流程**

入轴承的几何、材料、工况参数,轴承初始化组件输出轴承元件位置和运动状态信息,并赋值给元件状态组件;针对不同的轴承元件接触对,使用接触载荷组件计算轴承内部各个元件之间的相互作用;针对不同的轴承元件,使用非接触载荷组件计算轴承内部各元件的非接触载荷,包括重力、离心力、陀螺力矩等;在求解完轴承所有元件受到的载荷后,利用加速度组件计算轴承各元件的加速度;在获得加速度后,元件状态组件根据内置的积分算法(如 Runge - Kutta 定步长积分算法),更新轴承各元件的位置和运动状态信息;在满足仿真时间要求后,停止计算,输出轴承各元件状态。

### 3.2.2　组件库计算示例

以第 2 章 2.2.3 节的角接触球轴承动力学计算为例,其通过轴承组件库搭建了 Simulink 计算模型(见图 3 - 17),包括初始化组件、元件状态组件、元件载荷组件、加速度组件。

其中,轴承初始化程序填写参数如图 3 - 18 所示,包括轴承几何参数、润滑油参数、轴承外载、预紧方式及迭代步长设置。

轴承元件状态组件包括滚动体、内/外滚道、保持架的位置及速度状态组件,这些组件包含的轴承元件状态信息由初始化组件计算给出。

轴承元件载荷组件包括滚动体-内/外滚道接触、滚动体-保持架接触、保持架-内滚道接触及非接触载荷组件,设置滚动体数目为 18,如图 3 - 19 所示。

加速度组件设置参数如图 3 - 20 所示,设置滚动体数目为 18,内套圈 6 个自由度完全约束;外套圈前 5 s 约束轴向转动自由度,即保持转速不变,5~20 s 无约束,该约束仅在程序运行对应时间内发挥作用。由于该案例为单一轴承,不考虑转子系统,因此,"Rotor flag"前面方框未打钩,即转子状态不启用。

程序计算结果及分析详见第 2 章 2.2.3 节,此处不再赘述。

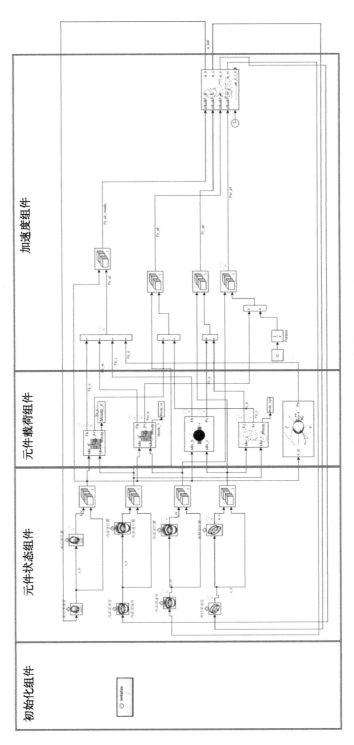

**图 3 – 17 角接触球轴承动力学 Simulink 计算模型**

**图 3-18　轴承初始化组件参数**

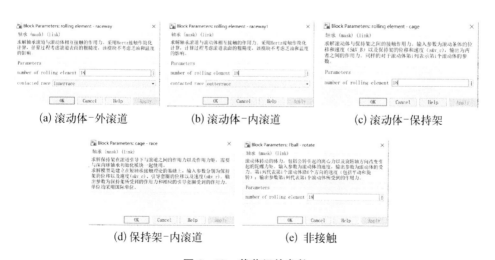

(a) 滚动体-外滚道　　　(b) 滚动体-内滚道　　　(c) 滚动体-保持架

(d) 保持架-内滚道　　　(e) 非接触

**图 3-19　载荷组件参数**

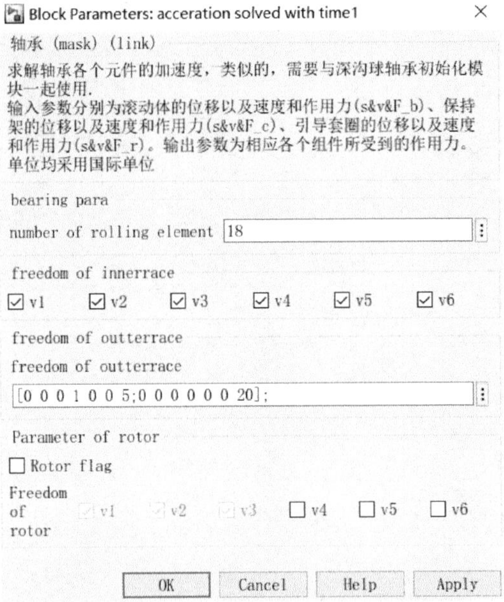


图 3-20　加速度组件参数

# 第 4 章

# 系统轴承动力学计算

转子系统通常包含多个轴承,转子受到的载荷由多个轴承分担。不同于单一轴承动力学计算,转子系统中多个轴承之间通过转子产生耦合,其边界条件无法直接给出,需要建立系统的轴承动力学模型进行计算。本章以动量轮为例,给出了空间轴承组件系统层面的动力学模型的建模及分析过程。

## 4.1 动量轮轴承动力学模型

空间动量轮系统主要包括 1 个转子和 2 个角接触球轴承,转子通过输出垂直于自身轴线的转矩,作用在卫星上以调节姿态。针对这一装置的受载特点,提出动量轮轴承受载假设,并通过计算验证,完成高效系统动力学模型构建。

### 4.1.1 轴承元件惯性载荷分析

动量轮结构示意如图 4-1 所示,建立动量轮方位坐标系,坐标系的 $x$ 轴始终与转子轴线重合,$z$ 方向与框架轴平行,$y$ 方向根据右手定则得到。两个角接触球轴承中心距离为 $l$,相对于外框架动量轮具有沿自身轴向的旋转角速度 $\omega$ 和沿与轴线正交方向的进动角速度 $\Omega$。

根据达朗贝尔原理,在动量轮方位坐标系进行受力分析时,包括轴承组件在内的动量轮内部各个元件将受到进动角速度 $\Omega$ 产生的离心力、惯性力矩。

对惯性载荷的大小进行分析发现,当进动角速度 $\Omega$ 为 30 r/min 时,在方位坐标系下计算得到转子和轴承组件受到的惯性力(离心力)、惯性力矩的取值量

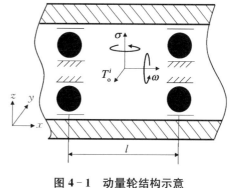

图 4-1 动量轮结构示意

级如表 4-1 所示。其中，动量轮转速为 6 000 r/min。因为转子受到的外力矩仅包括电机驱动力矩、轴承外套圈作用力矩及惯性力矩，并且沿惯性力矩方向仅存在轴承外套圈的反作用力矩与之平衡，所以不能忽略；轴承外套圈受到的惯性力相对于预紧力(10 N)可以忽略不计；因为轴承内套圈没有沿 $x$ 方向的转动速度，所以惯性力矩为 0，其所受惯性力与外套圈一样在计算中忽略不计；滚动体惯性力的量级远低于其与滚道之间由于预紧后变形产生的弹性载荷，故忽略不计，另外，惯性力矩也低于弹性载荷产生的摩擦力矩 1~2 个量级，所以计算时也可忽略；保持架在轴承运转过程中受到的载荷主要为碰撞载荷，即它是间歇性的。虽然碰撞产生的载荷及力矩通常要大于这个量级，但是这两个惯性作用会使保持架中心位置及姿态角发生一定程度的偏移。而对于过需转速动量轮，当动量轮转速趋近于 0 时，表 4-1 中的轴承组件惯性力矩量级将进一步下降，计算过程同样可以忽略。

表 4-1　转子和轴承组件所受惯性力、惯性力矩量级

| 惯性载荷 | 转　子 | 外套圈 | 内套圈 | 滚动体 | 保持架 |
|---|---|---|---|---|---|
| 惯性力/N | 0 | $10^{-2}$ | $10^{-3}$ | $10^{-4}$ | $10^{-4}$ |
| 惯性力矩/(N·m) | $10^{2}$ | $10^{-2}$ | 0 | $10^{-5}$ | $10^{-3}$ |

### 4.1.2　动量轮系统轴承模型

1) 单轴承动力学模型

因为动量轮轴承组件动力学计算涉及对各个元件之间相互作用载荷的求解，计算过程复杂、计算量大。本章模型求解的目的是分析轴承元件的动力学行为，进而提高计算速度，降低计算难度，基于方位坐标系下的动量轮受力分析，不考虑两个支承轴承耦合作用，建立动量轮系统单轴承动力学模型。

轴承仅通过内套圈和外套圈与其他物体发生相互作用，因此对这两个元件进行约束条件、载荷分析即可得到轴承的受载模型。可知轴承内套圈通过与动量轴过盈配合固定于框架基座上，所以在方位坐标系下其位置在轴承运转过程中始终保持不变；两个轴承外套圈与转子相连，所以具有与转子一样的旋转速度 $\boldsymbol{\omega}$。假设定位预紧方式下的轴承组件为刚性体，即轴承外套圈相对于内套圈其质心在轴向的位置、姿态均保持不变，则在忽略轴承组件自身的惯性力、惯性

矩后,根据图 4 - 1,轴承受到的径向外载荷简化计算为

$$|\boldsymbol{F}_{\text{oz}}| = \frac{|\boldsymbol{T}_{\text{o}}|}{l/2} \tag{4-1}$$

其中,径向外载荷方向根据轴承所在位置确定。另一方面,轴承外套圈还受到轴承盖施加的预紧力,方向沿轴向,结合定位预紧,该载荷将被转化为外套圈沿轴向的位移约束。

综上,动量轮中单一轴承的受载计算模型中,外套圈受到径向载荷仅能沿径向相对内套圈平动。因此,轴承 1 计算外载荷边界条件如下:

$$\boldsymbol{F}_{\text{oe1}}^{\text{i}} = \boldsymbol{F}_{\text{oz}} \tag{4-2}$$

式中,$\boldsymbol{F}_{\text{oe1}}^{\text{i}}$ 为轴承外套圈受到的外载荷(不包括轴承元件之间的作用载荷)。由于预紧力载荷转化为位置约束,轴承 1 外套圈位置边界条件为

$$\begin{cases} x_{\text{o1}}^{\text{i}} = \delta_{\text{oz}} \\ \varphi_{\text{oy1}}^{\text{i}} = \varphi_{\text{oz1}}^{\text{i}} = 0 \end{cases} \tag{4-3}$$

式中,$\delta_{\text{oz}}$ 为轴承静止时在预紧力作用下的稳定后的沿 $x$ 方向的位移。轴承 1 内套圈计算位置边界条件为

$$\begin{cases} \boldsymbol{r}_{\text{i1}}^{\text{i}} = 0 \\ \boldsymbol{\varphi}_{\text{ir}}^{\text{i}} = 0 \end{cases} \tag{4-4}$$

此时,内套圈处于静止状态。当认为转子以恒定转速旋转时,电机驱动力矩等于轴承摩擦力矩,则需要对轴承外套圈添加如下约束条件:

$$\dot{\omega}_{\text{ox1}}^{\text{i}} = 0 \tag{4-5}$$

2)双轴承动力学模型

在动量轮系统单轴承动力学模型中,径向受载的轴承外套圈只能平动,其姿态相对于轴承内套圈无法改变,不考虑两个支承轴承通过转子产生的耦合作用。然而,轴承外套圈姿态由两个轴承所受转子弯矩共同调节,而且由于外套圈与动量轮转子的装配关系,两者的姿态变化应是一致的。因此,在动量轮系统单轴承动力学模型中,即使令轴承外套圈有沿 $y$ 和 $z$ 方向的旋转自由度,该自由度受到的约束方程仅依赖于转子和另外一个轴承的运动,需要两个轴承同时求解迭代,计算量将急剧增加。故考虑 $y$ 和 $z$ 方向的旋转自由度,建立创新性动量轮轴承组件摩擦动力学模型,对追求更高的轴承动力学仿真精度

具有重要意义。

图 4-1 中的动量轮转子和两个轴承组成的系统,受到的载荷为沿 $y$ 方向的输出转矩、沿 $x$ 方向的驱动力矩,系统约束条件为轴承内套圈静止不动。平衡状态下,根据达朗贝尔原理,两个轴承作用于转子的载荷满足如下关系:

$$\begin{cases} \boldsymbol{F}_{oz1}^{i} + \boldsymbol{F}_{oz2}^{i} = 0 \\ \boldsymbol{M}_{oz1}^{i} + \boldsymbol{M}_{oz2}^{i} + \boldsymbol{T}_{o}^{i} + \boldsymbol{T}_{d}^{i} = 0 \end{cases} \tag{4-6}$$

式中,上标 i 即为第 2 章所描述的惯性参考系,也是本节的动量轮转子方位坐标系;下标 oz1、oz2 分别表示两个轴承外套圈受到的外部作用;$\boldsymbol{T}_{d}$ 为电机驱动力矩。轴承内部元件之间的相互作用是各个元件的位置和速度的函数,当 2 个角接触球轴承相对于转子中心对称分布时,提出如下假设:

$$\boldsymbol{M}_{oz1}^{i} = \boldsymbol{M}_{oz2}^{i} \tag{4-7}$$

3) 双轴承动力学模型假设验证

对图 4-1 所示的动量轮系统建立静态力学平衡模型,分析不同预紧方式、外载荷下两个轴承载荷的变化规律,进而验证双轴承动力学模型假设的准确性。其中,动量轮转子在承受 $\boldsymbol{T}_{o}^{i}$ 的作用力矩下质心位置不变,姿态发生偏转并带动轴承外套圈相对于内套圈发生位移和姿态变化,轴承元件之间仅有弹性接触载荷,不考虑摩擦力、阻尼力。轴承计算静力学参数如表 4-2 所示,为轴承型号 B7005。

**表 4-2　动量轮系统静力学计算参数**

| 参　数 | 数　值 |
| --- | --- |
| 轴承内套圈相对位置 $l$ /mm | 55 |
| 预紧力/N | 45 |
| 动量轮转子质量/kg | 7.9 |
| 输出转矩大小/(N・m) | 60～100 |

a) 不同预紧方式

轴承的预紧方式包括定位预紧和定压预紧。在不同预紧方式下,当动量轮转子受到与转轴方向垂直的力矩载荷作用时,轴承外套圈相对轴承内套圈的移动如图 4 - 2 所示。定位预紧下,轴承外套圈与动量轮转子固定,相对静止。因此,在动量轮转子受到力矩载荷作用发生偏转时,轴承外套圈的位置和姿态同样发生相应的偏转,如图 4 - 2(a)所示。定压预紧下,轴承外套圈相对于动量轮转子可以在小范围内移动。因此,在动量轮转子受到力矩载荷作用发生偏转时,轴承外套圈受到的预紧载荷增加,迫使其沿轴向移动一段距离,维持定压预紧载荷,如图 4 - 2(b)中箭头所示。

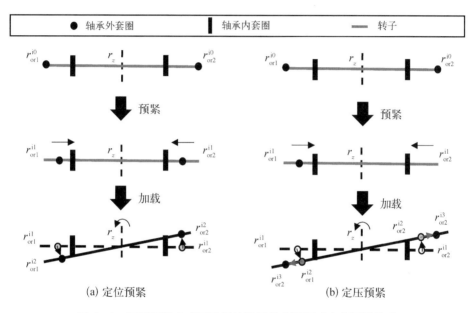

图 4 - 2　不同预紧方式下动量轮轴承外套圈相对内套圈的移动

对于定位预紧方式,预紧力是指在初始装配过程中使轴承外套圈相对内套圈移动到目标位置所需要的作用力,而在后续的求解过程中轴承外套圈将固定于转子上不再移动。

当输出转矩 $T_o$ 为 $100\ \mathrm{N\cdot m}$ 时,定位预紧的计算结果如图 4 - 3 所示,定压预紧的计算结果如图 4 - 4 所示。对比两者结果可以发现,不论何种预紧方式,两个轴承受到内部元件的作用载荷均呈现出作用力大小相等、方向相反而作用力矩相同的规律。由于滚动体个数有限,当旋转一定角度时,滚动体分布关于 $z$ 轴不再对称,使得沿 $y$ 方向的作用力轻微波动并在 $z$ 方向产生了同样振荡的力矩。根据两个轴承在 $z$ 方向的作用力大小和内套圈的相对位置,可知动量轮转子受到的输出转矩主要由径向力抵消。

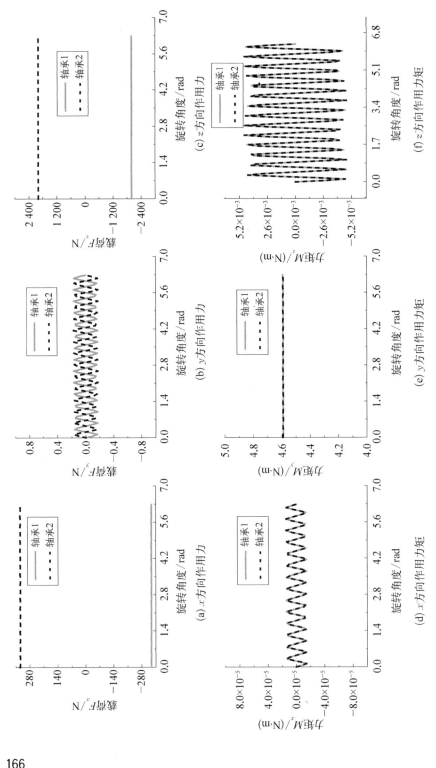

图 4-3 定位预紧下动量轮轴承外套圈受到滚动体作用载荷随转角的变化

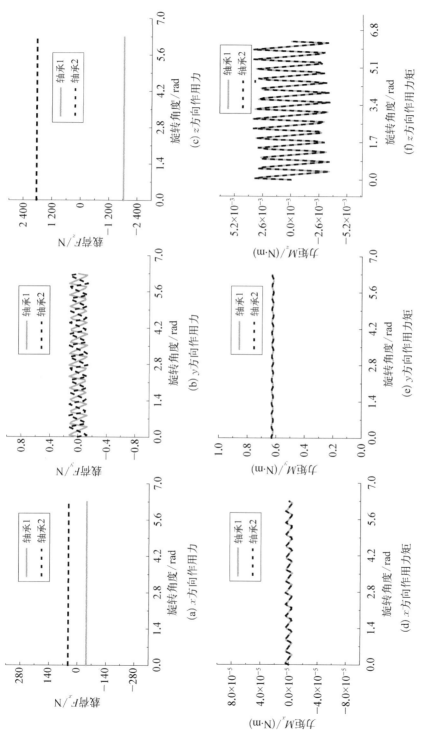

图 4 - 4 定压预紧下动量轮轴承外套圈受到滚动体作用载荷随转角的变化

b) 不同输出转矩

不同输出转矩下轴承外套圈的受力分析如图 4-5 所示,随着输出转矩的增加,两种预紧方式下,轴承外套圈承受的径向力均呈线性增加,这是因为需要更大的径向力来抵消输出转矩。定压预紧下轴承外套圈承受的轴向力基本稳定在45 N,而定位预紧的轴向力接近 300 N 并随着输出转矩的增加有缓慢增长的趋势,说明轴承内外套圈进一步压紧。

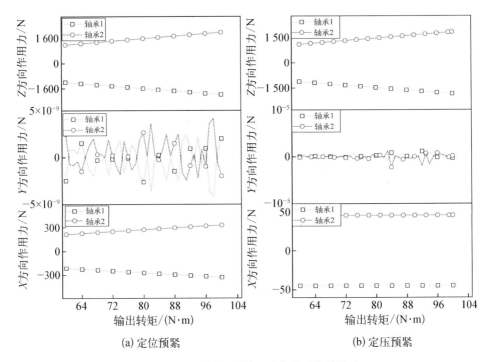

图 4-5　输出转矩对轴承外套圈受力的影响

另一方面,轴承外套圈承受其他轴承元件的作用力矩,随输出转矩的变化如图 4-6 所示。两种预紧形式下的外套圈均在 $y$ 方向受到了来自滚动体的力矩,这是因为滚动体沿轴向的作用力在周向上分布不均,而且在定位预紧形式下,这种分布不均的特征随着输出转矩的增加而有所增强,定压预紧有所减弱。

不同输出转矩下轴承外套圈的位移如图 4-7 所示,定位预紧作用下沿轴向的位移距离要大于定压预紧。这是因为在动量轮转子承受外载时,轴承外套圈与滚动体的接触载荷增大并驱动外套圈沿预紧相反方向运动,使得外套圈沿 $x$ 方向的位移有所减小;同时,外套圈随着输出转矩的增大沿径向的位移线性增加,特别是在定位预紧形式下,导致滚动体承受的载荷在周向上的差别幅值增

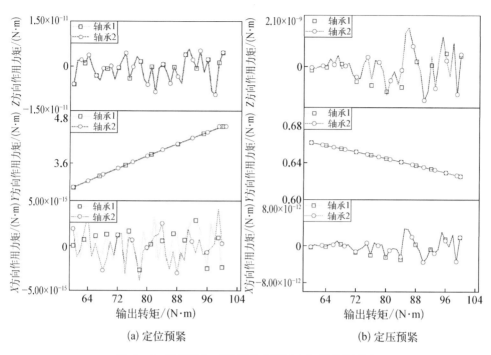

**图 4 - 6　输出转矩对轴承外套圈受力矩载荷的影响**

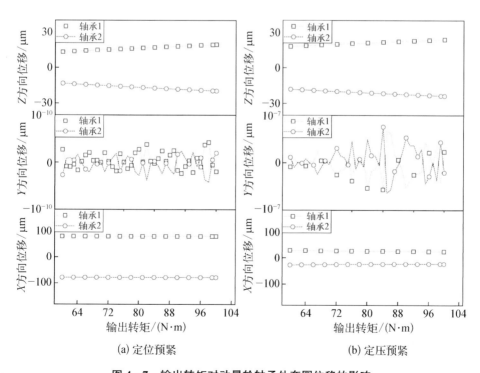

**图 4 - 7　输出转矩对动量轮轴承外套圈位移的影响**

大,从而使得图4-7(a)中 $y$ 方向的力矩逐渐增加。另一方面,两种预紧方式下的轴承姿态随输出转矩增加的变化如图4-8所示,相比于定位预紧,定压预紧形式下的轴承外套圈在 $y$ 方向有较大的姿态偏转角(约为0.034°),并且随着输出转矩的增加线性增长。从轴承外套圈轴向位移、$y$ 方向的旋转角可知,定位预紧相比于定压预紧具有良好的刚度,但是轴承元件之间的作用载荷也会更大。

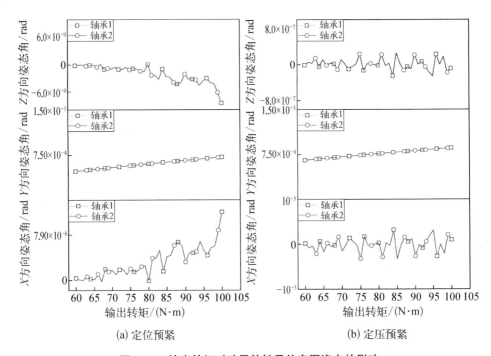

(a) 定位预紧        (b) 定压预紧

**图4-8　输出转矩对动量轮轴承外套圈姿态的影响**

c) 模型假设说明

动量轮系统处于静态平衡状态下,轴承外套圈受到内部元件的作用载荷将被动量轮转子所抵消。因此,根据受力平衡,图4-5、图4-6所示的可以看作动量轮转子对两个轴承的作用,只是方向相反。定位预紧下,由于轴承外套圈跟随动量轮转子发生平动和转动,导致其沿 $x$ 方向的载荷超过预紧载荷,同时沿 $y$ 方向产生作用力,抵消动量轮转子所受到的力矩。因为轴承滚动体数目有限,所以图4-3、图4-4中不同转角下作用力有所波动,但是两个轴承受到的作用力始终大小相等方向相反。进一步地,对作用力矩进行分析发现,在不同的转角下两个轴承受到的作用力矩始终相等,而且在 $z$ 方向还受到了较大的作用力矩。

因此,综合考虑预紧、输出转矩因素,计算不同转角下动量轮中两个角接触球轴承外套圈的载荷、力矩,通过比较分析可知,以下两个假设是合理的。

(1) 转子运动过程中两个轴承外套圈受到的作用力大小相等、方向相反;

(2) 转子运动过程中两个轴承外套圈受到的作用力矩相同。

上述分析结果表明,针对由动量轮转子、两个角接触球轴承组成的动量轮系统,当动量轮转子仅承受输出转矩载荷时,在动量轮动力学的计算过程中仅需计算单个轴承的作用载荷,然后联立式(4-6)和式(4-7)计算另一个轴承对转子的作用力、作用力矩是合理的。

上述动量轮轴承载荷计算代码(F_solution_zhuanzi_dingweiyujin.m)如下。

%计算不同转角下两个轴承滚道上的载荷情况

% Load:x 方向代表预紧力,y 和 z 方向代表转子所受外力,xyz 三个方向的力矩

%轴承外圈采用定位预紧方式

global Frace Frace_num Prace

% Frace 记录两个滚道的实际受载情况;Frace_num 用于计算不同 delta 转角时计数;Prace 记录两个滚道实际位移

Roc = 0.0178;

Ric = 0.0183;

fo = 0.53;

fi = 0.55;

kni = 1.7615e10;

kno = 2.1839e10;

ekn1 = 2/3;

balld = 0.0063;

L = 55.e - 3;

N = 14;

alpha = pi/12;

porace_k1 = [0.1319e - 4 0 0 0 0 0]';

num_L = 100;

Frace_L = zeros(12,num_L);

Prace_L = zeros(12,num_L);

error_L = zeros(1,num_L);

171

```
%查看不同 load 下滚道受载情况
for KL = 60:num_L
Load = [45,0,0,0,KL,0]';%预紧力及转子力矩
porace_k1(1) = ((Load(1)/(N * sin(alpha)))^ekn1 * (kni^-ekn1 + kno^-
ekn1) + (fi + fo - 1) * balld) * sin(alpha);%力矩未加载时预紧力作用下的位
移求解,假设接触角正好为 α
%查看不同转角 delta 下滚道受载情况
delta = (0:100) * 2 * pi/100;
Frace = zeros(12,length(delta));
Frace_num = 1;
error = zeros(length(delta),1);
iter_N = 1;
for i = 1:length(delta)
    %载荷初始化
    porace_k1 = [0.1319e - 4 0 0 0 0 0]';
```

```
pk1_px = ((Load(1)/(N * sin(alpha)))^ekn1 * (kni^-ekn1 + kno^-ekn1) +
(fi + fo - 1) * balld) * sin(alpha);%力矩未加载时预紧力作用下的位移求解
    pk1_posi = [0,0,0]';
    %初始定位预紧位移计算
    Preload_k0 = Load;
    Preload_k0(2:6) = 0;%只取预紧力
    while norm(Preload_k0)>1&&iter_N<10
        options = optimoptions('fsolve','Display','off','Algorithm',
'levenberg - marquardt',...
            'MaxIterations', 1000, 'StepTolerance', 1.e - 9,
'FunctionTolerance',1.e - 9);
        [pk1_px0,Preload_k0,~] = fsolve(@(pk1_px)...
```

```
F_solution(Preload_k0,Roc,Ric,fo,fi,kni,kno,ekn1,balld,N,pk1_px,pk1_
posi,L,delta(i),[0,0]),pk1_px,options);
        pk1_px = pk1_px + 4.e - 6;
```

```
        iter_N = iter_N + 1;
    end
%转子力矩作用下初始旋转位置求解
Forace_k0 = Load;
pk1_posi = [0,0,0]';
iter_N = 1;
while norm(Forace_k0)>1&&iter_N<10
    options = optimoptions('fsolve','Display','off','Algorithm',
'levenberg-marquardt',...
        'MaxIterations',2000,'StepTolerance',1.e-10,
'FunctionTolerance',1.e-10);
    [pk1_posi0,Forace_k0,~] = fsolve(@(pk1_posi)...

F_solution(Load,Roc,Ric,fo,fi,kni,kno,ekn1,balld,N,pk1_px0,pk1_posi,
L,delta(i),[1,0]),pk1_posi,options);
        iter_N = iter_N + 1;
    end
error(i,1) = norm(Forace_k0);
F = F_solution(Load,Roc,Ric,fo,fi,kni,kno,ekn1,balld,N,pk1_px0,
pk1_posi0,L,delta(i),[0,1]);
end
Frace_L(:,KL) = mean(Frace,2);
Prace_L(:,KL) = mean(Prace,2);
error_L(1,KL) = mean(error);
end
save('res_FPe.mat','Frace_L','Prace_L','error_L');
%
%绘制滚道受力随转角变化的图
figure
hold on
for i = 1:12
    plot(delta,Frace(i,:));
```

```
end
legend('x1','y1','z1','Mx1','My1','Mz1','x2','y2','z2','Mx2','My2','Mz2');
title('内/外滚道受力转角变化')
hold off


% ------------------
str0 = {'x','y','z','Mx','My','Mz'};
str1 = '轴承 1 滚道';
str2 = '方向受载.png';
for i = 1:6
str3 = strcat(str1,str0{i},str2);
figure
plot(delta,Frace(i,:))
set(gca,'fontsize',12,'fontname','Times','FontWeight','bold');
xlabel('Rotary position（rad)','Fontname','Times New Roman','FontSize',
14,'FontWeight','bold')
    if i<=3,ylabel('Load（N)','Fontname','Times New Roman','FontSize',
14,'FontWeight','bold');end
    if i>3,ylabel('Torque（Nm)','Fontname','Times New Roman','FontSize',14,
'FontWeight','bold');end
    set(gca,'XTick',min(delta):(max(delta)-min(delta))/5:max(delta));
    set(gca,'YTick',min(Frace(i,:)):(max(Frace(i,:))-min(Frace
(i,:)))/5:max(Frace(i,:)));
    box(gca,'off');
    saveas(gca,str3)
    end

figure
hold on
for i = 1:12
    plot(delta,Prace(i,:));
end
```

```
legend('x1','y1','z1','Mx1','My1','Mz1','x2','y2','z2','Mx2','My2','Mz2');
title('内/外滚道位置随转角变化')
hold off
figure
plot(delta,error);
title('不同转角下的误差曲线')


function Force = F_solution(Load,Roc,Ric,fo,fi,kni,kno,ekn1,balld,
N,pk1_px,pk1_posi,L,delta,Pflag)
% rgc_r:滚道质心指向曲率中心面圆心的向量
% pirace:[0,0,滚动体在径向平面内的角度位置 phi]
% rrc_i:外滚道曲率圆心位置的全局坐标
% rr_i:外滚道质心位置的全局坐标
% rrposi_i:外滚道在全局坐标系的旋转角度,卡尔丹角表示
% Tir:从惯性坐标系到滚道外滚道坐标系的转换
% L:转子长度
% pk1_px:预紧力作用下轴向位移
% pk1_posi:转子旋转角度
% Pflag:第一个用于判断属于哪种模式(0 为预紧力求解,1 为转子作用力
矩求解),第 2 个用于判断是否将计算得到的结果输出
% Force:预紧力方向(x 方向)为两个受到的作用力和预紧力之间的差值取
绝对值,然后相加,其他方向代表转子受到的作用力
global Frace Frace_num Prace porace_k1
pirace = zeros(6,N);
pirace(3,:) = 2 * pi/N * (0:N - 1)' + delta;
rrposi_i1 = pk1_posi;
Tir = transfer(rrposi_i1);%从惯性坐标系转化为定体坐标系 x_r = Tir * x_i
Tri = Tir\eye(3);
%假设转子为刚性杆,长度为 L,计算杆另一端的轴承外滚道的位置和朝向
%假设两个轴承由于预紧作用导致沿转子轴向的位移方向相反,大小相等
ro1_i = [-1,0,0]' * L/2;
ro_i = [1,0,0]' * L/2;
```

175

```
rN_i = [1,0,0]';
rn_i = Tri * [1,0,0]';
k = 0.5 * L - pk1_px;
rr_i1 = - ro1_i - k * rn_i;
ctheta = rn_i' * rN_i;
rr_i2 = rr_i1 + 2 * (ro1_i - ro1_i' * rN_i/ctheta * rn_i) + 2 * ( - rr_i1' * rN
_i/ctheta) * rn_i;
rrposi_i2 = rrposi_i1;
rr_i0 = [rr_i1, rr_i2];
rrposi_i0 = [rrposi_i1, rrposi_i2];
porace_k1 = [rr_i1; rrposi_i1]; %可能给初始化的轴承滚道用
kn = 1/(kni^ - ekn1 + kno^ - ekn1);
ekn = 1/ekn1;
Force = zeros(6,1);
for K = 0:1
        %两个轴承盖
        flag = ( - 1)^K;
        rgc_r = [0,0,0]' * flag;
        rgcn_r_p = [1,0,0]' * flag; %滚道朝向
        rr_i = rr_i0(:,K + 1);
        rrposi_i = rrposi_i0(:,K + 1);
        Tir = transfer(rrposi_i);
        Tri = Tir\eye(3);
        rgc_i = Tri * rgc_r;
        rrc_i = rr_i + rgc_i;
        rgcn_i_p = Tri * rgcn_r_p;
        Forace_k1 = zeros(6,1);
        FM = zeros(3,1);
        Fn = zeros(N,1)';
        for I = 1:N
                rb_i_s = pirace(1:3,I) + [0,Ric,0]'; %滚动体对应内滚道曲率圆
心位置在柱坐标上的表示,[x,r,phi]
```

```
rb_i_c = [rb_i_s(1),rb_i_s(2) * sin(rb_i_s(3)),rb_i_s(2) * cos
(rb_i_s(3))]';%上述曲率圆心位置的全局坐标
        Tib = transfer([-rb_i_s(3),0,0]');%从全局坐标到滚动体坐标
系的转换
        Tbi = Tib\eye(3);%滚动体坐标到全局坐标系的转换

        rcn_i = (rb_i_c-rrc_i)-(rb_i_c-rrc_i)'* rgcn_i_p * rgcn_i_p;
        rbr_i = rcn_i/norm(rcn_i) * Roc + rrc_i-rb_i_c;%内/外滚道曲
率中心的向量,从内滚道曲率中心指向外滚道
        rbr_b = Tib * rbr_i;
        rbr_b_p = rbr_b/norm(rbr_b);
        deltn = norm(rbr_b)-(fi + fo-1) * balld;
        if deltn<0
            continue
        end
        Qff = -(deltn * kn)^ekn;
        Q = Qff * rbr_b_p;
        if ~(isreal(Q))
            disp('isreal Q in bearing_para')
        end
        Forace_k1(1:3) = Forace_k1(1:3) + Tbi * Q;
        %外滚道质心朝向内滚道曲率中心某点,相当于力的作用向量
        rrrb_b = Tib * (rb_i_c-ro_i * flag);
        Forace_k1(4:6) = Forace_k1(4:6) + Tbi * cross(rrrb_b,Q);
        FM = FM + Tbi * cross(Tib * (rb_i_c-rr_i),Q);
        Fn(I) = abs(Qff);
    end
    if Pflag(2) = = 1
%           plot(Fn);
        Frace(6 * K + 1:6 * K + 6,Frace_num) = [Forace_k1(1:3);FM];
        Prace(6 * K + 1:6 * K + 6,Frace_num) = [rr_i;rrposi_i];
    end
```

$$\text{Force} = \text{Force} + \left[ \text{abs}(\text{Forace\_k1}(1) + \text{Load}(1) * \text{flag}); \text{Forace\_k1}(2:6) \right];$$

end

if Pflag(2) = = 1, Frace_num = Frace_num + 1; end

Force = Force + [0; Load(2:6)];

if Pflag(1) = = 1, Force = Force(2:6); end

end


function T = transfer(p)

%从惯性坐标系到转动过卡尔丹角 p 后的坐标系的坐标变化,x_p = T * x_i

p1 = p(1); p2 = p(2); p3 = p(3);

T1 = [1 0 0; 0 cos(p1) sin(p1); 0 − sin(p1) cos(p1)];

T2 = [cos(p2) 0 − sin(p2); 0 1 0; sin(p2) 0 cos(p2)];

T3 = [cos(p3) sin(p3) 0; − sin(p3) cos(p3) 0; 0 0 1];

T = T3 * T2 * T1;

end


定压预紧下,动量轮轴承载荷计算程序(F_solution_zhuanzi_dingyayujin. m)如下。

%计算不同转角下两个轴承滚道上的载荷情况

% Load:x 方向代表预紧力,y 和 z 方向代表转子所受外力,xyz 三个方向的力矩

%轴承外圈采用定压预紧方式

global Frace Frace_num Prace

% Frace 记录两个滚道的实际受载情况;Frace_num 用于计算不同 delta 转角时计数;Prace 记录两个滚道实际位移

Roc = 0.0178;

Ric = 0.0183;

fo = 0.53;

fi = 0.55;

kni = 1.7615e10;

kno = 2.1839e10;

ekn1 = 2/3;

balld = 0.0063;

```matlab
L = 55.e - 3;
N = 14;
alpha = pi/12;
porace_k1 = [0.1319e - 4 0 0 0 0 0]';
num_L = 100;
Frace_L = zeros(12,num_L);
Prace_L = zeros(12,num_L);
error_L = zeros(1,num_L);
%查看不同 load 下滚道受载情况
for KL = 60:num_L
Load = [45,0,0,0,KL,0]';%预紧力及转子力矩
porace_k1(1) = ((Load(1)/(N * sin(alpha)))^ekn1 * (kni^ - ekn1 + kno^ -
ekn1) + (fi + fo - 1) * balld) * sin(alpha);%力矩未加载时预紧力作用下的位
移求解,假设接触角正好为 α
%查看不同转角 delta 下滚道受载情况
delta = (0:100) * 2 * pi/100;
Frace = zeros(12,length(delta));
Frace_num = 1;
error = zeros(length(delta),1);
iter_N = 1;
for i = 1:length(delta)
    %载荷初始化
    porace_k1 = [0.1319e - 4 0 0 0 0 0]';

porace_k1(1) = ((Load(1)/(N * sin(alpha)))^ekn1 * (kni^ - ekn1 + kno^ -
ekn1) + (fi + fo - 1) * balld) * sin(alpha);%力矩未加载时预紧力作用下的位
移求解
    Forace_k0 = Load;
    iter_N = 1;
while norm(Forace_k0)>1&&iter_N<10
    options = optimoptions('fsolve','Display','off','Algorithm',
'levenberg - marquardt',...
```

```
        'MaxIterations',1000,'StepTolerance',1.e-9,'FunctionTolerance',
1.e-9);
        [porace_k0,Forace_k0,~] = fsolve(@(porace_k1)...

F_solution(Load,Roc,Ric,fo,fi,kni,kno,ekn1,balld,N,porace_k1,L,delta
(i),0),porace_k1,options);
        porace_k1(1) = porace_k1(1) + 4.e-6;
        iter_N = iter_N + 1;
    end
    error(i,1) = norm(Forace_k0);
    F = F_solution(Load,Roc,Ric,fo,fi,kni,kno,ekn1,balld,N,porace_k0,
L,delta(i),1);
    end
    Frace_L(:,KL) = mean(Frace,2);
    Prace_L(:,KL) = mean(Prace,2);
    error_L(1,KL) = mean(error);
    end
    save('res_FPe.mat','Frace_L','Prace_L','error_L');
    %
    % % 绘制滚道受力随转角变化的图
    % figure
    % hold on
    % for i = 1:12
    % plot(delta,Frace(i,:));
    % end
    % legend('x1','y1','z1','Mx1','My1','Mz1','x2','y2','z2','Mx2','My2','Mz2');
    % title('内/外滚道受力转角变化')
    % hold off
    %
    % % - - - - - - - - - - - - - - - - - - - -
    % str0 = {'x','y','z','Mx','My','Mz'};
    % str1 ='轴承1滚道';
```

```
% str2 = '方向受载.png';
% for i = 1:6
% str3 = strcat(str1,str0{i},str2);
% figure
% plot(delta,Frace(i,:))
% set(gca,'fontsize',12,'fontname','Times','FontWeight','bold');
% xlabel('Rotary position (rad)','Fontname','Times New Roman','FontSize',14,'FontWeight','bold')
% if i <= 3,ylabel('Load (N)','Fontname','Times New Roman','FontSize',14,'FontWeight','bold');end
% if i > 3,ylabel('Torque (Nm)','Fontname','Times New Roman','FontSize',14,'FontWeight','bold');end
% set(gca,'XTick',min(delta):(max(delta)-min(delta))/5:max(delta));
% set(gca,'YTick',min(Frace(i,:)):(max(Frace(i,:))-min(Frace(i,:)))/5:max(Frace(i,:)));
% box(gca,'off');
% saveas(gca,str3)
% end
%
% figure
% hold on
% for i = 1:12
% plot(delta,Prace(i,:));
% end
% legend('x1','y1','z1','Mx1','My1','Mz1','x2','y2','z2','Mx2','My2','Mz2');
% title('内/外滚道位置随转角变化')
% hold off
% figure
% plot(delta,error);
% title('不同转角下的误差曲线')
```

181

```
function Force = F_solution(Load,Roc,Ric,fo,fi,kni,kno,ekn1,balld,
N,porace_k1,L,delta,Pflag)
    % rgc_r:滚道质心指向曲率中心面圆心的向量
    % pirace:[0,0,滚动体在径向平面内的角度位置 phi]
    % rrc_i:外滚道曲率圆心位置的全局坐标
    % rr_i:外滚道质心位置的全局坐标
    % rrposi_i:外滚道在全局坐标系的旋转角度,卡尔丹角表示
    % Tir:从惯性坐标系到滚道外滚道坐标系的转换
    % L:转子长度
    global Frace Frace_num Prace
    pirace = zeros(6,N);
    pirace(3,:) = 2*pi/N*(0:N-1)'+delta;
    rr_i1 = porace_k1(1:3);
    rrposi_i1 = porace_k1(4:6);
    Tir = transfer(rrposi_i1);
    Tri = Tir\eye(3);
    %假设转子为刚性杆,长度为L,计算杆另一端的轴承外滚道的位置和朝向
    %假设两个轴承由于预紧作用导致沿转子轴向的位移方向相反,大小相等
    ro1_i = [-1,0,0]'*L/2;
    ro_i = [1,0,0]'*L/2;
    rN_i = [1,0,0]';
    rn_i = Tri*[1,0,0]';
    ctheta = rn_i'*rN_i;
    rr_i2 = rr_i1+2*(ro1_i-ro1_i'*rN_i/ctheta*rn_i)+2*(-rr_i1'*rN
_i/ctheta)*rn_i;
    rrposi_i2 = rrposi_i1;
    rr_i0 = [rr_i1,rr_i2];
    rrposi_i0 = [rrposi_i1,rrposi_i2];
    kn = 1/(kni^-ekn1+kno^-ekn1);
    ekn = 1/ekn1;
    Force = zeros(6,1);
    for K = 0:1
```

```
%两个轴承盖
flag = ( - 1)^K;
rgc_r = [0,0,0]' * flag;
rgcn_r_p = [1,0,0]' * flag;%滚道朝向
rr_i = rr_i0(:,K + 1);
rrposi_i = rrposi_i0(:,K + 1);
Tir = transfer(rrposi_i);
Tri = Tir\eye(3);
rgc_i = Tri * rgc_r;
rrc_i = rr_i + rgc_i;
rgcn_i_p = Tri * rgcn_r_p;
Forace_k1 = zeros(6,1);
FM = zeros(3,1);
Fn = zeros(N,1)';
%      test = [];
for I = 1:N
    rb_i_s = pirace(1:3,I) + [0,Ric,0]';%滚动体对应内滚道曲率圆
```
心位置在柱坐标上的表示,[x,r,phi]
```
    rb_i_c = [rb_i_s(1),rb_i_s(2) * sin(rb_i_s(3)),rb_i_s(2) * cos
(rb_i_s(3))]';%上述曲率圆心位置的全局坐标
    Tib = transfer([ - rb_i_s(3),0,0]');%从全局坐标到滚动体坐标
```
系的转换
```
    Tbi = Tib\eye(3);%滚动体坐标到全局坐标系的转换

    rcn_i = (rb_i_c - rrc_i) - (rb_i_c - rrc_i)' * rgcn_i_p * rgcn_i_p;
    rbr_i = rcn_i/norm(rcn_i) * Roc + rrc_i - rb_i_c;%内/外滚道曲
```
率中心的向量,从内滚道曲率中心指向外滚道
```
    rbr_b = Tib * rbr_i;
    rbr_b_p = rbr_b/norm(rbr_b);
    deltn = norm(rbr_b) - (fi + fo - 1) * balld;
    if deltn<0
        continue
```

```
        end
        Qff = -(deltn * kn)^ekn;
        Q = Qff * rbr_b_p;
        if ~(isreal(Q))
            disp('isreal Q in bearing_para')
        end
        Forace_k1(1:3) = Forace_k1(1:3) + Tbi * Q;
        %外滚道质心朝向内滚道曲率中心某点,相当于力的作用向量
        rrrb_b = Tib * (rb_i_c - ro_i * flag);
        Forace_k1(4:6) = Forace_k1(4:6) + Tbi * cross(rrrb_b,Q);
        FM = FM + Tbi * cross(Tib * (rb_i_c - rr_i),Q);
%           test = [test,[I;Tbi * cross(Tib * (rb_i_c - rr_i),Q)]];
        Fn(I) = abs(Qff);
    end
    if Pflag == 1
%           plot(Fn);
        Frace(6 * K + 1:6 * K + 6,Frace_num) = [Forace_k1(1:3);FM];
        Prace(6 * K + 1:6 * K + 6,Frace_num) = [rr_i;rrposi_i];
    end
    Force = Force + [abs(Forace_k1(1) + Load(1) * flag);Forace_k1(2:6)];
end
if Pflag == 1,Frace_num = Frace_num + 1;end
Force = Force + [0;Load(2:6)];
end


function T = transfer(p)
%从惯性坐标系到转动过卡尔丹角 p 后的坐标系的坐标变化,x_p = T * x_i
p1 = p(1);p2 = p(2);p3 = p(3);
T1 = [1 0 0;0 cos(p1) sin(p1);0 -sin(p1) cos(p1)];
T2 = [cos(p2) 0 -sin(p2);0 1 0;sin(p2) 0 cos(p2)];
T3 = [cos(p3) sin(p3) 0;-sin(p3) cos(p3) 0;0 0 1];
T = T3 * T2 * T1;
end
```

4）动量轮轴承模型对比

根据上述动量轮轴承组件动力学模型构建过程分析,单轴承动力学模型和双轴承动力学模型采用了不同的假设。其中,前者假设如下:

(1)定位预紧方式下的动量轮角接触球轴承外套圈相对于内套圈在轴向的位置、姿态均保持不变;

(2)轴承外套圈与动量轮转子之间仅存在径向载荷的作用。

后者假设如下:

(1)动量轮轴承组件中,两个角接触球轴承外套圈对动量轮转子的作用力大小相等、方向相反;

(2)动量轮轴承组件中,两个角接触球轴承外套圈对动量轮转子的作用力矩相同。

基于上述假设,两种动量轮动力学模型的仿真流程如图 4-9 所示。在初始化环节,第一步是对预紧力作用下的轴承外套圈静态平衡位置进行了求解,第二

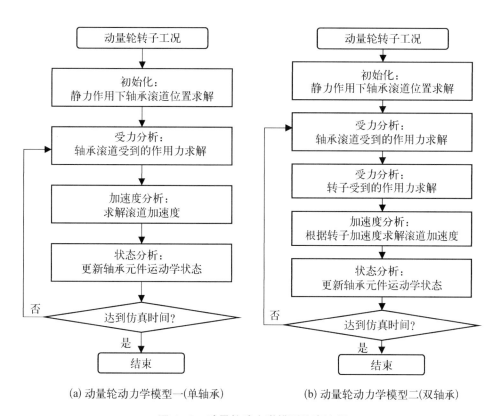

图 4-9　动量轮动力学模型仿真流程

步是按照定位预紧或定压预紧的方式,对动量轮转子输入工况下的静态平衡位置进行二次求解。对比两种动量轮动力学模型的仿真流程可知,动量轮动力学模型一忽略了两个轴承之间的耦合作用,认为轴承之间是相互独立且与动量轮转子之间仅有径向载荷,这会导致一定的误差;而动量轮动力学模型二中,考虑动量轮转子为刚性、两个角接触球轴承相对于动量轮转子中心对称分布,计算了两个轴承在动量轮转子下的耦合作用,并通过动量轮转子加速度求解了轴承外套圈的加速度,从而完成轴承元件状态的更新。动量轮动力学模型二相比于动量轮动力学模型一计算复杂度有所增加,但更符合动量轮运行期间实际轴承组件的动力学行为分析。

综上所述,本章使用图 4 - 9(b)所示的动量轮动力学仿真流程对动量轮轴承组件的动力学行为进行分析。

5) 系统轴承模型构建

由上述分析可知,不论何种预紧方式,当动量轮转子仅承受输出转矩载荷时,式(4 - 6)和式(4 - 7)均成立。结合上述假设,根据达朗贝尔原理,动量轮转子的加速度模型如下:

$$\begin{cases} -m_z \ddot{\pmb{r}}_z^i + \pmb{F}_{oz1}^i + \pmb{F}_{oz2}^i = 0 \\ -I_z \dot{\pmb{\omega}}_z^i + 2\pmb{M}_{oz1}^i + \pmb{T}_o^i + \pmb{T}_d^i = 0 \end{cases} \tag{4-8}$$

根据双轴承动力学模型的假设(1)可知动量轮转子加速度 $\ddot{\pmb{r}}_z^i$ 为 0。已知动量轮转子的加速度,轴承外套圈的加速度求解如下:

$$\ddot{\pmb{r}}_{or}^i = \ddot{\pmb{r}}_z^i + \dot{\pmb{\omega}}_z^i \times (\pmb{r}_{or}^i - \pmb{r}_z^i) + \pmb{\omega}_z^i \times (\dot{\pmb{r}}_{or}^i - \dot{\pmb{r}}_z^i) \tag{4-9}$$

轴承外套圈与动量轮转子过盈配合,可以将两者视为一个整体,在运动过程中姿态始终一致,则轴承外套圈的角加速度为

$$\dot{\pmb{\omega}}_{or}^i = \dot{\pmb{\omega}}_z^i \tag{4-10}$$

联立上述三个公式即可获得如图 4 - 1 所示的系统在受输出转矩载荷下的动量轮转子、轴承外套圈的动力学行为,而且只需计算单一轴承的内部元件之间的相互作用,提高了仿真效率。

根据该系统轴承动力学模型,将上述三个公式引入加速度组件库,并在组件库界面区分是否考虑转子系统因素,使得该组件库在小改动下便能够同时应用于单一轴承动力学模型分析、系统轴承动力学模型分析,提高了组件库的效率。

## 4.2　动量轮轴承动力学分析

针对过零转速动量轮,以 B7004 轴承为例,基于轴承动力学组件库搭建系统轴承动力学模型,分析润滑、输出转矩、预紧、转速、失重等因素对轴承摩擦动力学行为的影响。

### 4.2.1　工况参数

过零转速动量轮在低转速下工作。对于滚动体-滚道接触,弹流或者动压润滑状态下润滑油可以有效隔开两个接触体,降低摩擦因数;滚动体-保持架接触时,在润滑油充分的条件下,根据不同接触距离存在短轴承润滑效应、动压润滑效应和弹流动压润滑效应,均能降低摩擦因数;保持架-引导套圈接触时,以无限短轴承润滑效应为主。以过零转速动量轮使用的 B7004 轴承为例,结合动量轮转子特征,计算轴承在多种工况下的动力学特性。计算用 B7004 轴承的几何参数如表 4-3 所示,其他物理参数及润滑油、工况、迭代参数如表 4-4 和表 4-5 所示,由于 Mobil 10W-40 润滑油黏度与航空用润滑油黏度相接近,故采取该润滑油参数作为计算输入,其阻尼系数、极限剪切系数为假设值。

**表 4-3　B7004 轴承的几何参数**

| 参　　数 | 数　值 | 参　　数 | 数　值 |
|---|---|---|---|
| 内径/mm | 20 | 兜孔直径/mm | 6.68 |
| 外径/mm | 42 | 保持架引导半径/mm | 13.765 |
| 宽度/mm | 12 | 保持架引导宽度/mm | 2.26 |
| 接触角/(°) | 15 | 套圈引导半径/mm | 13.5 |
| 内沟道曲率 | 0.53 | 保持架粗糙度/$\mu$m | 0.2 |
| 外沟道曲率 | 0.55 | 套圈粗糙度/$\mu$m | 0.08 |
| 滚动体直径/mm | 6.35 | 滚动体粗糙度/$\mu$m | 0.02 |
| 滚动体数目 | 11 | 轴承间距/mm | 41.6 |

表4-4 B7004轴承的物理参数

| 物 理 属 性 | 外套圈 | 内套圈 | 滚动体 | 保持架 | 动量轮转子 |
|---|---|---|---|---|---|
| 质量/g | 31.27 | 21.51 | 1.0457 | 2.33 | 7900 |
| 轴向惯性矩/(kg·mm²) | 12.09 | 2.96 | 0.0042 | 0.55 | 80.3×10³ |
| 径向惯性矩/(kg·mm²) | 6.43 | 1.77 | 0.0042 | 0.31 | 41.2×10³ |
| 弹性模量/GPa | 208.00 | 208.00 | 208.00 | 2.96 | — |
| 恢复系数 | 0.15 | 0.15 | 0.15 | 0.00 | — |

表4-5 润滑油及工况参数

| 参 数 | 数 值 | 参 数 | 数 值 |
|---|---|---|---|
| 润滑油黏度/(Pa·s) | 0.081 | 保持架-套圈干摩擦因数 | 0.44 |
| 润滑油阻尼系数 | $10^6$ | 滚动体-套圈干摩擦因数 | 0.65 |
| 润滑油极限剪切系数 | 0.08 | 保持架-滚动体干摩擦因数 | 0.44 |
| 输出转矩/(N·m) | 0.1013 | 动量轮转子转速/(r/min) | 50 |
| 预紧力/N | 45 | 步长/s | $10^{-5}$ |

　　轴承润滑状态的区分在计算过程中通过油膜厚度体现。对于干摩擦状态，设置油膜厚度为0或者1 nm，即小于接触表面的粗糙度；根据空间工况将含油润滑设置膜厚为1 μm。预紧方式为定位预紧，设置主轴沿轴向的旋转速度在前5 s维持恒定，5 s后该自由度不再约束，此后由于摩擦力矩的作用旋转速度将逐渐衰减。动力学方程采用Runge-Kutta方法积分计算。

## 4.2.2　润滑因素

　　干摩擦和油润滑状态下，动量轮角接触球轴承滚动体和内滚道之间的接触载荷如图4-10所示，两种状态下的载荷波动范围均为14.5～15.5 N，且呈现周期性。根据计算结果得到滚动体公转周期为2.0046 s，而下图中载荷低频振动时的周期大约为 2 s,因此推断外套圈的姿态变化很小,使得滚动体的接触载荷与其公转过程的位置相关而呈现周期性振荡。

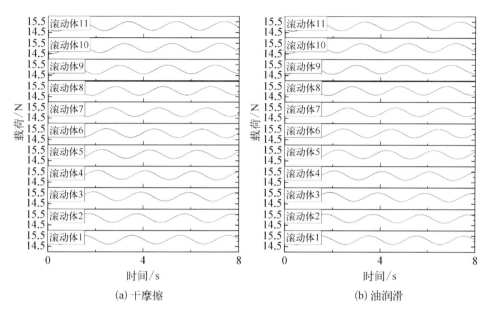

(a) 干摩擦　　　　　　　　(b) 油润滑

**图 4‑10　不同润滑状态下的滚动体与内滚道接触载荷**

进一步地,以滚动体方位坐标系为参考系,不同润滑状态下的滚动体与内滚道之间的接触载荷、相对运动速度,如图 4‑11 所示。对比两者的陀螺运动角速度可以发现,两者均值皆是 0 rad/s,然而在干摩擦状态下存在波动。这是因为在滚动体与保持架相同的碰撞力下,其受到的摩擦力矩相比于油润滑状态要大得多。然而,滚动体与保持架发生碰撞之后两者将逐渐分离,碰撞产生的摩擦力矩载荷逐渐减小并在很长一段时间内两者之间不再接触。另一方面,碰撞导致的滚动体速度波动在滚动体‑滚道系统的材料阻尼作用下也会逐渐衰减。因此,干摩擦状态下的滚动体自旋角速度和陀螺运动角速度同时发生波动,并且该波动逐渐衰减,直至下一次滚动体与保持架碰撞发生。通过观察如图 4‑11 所示的滚动体与滚道接触点速度随时间的变化可以发现,虽然两者以相同的频率振荡但是滚道接触点的速度波动幅度要高于滚动体。这是因为不同时刻,滚动体方位坐标系中的滚动体‑滚道接触点位置发生变化,使得滚道上对应的接触点速度的波动要大于滚动体。通过计算获得两种状态下的最大滑滚比约为 0.025,因此可认为滚动体与滚道的相对运动状态近似为纯滚动状态。

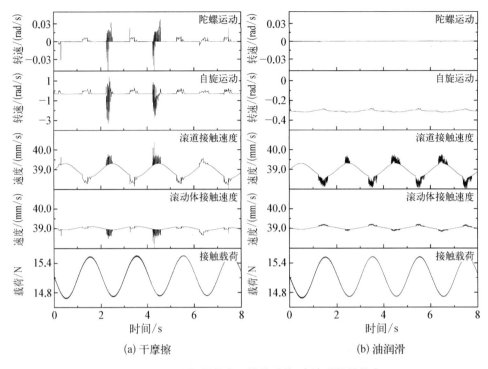

(a) 干摩擦　　　　　　　　　　　　　(b) 油润滑

**图 4‑11　不同润滑状态下的滚动体‑内滚道接触状态**

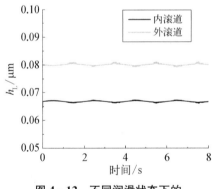

**图 4‑12　不同润滑状态下的
弹流润滑油膜厚度**

　　油润滑情况下,根据接触状态计算内/外滚道实现动压润滑、弹流动压润滑所需的油膜厚度,得到的结果如图 4‑12所示。因为接触点速度很小,载荷较大,所以滚动体与滚道之间弹流润滑产生的油膜厚度较小,在 0.01 $\mu$m 量级。图中内/外滚道计算得到的膜厚差异是因为接触共曲面不一致。

　　滚动体在方位坐标系内沿轴向和径向的振动轨迹如图 4‑13所示,其在两个方向的振动频率一致,但是轴向的振幅要大于径向,使得振动轨迹为椭圆形。这是因为动量轮角接触球轴承接触角为 15°,在径向的刚度要高于轴向,其振动幅值要小一些。通过观察沿轴向的位移随时间的变化,可知滚动体在运动过程中,与保持架之间的碰撞对其轨迹的影响较为严重,但是由于滚动体自身的摩擦力和阻尼力,使其很快又回到原来的位置上。

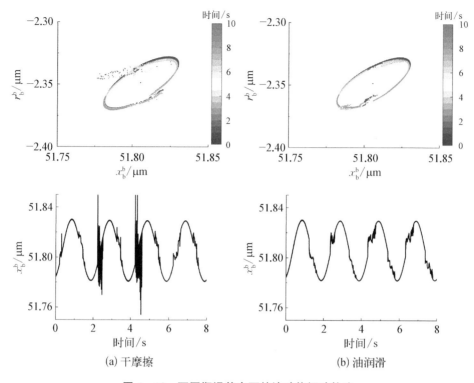

图 4‑13　不同润滑状态下的滚动体振动轨迹

　　动量轮角接触球轴承外套圈的运动轨迹如图 4‑14 所示，为半径逐渐减小的圆环形状，圆环的宽度代表振幅的大小。由于转子受到 $z$ 方向的力矩作用，因此套圈质心一直偏向 $y$ 轴的负半轴，大约为 $-0.04$ $\mu$m。由于滚动体与保持架之间有碰撞力，从动量轮角接触球轴承外套圈质心的轨迹可知外套圈在做圆周运动过程中其径向明显存在高频的振荡。根据外套圈在 $z$ 方向的位移变化，计算得到外套圈圆周运动的周期接近于滚动体公转的周期，因此图 4‑14 中滚动体与滚道接触载荷波动周期恒定且约为 2 s。另一方面，对比两种润滑状态下外滚道质心沿 $z$ 方向的位移可以发现，油润滑状态下其衰减速度要大于干摩擦状态，这是计算过程考虑了油膜阻尼的缘故。

　　干摩擦和油润滑状态下，保持架的运动轨迹如图 4‑15 所示。因为考虑了重力因素的作用，所以保持架在前面几个时间步长内以重力加速度垂直下落，在碰到滚道或滚动体后轨迹开始发生变化。

　　由于动量轮转子转速较低，保持架质心做圆周运动的过程中受碰撞的影响比较严重。无论是干摩擦还是润滑状态，其轨迹存在尖点的部分皆由碰撞所致。

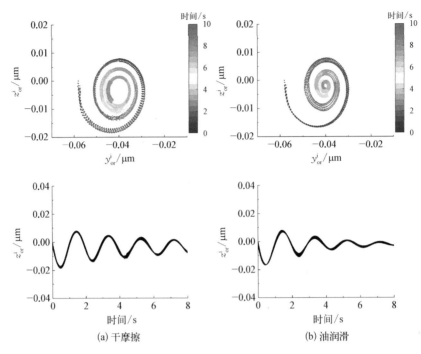

(a) 干摩擦　　　　　　　　　　　(b) 油润滑

图 4‑14　不同润滑状态下的外滚道振动轨迹

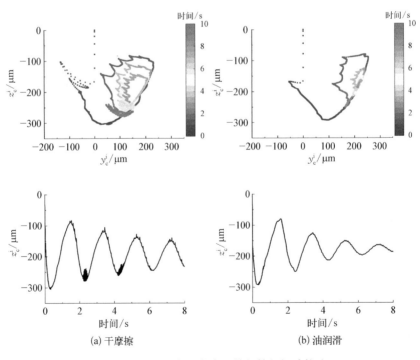

(a) 干摩擦　　　　　　　　　　　(b) 油润滑

图 4‑15　不同润滑状态下的保持架振动轨迹

比较保持架在竖直方向的振动周期和滚动体公转周期,发现两者均接近于 2.0 s,这是因为保持架沿旋转轴转动的角速度与滚动体公转的角速度一致,否则滚动体将会与兜孔发生剧烈的碰撞。正是保持架在自转的过程中偏心作用下,导致质心也在做圆周运动并使得保持架内侧与引导套圈、兜孔与滚动体发生碰撞。因为重力因素的影响,所以保持架运动轨迹基本处于 0 位置的下方。同样地,因为油润滑状态下考虑了油膜阻尼的作用,所以润滑状态下的保持架振动衰减速度要大于干摩擦状态。

如图 4‐16 所示,$\delta$ 为两者在无变形情况下表面之间的最短距离,$h_c$ 为由于作用力产生的滚动体的表面变形,$h$ 为实际的油膜厚度。油润滑状态下因为保持架与滚动体之间考虑了动压润滑,两者还未发生干涉时已经存

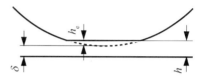

**图 4‐16　弹流动压润滑油膜厚度**

在动压润滑作用力,正压力部分将阻滚动体与保持架之间的进一步接触,而干摩擦状态下两者还未有力的产生。因此油润滑状态下,保持架振动速度提前受到衰减。

观察保持架与滚道、滚动体之间沿 $y$ 方向的接触载荷,如图 4‐17 所示。在整个运动周期中两种润滑状态下保持架的载荷均主要来源于滚动体,这也是保持架的振动周期与滚动体公转一周的时长相接近的原因。根据图 4‐16 论证,图 4‐17(b)中滚动体与保持架的接触载荷大于图 4‐17(a)中的。同时,保持架与滚动体之间的剧烈碰撞,使得图 4‐17(b)中保持架的运动范围受滚动体的引导更为明显,而在油膜阻尼的作用下保持架质心活动轨迹范围变小。

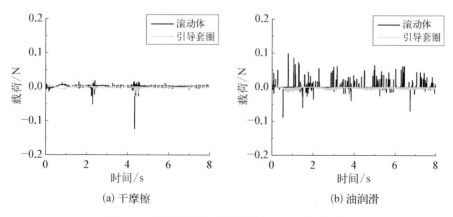

(a) 干摩擦　　　　　　　　　(b) 油润滑

**图 4‐17　不同润滑状态下保持架在 $y$ 方向的受力**

### 4.2.3 输出转矩因素

本节研究动量轮输出转矩对动量轮角接触球轴承元件动力学行为的影响。计算工况如表 4-3～表 4-5 所示。不同输出转矩下的滚动体与内滚道之间的接触状态如图 4-18 所示。对比两种工况下的动量轮角接触球轴承内部元件接触状态,发现在转速不变的情况下输出转矩对滚动体-滚道接触点的运动状态影响很小,两者几乎一致。低输出转矩下接触点载荷的振幅有所减小,然而由于预紧力仍保持为 45 N,载荷的平均值几乎保持不变。

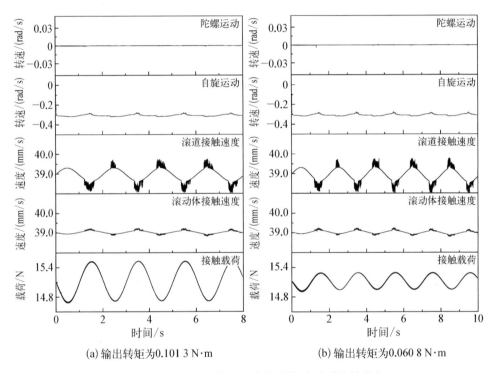

(a) 输出转矩为0.101 3 N·m          (b) 输出转矩为0.060 8 N·m

**图 4-18  不同输出转矩下的滚动体-内滚道接触状态**

计算两种输出转矩下接触点所处工况实现弹流润滑需要的油膜厚度,如图 4-19 所示。由于接触点的运动状态保持不变,因此当前工况范围内输出转矩对油膜厚度的影响很小。因为计算的是滚动体-滚道接触载荷的周期性变化,所以两种工况下计算得到的膜厚也呈现周期性波动。

不同输出转矩下的滚动体在方位坐标系内沿轴向和径向的振动轨迹如图 4-20 所示。动量轮角接触球轴承采用定位预紧方式,因此在初始预紧载荷均

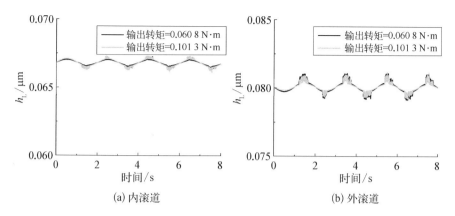

(a) 内滚道　　　　　　　　　　　　(b) 外滚道

**图 4 - 19　不同输出转矩下的弹流润滑油膜厚度**

为 45 N 的情况下外套圈运动轨迹中心没有随着输出转矩的减小而发生变化,但是低输出转矩下滚动体在径向的振幅明显减小。因为在减小输出转矩后,外套圈向 $y$ 方向移动的距离减小,其振荡轨迹范围也随之减小,所以滚动体在公转一周的过程中,由于与外套圈接触,其在径向的振幅明显减小。另外,定位预紧下动量轮角接触球轴承外套圈相对于内套圈的位置在轴向几乎没有发生变化,因此滚动体在轴向的振动轨迹范围没有发生改变。

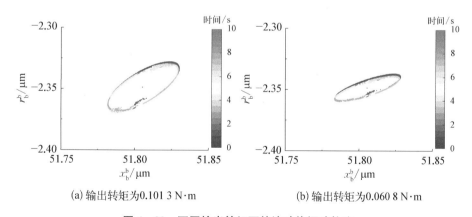

(a) 输出转矩为0.101 3 N·m　　　　　　(b) 输出转矩为0.060 8 N·m

**图 4 - 20　不同输出转矩下的滚动体振动轨迹**

同样地,通过观察滚动体沿轴向和径向的位移随时间的变化规律(见图 4 - 21),其振动频率、不同输出转矩下的振动幅值也印证了上述分析。

不同输出转矩下的动量轮角接触球轴承外套圈运动轨迹如图 4 - 22 所示,两者以相同的频率做旋转半径不断缩小的螺旋运动。减小输出转矩后,转子作

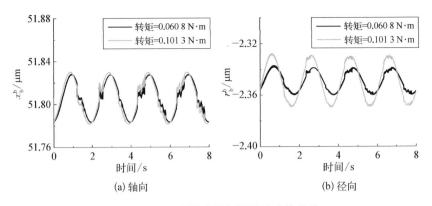

(a) 轴向

(b) 径向

**图 4-21　不同输出转矩下的滚动体位移**

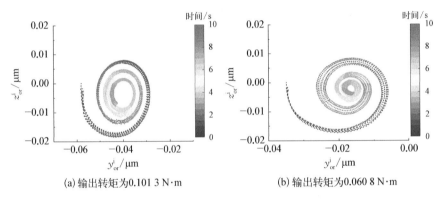

(a) 输出转矩为0.101 3 N·m

(b) 输出转矩为0.060 8 N·m

**图 4-22　不同输出转矩下的外套圈运动轨迹**

用于轴承产生的沿 $y$ 方向的作用力减小。因此，套圈的运动轨迹中心向 $y$ 轴负方向大约偏移了 $0.02~\mu m$。

两种输出转矩下的保持架质心的运动轨迹如图 4-23 所示，输出转矩降低

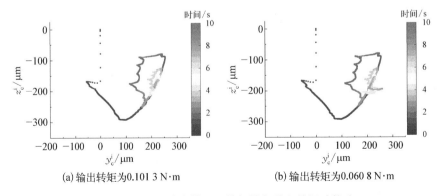

(a) 输出转矩为0.101 3 N·m

(b) 输出转矩为0.060 8 N·m

**图 4-23　不同输出转矩下的保持架质心的运动轨迹**

对保持架的运动轨迹影响很小。两者在 $z$ 方向的位移比较结果(见图 4 - 24)表明,稳定状态下保持架的运动轨迹在改变输出转矩后几乎仍保持不变。

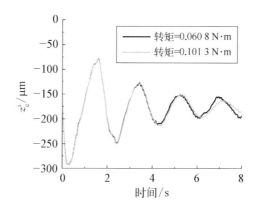

图 4 - 24　不同输出转矩下保持架沿 $z$ 方向的位移

### 4.2.4　预紧因素

不同于 4.1.2 节中静态工况下的预紧因素分析,本节分析动量轮轴承转动过程中,预紧力大小对轴承元件动力学行为的影响。计算工况同表 4 - 3～表 4 - 5,将预紧力修改为 60 N。

不同预紧力下的滚动体与内滚道之间的接触状态如图 4 - 25 所示,当动量轮角接触球轴承外套圈受到较大的预紧力时,滚动体与内外套圈之间的接触载荷平均值从 15.2 N 增加到 20 N,滚动体载荷的振幅从 0.85 N 降低至 0.75 N,这是较大预紧力导致滚动体-滚道系统刚度增加的缘故。因为在预紧力为 45 N 时滚动体与滚道已经处于纯滚动的运动状态,所以在相同转速下增大预紧载荷对滚动体的自旋角速度、陀螺运动角速度的影响很小。

预紧力增加使得滚动体与滚道之间的接触载荷增加,因此在相同的运动状态下,实现弹流润滑所需的油膜厚度有所下降,如图 4 - 26 所示。同样地,由于计算滚动体-滚道接触载荷的周期性变化,两种工况下计算得到的膜厚也呈现周期性波动。

不同预紧力下的滚动体在方位坐标系内沿轴向和径向的振动轨迹如图 4 - 27 所示,预紧力增加后,动量轮角接触球轴承刚度提高,因此滚动体在两个方向的振幅存在不同程度的减小。同时,因为预紧载荷的增加,滚动体振动中心沿轴向和径向均偏移了一定距离。

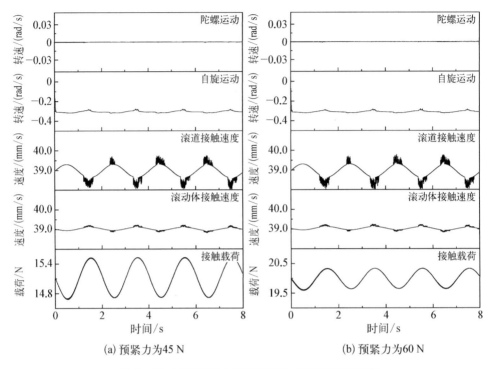

图 4‑25 不同预紧力下的滚动体‑内滚道接触状态

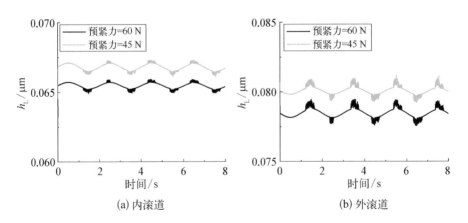

图 4‑26 不同预紧力下的弹流润滑油膜厚度

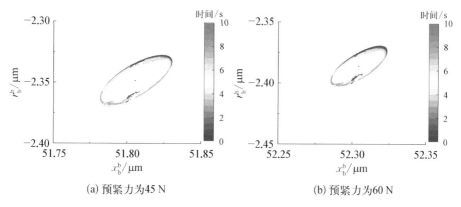

**图 4‑27　不同预紧力下的滚动体振动轨迹**

分别比较滚动体在两个方向的位移,如图 4‑28 所示,计算结果表明在更大的预紧载荷下,滚动体质心在轴向上受保持架碰撞、公转位置变化产生的位移波动减小,波动幅值从 $0.046\ \mu m$ 降低为 $0.036\ \mu m$。因为增加预紧力时滚动体‑滚道形成的弹簧阻尼系统刚度增加,所以相同的外作用力下的受迫振动振幅减低。类似地,滚动体质心在径向的振幅从 $0.039\ 6\ \mu m$ 降低为 $0.031\ 0\ \mu m$。同时,由于增加了预紧载荷,滚动体沿轴向偏移了 $0.5\ \mu m$,沿径向偏移了 $0.04\ \mu m$。因为计算用角接触球轴承的接触角为 $15°$,其径向的刚度要高于轴向方向,所以滚动体质心沿径向偏移的距离要低于轴向方向。

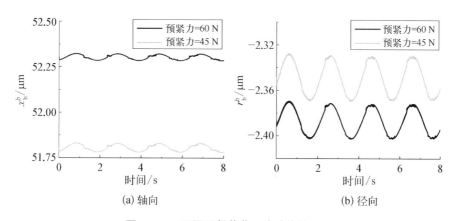

**图 4‑28　不同预紧载荷下滚动体的位移**

不同预紧力下的动量轮角接触球轴承外套圈运动轨迹如图 4‑29 所示。

当预紧载荷为 $60\ N$ 时振动形成圆的中心依然在 $z$ 轴附近,向 $y$ 轴负方向偏移大约只有 $0.03\ \mu m$,这是因为滚动体‑滚道组成的弹簧阻尼系统刚度增加,更

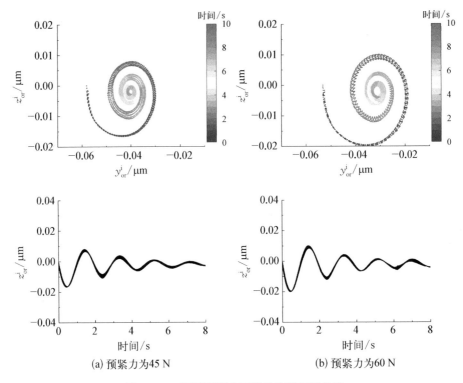

(a) 预紧力为45 N

(b) 预紧力为60 N

**图 4－29　不同预紧力下的外套圈运动轨迹**

低的位移即可产生足够的作用力抵消转轴受到的竖直方向的力矩。

　　增加预紧力后,保持架的运动轨迹几乎保持不变,如图 4－30 所示。不同预紧力下,保持架均先在重力的作用下竖直下落,然后在滚动体和引导套圈的作用下呈规律性振动。

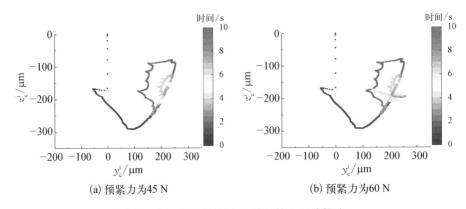

(a) 预紧力为45 N

(b) 预紧力为60 N

**图 4－30　不同预紧力下的保持架运动轨迹**

### 4.2.5 转速因素

研究动量轮转速对动量轮角接触球轴承元件动力学行为的影响。计算工况同表 4 - 3～表 4 - 5,其中转子转速调整为 30 r/min。

不同转速下的滚动体与内滚道之间的接触状态如图 4 - 31 所示,在转速为 30 r/min 时自旋角速度约为－0.18 rad/s,而转速为 50 r/min 时自旋角速度在－0.30 rad/s 上下波动,正好成正比。同时,在低转速情况下,滚动体公转速度降低,接触点运动速度也相应减小,载荷低频振动周期增大。

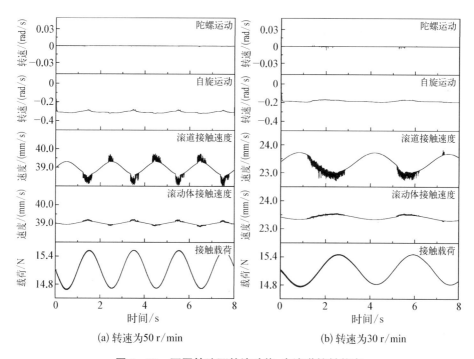

(a) 转速为50 r/min          (b) 转速为30 r/min

**图 4 - 31　不同转速下的滚动体-内滚道接触状态**

如图 4 - 32 所示,在滚动体-滚道接触载荷没有发生变化的情况下,由于卷吸速度减小,使内/外滚道实现弹流润滑所需的油膜厚度均减小了 0.02 μm 以上。

不同转速下的滚动体在方位坐标系内沿轴向和径向的振动轨迹如图 4 - 33 所示,整体上差别不大。

如图 4 - 34 所示,不同转速下,因为预紧载荷相同,所以滚动体沿轴向和径向的振动幅值一致。由于低转速下滚动体公转的周期延长,其振动周期大于高转速,进一步说明了滚动体为受迫振动。

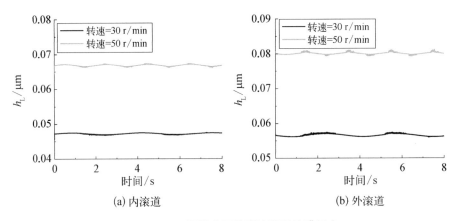

(a) 内滚道      (b) 外滚道

**图 4 - 32　不同转速下的弹流润滑油膜厚度**

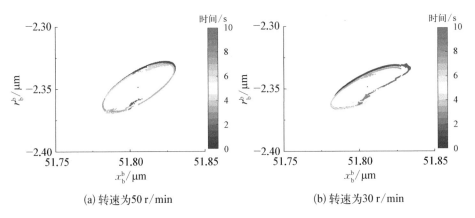

(a) 转速为50 r/min      (b) 转速为30 r/min

**图 4 - 33　不同转速下的滚动体振动轨迹**

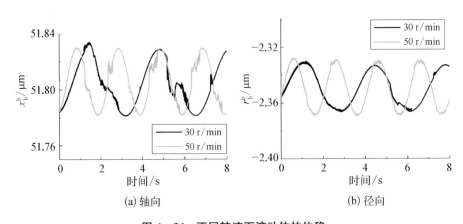

(a) 轴向      (b) 径向

**图 4 - 34　不同转速下滚动体的位移**

不同转速下的动量轮角接触球轴承外套圈运动轨迹如图 4-35 所示,当转速为 30 r/min 时外套圈运动轨迹仍为圆环,低转速下保持架冲击时滚动体与滚道之间的接触速度变化强烈,使得滚道在摩擦力的作用下存在振荡。

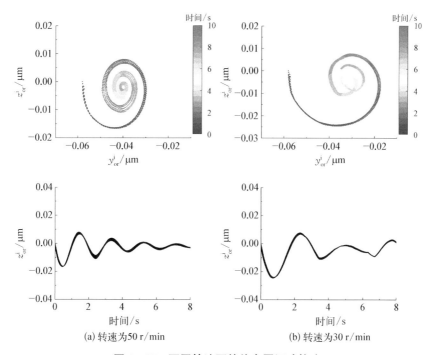

(a) 转速为50 r/min　　　　(b) 转速为30 r/min

**图 4-35　不同转速下的外套圈运动轨迹**

两种转速下保持架的运动轨迹如图 4-36 所示。转速降低后滚动体公转周期增大,保持架的振动周期也随之增大。如图 4-37 所示,两种转速下保持架均沿 $y$ 方向运动,由于重力作用,$z$ 方向存在振动且轨迹几乎都在 0 位置以下。

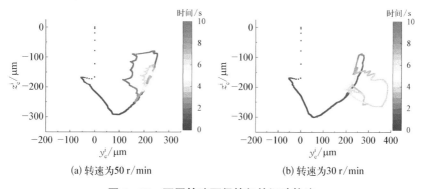

(a) 转速为50 r/min　　　　(b) 转速为30 r/min

**图 4-36　不同转速下保持架的运动轨迹**

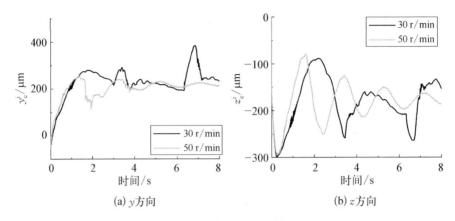

(a) $y$方向           (b) $z$方向

**图 4 - 37　不同转速下的保持架位移**

### 4.2.6　失重因素

研究动量轮重力因素对动量轮角接触轴承元件动力学行为的影响。计算工况同表 4 - 3～表 4 - 5,失重工况下设置重力加速度为 0。计算得到接触状态如图 4 - 38 所示。

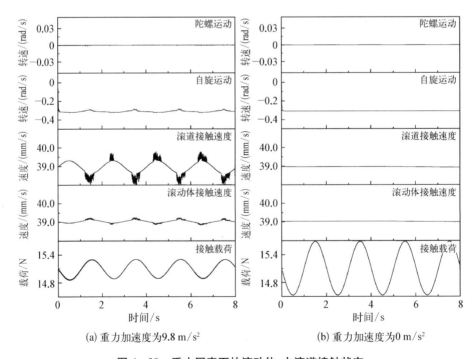

(a) 重力加速度为9.8 m/s²           (b) 重力加速度为0 m/s²

**图 4 - 38　重力因素下的滚动体-内滚道接触状态**

　　因为仿真设定重力加速度沿 $z$ 方向，所以在滚动体绕转轴旋转一周的过程中，重力产生的加速度方向在半个周期内与公转速度方向一致，并且在半个周期内相反。滚动体的速度发生周期性变化，导致两者的卷吸速度都产生了与公转周期频率一致的振荡。另外，由于动量轮受到输出转矩作用而发生偏转，使得滚动体在公转过程中与滚道的接触载荷发生周期性变化。因此，如图 4－39 所示，在滚动体-滚道接触载荷发生周期性变化的情况下，不同重力环境下的内/外滚道实现弹流润滑所需的油膜厚度均呈周期性波动。

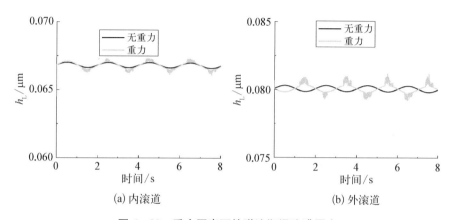

(a) 内滚道　　　　　　　　(b) 外滚道

**图 4－39　重力因素下的弹流润滑油膜厚度**

　　重力因素下的滚动体在方位坐标系内沿轴向和径向的振动轨迹如图 4－40 所示，存在重力时，滚动体的振动轨迹为椭圆，而失重环境下其振动轨迹变为一条直线。这是因为在重力环境下滚动体受到沿竖直方向的重力载荷，与赫兹接触载荷不平行，迫使滚动体沿椭圆轨迹运动。

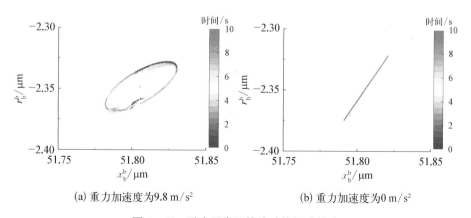

(a) 重力加速度为9.8 m/s²　　　　(b) 重力加速度为0 m/s²

**图 4－40　重力因素下的滚动体振动轨迹**

如图 4‑41 所示,观察滚动体沿轴向和径向的位移随时间的变化。在重力环境和失重环境下,滚动体振动周期一致,轴向的振幅在失重环境下有所降低。但是两者在轴向的振动正好存在了 1/4 周期的相位差,并且径向的振动相位一致,导致轨迹形状发生了变化。

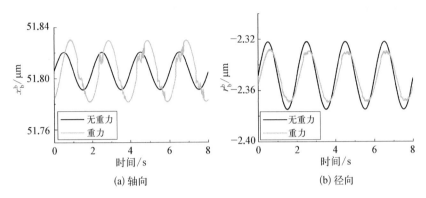

图 4‑41    重力因素下滚动体的位移

不同重力环境下的动量轮角接触球轴承外套圈运动轨迹如图 4‑42 所示,

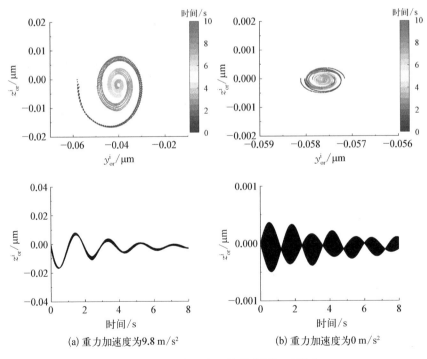

图 4‑42    重力因素下的外套圈运动轨迹

失重环境下 $z$ 方向的位移振动中心接近于 0 位置。失重环境下保持架与滚动体几乎没有发生碰撞,因此外套圈质心位置运动平稳,运动轨迹范围仅在纳米量级。

考虑重力因素的保持架的运动轨迹如图 4-43 所示。失重环境下保持架的运动轨迹更加清晰,仅存在少数转折点,并且运动轨迹范围包括大于 0 的位置,不存在剧烈的振动现象,说明其与引导套圈发生连续两次碰撞的时间间隔较长。

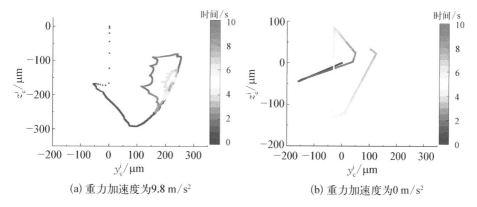

(a) 重力加速度为9.8 m/s²　　　　(b) 重力加速度为0 m/s²

**图 4-43　重力因素下保持架的运动轨迹**

如图 4-44 所示,保持架运动轨迹的变化在失重环境中呈随机性,不再与重力环境一样以滚动体公转周期的形式振荡。因为此时保持架的受力主要来自引导套圈的碰撞,而保持架运动轨迹几乎没有抖动,说明碰撞次数很少。

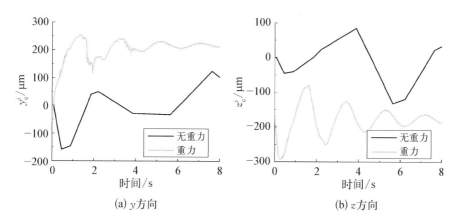

(a) $y$ 方向　　　　　　　　(b) $z$ 方向

**图 4-44　重力因素下的保持架位移**

如图 4-45 所示,在采样频率为 $10^3$ Hz,计算步长为 $10^{-5}$ s 下,没有采集到保持架与引导套圈碰撞载荷的信息,同样说明碰撞次数极少。因此,保持架与滚动体、滚道之间几乎没有发生碰撞,轨迹呈随机性。

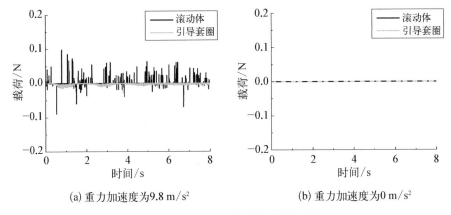

(a) 重力加速度为9.8 m/s²          (b) 重力加速度为0 m/s²

**图 4‑45　重力因素下的保持架受力**

## 4.3　空间动量轮轴承动力学行为特点

　　根据动量轮的结构及工况特点,建立动量轮动力学模型,在仅需计算单一轴承载荷的情况下考虑了两个轴承的耦合作用,提高了计算效率和精度。基于上述建立的模型,分析了预紧方式、预紧力大小、润滑因素、输出转矩因素、转速因素、重力因素对轴承元件动力学行为的影响,并计算了不同工况下内/外滚道实现弹流润滑所需的油膜厚度。计算结果表明,重力作用下保持架在初期做自由落体运动,并且滚动体在滚动体方位坐标系下的振动轨迹为椭圆形,而失重环境下的仿真结果表明保持架不再存在自由落体运动且与滚动体之间的碰撞次数减少了接近 95%。另外,润滑可以有效改善轴承内部元件的动力学行为,减少滚动体运动速度的波动,使滚动体与滚道相对运动状态始终接近于纯滚动状态(滑滚比约为 0.025)。在动量轮输出力矩为 0.101 3 N·m、预紧载荷为 45 N、转速为 50 r/min 的工况下计算得到内/外滚道油膜厚度分别为 0.067 μm、0.081 μm。因此,通过建立轴承动力学模型,分析其动力学行为,可为动量轮角接触球轴承设计优化、润滑性能调控提供数据支撑。

# 附　录

# 混合润滑状态下雷诺方程求解程序

**1) ELLIPEHLUV - FINAL. f90**

```
PROGRAM ELLIPEHL2V
USE KEYPARA
USE PARAAK
REAL * 8 RX,RY,KA,KB,Z,BX,BY
REAL * 8 X0,PH,PAI,EB,EA,E1,BB,AA,XE,W0,US,EDA0
REAL * 8 RAX,RBX,RAY,RBY,UAX,UAY,UBX,UBY,ALPHA
INTEGER N,MM,I,TFALG,TNUM,REH_FLAG
DATA
N,PAI,E1,EDA0,X0,XE,W0,Z,ALPHA/257,3. 14159265,2. 1978E11,
0.096,-1.9,1.1,800. ,0.68,18.2E-9/
DATA RAX,RAY,RBX,RBY/0.0381,0.0381,0.0381,0.0381/
DATA UAX,UAY,UBX,UBY/0.625,0. ,0.625,0. /
DATA TFALG,TNUM,DTNUM,REH_FLAG/1,600,257,1/
! --------------------------------------- !
RX = 1. /(1. /RAX + 1. /RBX)
RY = 1. /(1. /RAY + 1. /RBY)
US = 0.5 * (UAX + UBX)
EK = RX/RY
AA = 0.5 * (1. /RX + 1. /RY)
BB = 0.5 * ABS(1. /RX - 1. /RY)
CALL HERTZELLIPTIC(RX,RY,KA,KB)
EA = KA * (1.5 * W0/AA/E1) * * (1. /3.0)    ！椭圆长半轴
EB = KB * (1.5 * W0/AA/E1) * * (1. /3.0)    ！椭圆短半轴
```

```
PH = 1.5 * W0/(EA * EB * PAI)              ! 最大接触应力
OPEN(4,FILE = 'OUT. DAT',STATUS = 'UNKNOWN')
OPEN(6,FILE = 'ITER. DAT',STATUS = 'UNKNOWN')
WRITE( * , * )N,X0,XE,W0,PH,E1,EDA0,RX,US
WRITE(4, * )N,X0,XE,W0,PH,E1,EDA0,RX,US
MM = N - 1
BX = EB                                    ! BX 代表沿 x 方向的半轴
BY = EA                                    ! BY 代表沿 y 方向的半轴
IF(RX. GT. RY) THEN
    BX = EA
    BY = EB
ENDIF
! ******************* INITIA ******************* !
CALL
PARATRANSFER(PH,BX,BY,RAX,RAY,RBX,RBY,UAX,UAY,
UBX,UBY,W0,EDA0,Z,E1,ALPHA)
    ALLOCATE(AK(0:N,0:N),KP_T_HF(N,N))
    KP_T_HF = 0;
    IF (TFALG. EQ. 1) THEN
        KP_TFLAG = (/1,0,0,TNUM/)
        KP_DT = 2. /DTNUM
        KP_REH_FLAG = REH_FLAG
        ALLOCATE(KP_ROK(N,N))
        ALLOCATE(KP_HK(N,N))
        ALLOCATE(KP_FK0(N,N))
        ALLOCATE(KP_FK1(N,N))
        ALLOCATE(KP_ROUGH(N,N))
        ALLOCATE(KP_T_ERRMESSAGE(4,N))
        KP_ROUGH = 0
    ENDIF
! ******************* INITIA ******************* !
WRITE( * , * )'                 Wait please'
```

```
        CALL SUBAK(MM)
        CALL EHL(N,X0,XE)
        IF (TFALG.EQ.1) THEN
            DEALLOCATE(KP_ROK)
            DEALLOCATE(KP_HK)
            DEALLOCATE(KP_ROUGH)
            DEALLOCATE(KP_FK0)
            DEALLOCATE(KP_FK1)
        ENDIF
        DEALLOCATE(AK)
        DEALLOCATE(KP_T_HF)
        DEALLOCATE(KP_T_ERRMESSAGE)
        STOP
        END


SUBROUTINE EHL(N,X0,XE)
    USE KEYPARA
    IMPLICIT NONE
    INTEGER N,MK,KK
    REAL * 8 XE,X0,RAD,ER,DX,DH,ERR
    REAL * 8
X(N),Y(N),H(N,N),RO(N,N),EPS(N,N),EDA(N,N),P(N,N),POLD
(N,N),INITIAL_P(N,N)
    INTEGER ITERK,I
    DATA MK,DH,KK/1,0.,1/
    ! ****************** 稳态求解 ********************!
9   CALL INITI(N,DX,X0,XE,X,Y,P,POLD)
    INITIAL_P = P
10  CALL HREE(N,DX,X,Y,H,RO,EPS,EDA,INITIAL_P)
                                ! 用于检测网格点是否接触
11  CALL HREE(N,DX,X,Y,H,RO,EPS,EDA,P)    ! 用于求解初始膜厚
    ITERK = 0
```

```
        IF(ITERK.EQ.0.AND.KP_TFLAG(3).EQ.0)DH=KP_DH
14      CALL ITER_PRESSURE(N,KK,DX,X,Y,H,RO,EPS,EDA,P)
        MK=MK+1
        ITERK=ITERK+1
        KP_T_ITERN=MIN(3,ITERK/1000)
        ERR=1.E-6*0.5**KP_T_ITERN
        CALL ERP(N,ER,P,POLD)
        WRITE(*,*)'ER=',ER,KP_TFLAG(3:4),KP_T_DW,KP_DH
        IF(ER.GT.ERR.AND.ITERK.LT.600.OR.ABS(KP_T_DW).
GT.1.E-3)THEN
            IF(MK.GE.10)THEN
                MK=1
                KP_DH=MAX(0.5*KP_DH,0.05*DH)
            ENDIF
            IF(ITERK.GE.600.AND.ABS(KP_T_DW).GT.1.E-3)KP_
T_HF=0;
        GOTO 14
        ENDIF
        CALL OUTPUT(N,X,Y,H,P)
        WRITE(4,120)'ER=',ER,KP_TFLAG(3:4),KP_T_DW,KP_T_
H00,ITERK*1.
        WRITE(6,110)(P(I,129),I=1,N)
        WRITE(6,110)(H(I,129),I=1,N)
        !! ******************* 稳态求解 ******************* !
        IF(ITERK.EQ.600)WRITE(*,*)'Pressures are not
convergent!!!'
        IF(KP_TFLAG(3).EQ.0)INITIAL_P=P
        IF(KP_TFLAG(1).EQ.1)THEN
            IF(KP_TFLAG(3).EQ.KP_TFLAG(4)) GOTO 77
            IF(KP_TFLAG(3).NE.KP_TFLAG(4)) KP_TFLAG(3)=
KP_TFLAG(3)+1
            KP_ROK=RO
```

```
          KP_HK = H
          KP_FK0 = KP_FK1
          KP_TFLAG(2) = 1
          IF(KP_CONTACT_FLAG = = 1)GOTO 11
          GOTO 10
      ENDIF


77    CALL OUTPUT(N,X,Y,H,P)
110 FORMAT(257(E12.6,1X))
120 FORMAT(A10,1X,6(E12.6,1X))
      RETURN
      END


      SUBROUTINE ERP(N,ER,P,POLD)
      IMPLICIT NONE
      INTEGER N,I,J
      REAL * 8 P(N,N),POLD(N,N),ER,SUM
      ER = 0.0
      SUM = 0.0
      DO 10 I = 1,N
      DO 10 J = 1,N
      ER = ER + ABS(P(I,J) - POLD(I,J))
      SUM = SUM + P(I,J)
10    CONTINUE
      ER = ER/SUM
      DO I = 1,N
          DO J = 1,N
              POLD(I,J) = P(I,J)
          ENDDO
      ENDDO
      RETURN
```

```
        END

        SUBROUTINE TRANSFER2(N,P1,P2,P3)
        INTEGER N,I,J
        REAL * 8 P1(N,N),P2(N,N),P3(N,N)
        DO 10 I = 1,N
            DO 10 J = 1,N
10          P1(I,J) = P2(I,J) * P3(I,J)
        END
```

**2) HERTZ_ELLIPTIC. f90**

! 求解椭圆接触情况下的 Hertz 接触半径以及最大应力

! 输入两方向半径 RX,RY,返回接触半径系数 KA,KB

```
        SUBROUTINE HERTZELLIPTIC(RX,RY,KA,KB)
        IMPLICIT NONE
        REAL * 8, EXTERNAL :: EE,KE
        REAL * 8 RX,RY,BPA,BMA,CTH,THT,PAI,E1,KA,KB
        DATA PAI/3.1415926/
        BPA = 0.5 * (1./RX + 1./RY)
        BMA = 0.5 * ABS(1./RX - 1./RY)
        CTH = BMA/BPA
        THT = ACOS(CTH) * 180.0/PAI
        CALL CACUE(CTH,E1)
        KA = (2. * EE(E1)/(PAI * (1 - E1 * * 2))) * * (1/3.)
        KB = KA * (1. - E1 * * 2) * * (1/2.)
        END SUBROUTINE

        SUBROUTINE CACUE(CTH,E1)
        IMPLICIT NONE
        REAL * 8, EXTERNAL :: EE,KE
        REAL * 8, EXTERNAL :: FAB
        INTEGER FLG,I
        REAL * 8 PAI,CTH,E1,E11,E12,DX,A,B,A1,A2,A3,A4,A5,T1,
```

```
T2,T3,T4,T5,ER0
    DATA PAI,DX,FLG,I,T1,T5,ER0/3.1415926,0.0001,1,1,1.E-30,
1.,1.E-12/
    IF(CTH.LT.1.E-6)THEN
        E1=0.
    RETURN
    ENDIF
    IF(CTH.GT.0.9999999999)THEN
        E1=1.
    RETURN
    ENDIF
    A1=FAB(T1,CTH)
    A5=FAB(T5,CTH)
    DO WHILE(FLG.EQ.1)
        T3=T1+I*DX
        A3=FAB(T3,CTH)
        I=I+1
        IF((A1*A3.LT.0.).AND.(A3*A5.LT.0.)) THEN
            FLG=0
        END IF
    END DO
    DO WHILE((T3-T1).GT.ER0)
    T2=(T1+T3)/2.
    A2=FAB(T2,CTH)
    IF(A2.GT.0.) T1=T2
    IF(A2.LT.0.) T3=T2
    IF(A2.EQ.0.)THEN
        E11=T2
        EXIT
    END IF
    END DO
    E11=T2
```

```fortran
DO WHILE((T5 - T3).GT.ER0)
T4 = (T3 + T5)/2.
A4 = FAB(T4,CTH)
IF(A4.GT.0.) T5 = T4
IF(A4.LT.0.) T3 = T4
IF(A4.EQ.0.)THEN
E12 = T2
EXIT
END IF
END DO
E12 = T4
E1 = E11
IF(E11.LT.E12) E1 = E12
RETURN
END SUBROUTINE


REAL * 8 FUNCTION FAB(E1,CTH)
IMPLICIT NONE
REAL * 8 E1,CTH,T1,T2
REAL * 8, EXTERNAL :: EE,KE
T1 = EE(E1)
T2 = KE(E1)
FAB = 2 * (1 - E1 * * 2) * (T1 - T2) + (1. - CTH) * E1 * * 2 * T1
END FUNCTION


REAL * 8 FUNCTION KE(E1)
IMPLICIT NONE
INTEGER N,I,FLG
REAL * 8 E1,PAI,H,T,T1,T2,S1,S2,P,Q
PAI = 3.1415926
IF(E1.EQ.1) THEN
KE = 1.E10
```

```
RETURN
ENDIF
IF(E1.LT.1.E-20) THEN
KE = PAI/2.
RETURN
ENDIF
N = 1
H = PAI/2.
Q = SQRT(1. - E1 * E1 * SIN(H) * SIN(H))
IF(Q.LT.1.E-35) Q = 1.E35
Q = 1./Q
T1 = .5 * H * (1 + Q)
S1 = T1
FLG = 1
DO WHILE(FLG.EQ.1)
P = 0.
DO I = 0,N - 1
T = (I + 0.5) * H
Q = SQRT(1. - E1 * E1 * SIN(T) * SIN(T))
IF(Q.LT.1.E-35) Q = 1.E35
Q = 1./Q
P = P + Q
END DO
T2 = (T1 + H * P)/2.
S2 = (4. * T2 - T1)/3.
IF(ABS(S2 - S1).LT.ABS(S2) * 1.E-7) FLG = 0
T1 = T2
S1 = S2
N = N + N
H = .5 * H
END DO
KE = S2
```

```
RETURN
END FUNCTION


REAL * 8 FUNCTION EE(E1)
IMPLICIT NONE
INTEGER N,I,FLG
REAL * 8 E1,PAI,H,T,T1,T2,S1,S2,P,Q
PAI = 3.1415926
N = 1
H = PAI/2.
IF(E1.EQ.1) THEN
EE = 1.
RETURN
ENDIF
IF(E1.LT.1.E - 20) THEN
EE = PAI/2.
RETURN
ENDIF
Q = SQRT(1. - E1 * E1 * SIN(H) * SIN(H))
T1 = .5 * H * (1 + Q)
S1 = T1
FLG = 1
DO WHILE(FLG = = 1)
P = 0.
DO I = 0,N - 1
T = (I + 0.5) * H
Q = SQRT(1. - E1 * E1 * SIN(T) * SIN(T))
P = P + Q
END DO
T2 = (T1 + H * P)/2.
S2 = (4. * T2 - T1)/3.
IF(ABS(S2 - S1).LT.ABS(S2) * 1.E - 7) FLG = 0
```

```
T1 = T2
S1 = S2
N = N + N
H = .5 * H
END DO
EE = S2
RETURN
END FUNCTION
```

**3) PARA. f90**

```
MODULE KEYPARA
! HERTZ 接触信息相关
REAL * 8 KP_R(4),KP_BX,KP_BY,KP_PH,KP_W
REAL * 8 KP_E1
! 黏度相关
REAL * 8 KP_EDA0,KP_Z,KP_ALPHA,KP_REH_FLAG
! 速度相关
REAL * 8 KP_U(4)
! 迭代相关
REAL * 8 KP_DH    ! KP_DH:记录每次需要下压或上升的距离
! 时间相关
INTEGER KP_TFLAG(4)      ! 1:是否启用时变方程,2:是否创建新表
```
面,3:当前时刻个数,4:总时刻个数
```
REAL * 8 KP_DT             ! KP_DT:每一次迭代前进的时间步长
DATA KP_TFLAG/0,0,0,100000/
 REAL * 8, ALLOCATABLE:: KP_ROK(:,:),KP_HK(:,:),KP_
ROUGH(:,:),KP_FK0(:,:),KP_FK1(:,:)
```
! KP_ROK:上一个时间步的密度信息,KP_HK:上一个时间步的膜厚信
息,KP_ROUGH:粗糙表面信息
! kp_fk 储存压力流和动压项的信息,用于 Crank‐Nicolson 格式计算
! 表面相关
```
INTEGER KP_R_FLAG,KP_SFLAG
```
! KP_SFLAG:判断是否读粗糙表面信息,1 为读取;

```
      ! KP_R_FLAG=1 粗糙表面读取/2：微凸体表面建立/3：正弦曲面建立
      DATA KP_R_FLAG/3/
      REAL*8 KP_T_DW,KP_T_H00      ! KP_T_DW：记录当前时间步的压
力载荷差值,KP_T_H00 记录当前膜厚的偏移值;
      INTEGER, ALLOCATABLE::KP_T_HF(:,:)! KP_T_HF:记录是否处
于接触状态,1 代表该点处于接触状态;
      INTEGER KP_T_ITERN ! KP_ITERN:当前增量步的迭代次数
      REAL(8),ALLOCATABLE::KP_T_ERRMESSAGE(:,:)
      INTEGER KP_CONTACT_FLAG      ! 用于判断是否已经处于接触状
态,接触时为 1,不接触时为 0
      END


      SUBROUTINE
PARATRANSFER(PH, BX, BY, RAX, RAY, RBX, RBY, UAX, UAY,
UBX,UBY,W0,EDA0,Z,E1,ALPHA)
      USE KEYPARA
      IMPLICIT NONE
      REAL*8
PH,BX,BY,RAX,RAY,RBX,RBY,UAX,UAY,UBX,UBY,W0,EDA0,
Z,E1,ALPHA
         KP_PH=PH
         KP_BX=BX
         KP_BY=BY
         KP_R=(/RAX,RAY,RBX,RBY/)
         KP_U=(/UAX,UAY,UBX,UBY/)
         KP_W=W0
         KP_EDA0=EDA0
         KP_Z=Z
         KP_E1=E1
         KP_ALPHA=ALPHA
      END
```

```
MODULE PARAAK
REAL(8),ALLOCATABLE::AK(:,:)
END


MODULE HREEKK
INTEGER KK
DATA KK/0/
END


MODULE PARAEDA
REAL * 8 TW0,TWL,H_CONTACT,POLY(0:4)
REAL * 8 P_UNIT,DPX_UNIT,H_UNIT,EDA_UNIT,UAX,UBX,
UAY,UBY,UX,UY
DATA TW0,TWL/15.5792E6,9.9192E7/
DATA UAX,UBX,UAY,UBY,UX,UY/0.075,0.125,0.,0.,1.,0./
 DATA POLY/1.0866, - 1.7835E - 12,7.6017E - 2,9.2371E - 14,
1.8331E-2/
! UY = (UAY + UBY)/(UAX + UBX)
END


MODULE PARA_GETTWXY
REAL * 8 T_DPX,T_DPY,T_TW0,T_EDAU,T_HIU,T_TWX1,T_
TWY1
REAL * 8 T_TWX10,T_TWY10,T_DPX0,T_DPY0,T_TAUL,T_
TAUL0
END


MODULE PARA_TIAOSHI
INTEGER TFLAG
REAL * 8
T_C1,T_C2,T_DW,T_P,T_C3,T_C2FLAG,T_ER,T_H00,T_HMIN,T_
PMAX,T_DH,T_DI
```

```
DATA TFLAG,T_P,T_ER/1,1.,1./
END
```

## 4) DEFORMATION_VI. f90

```
SUBROUTINE SUBAK(MM)
USE PARAAK
    IMPLICIT NONE
    REAL * 8 S,XP,XM,YP,YM,A1,A2,A3,A4,X,Y
    INTEGER I,J,MM
S(X,Y) = X + SQRT(X * * 2 + Y * * 2)
DO 10 I = 0,MM
XP = I + 0.5
XM = I - 0.5
DO 10 J = 0,I
YP = J + 0.5
YM = J - 0.5
A1 = S(YP,XP)/S(YM,XP)
A2 = S(XM,YM)/S(XP,YM)
A3 = S(YM,XM)/S(YP,XM)
A4 = S(XP,YP)/S(XM,YP)
AK(I,J) = XP * DLOG(A1) + YM * DLOG(A2) + XM * DLOG(A3) +
YP * DLOG(A4)
    10AK(J,I) = AK(I,J)
RETURN
END
```

## 5) PRESSURE_INITI. f90

```
SUBROUTINE INITI(N,DX,X0,XE,X,Y,P,POLD)
USE KEYPARA
IMPLICIT NONE
INTEGER I,J,N
REAL * 8 X(N),Y(N),P(N,N),POLD(N,N),DX,Y0,D,C,X0,XE,
EK2,DT,US
DATA EK2/0./
```

```
EK2 = (KP_BX/KP_BY) * * 2
DX = (XE - X0)/(N - 1.)
Y0 = - 0.5 * (XE - X0)
DO 5 I = 1,N
X(I) = X0 + (I - 1) * DX
Y(I) = Y0 + (I - 1) * DX
5CONTINUE
DO 10 I = 1,N
D = 1. - X(I) * X(I)
DO 10 J = 1,N
C = D - EK2 * Y(J) * Y(J)
IF(C.LE.0.0)P(I,J) = 0.0
10    IF(C.GT.0.0)P(I,J) = SQRT(C)
DO I = 1,N
DO J = 1,N
POLD(I,J) = P(I,J)
ENDDO
ENDDO
RETURN
END
```

## 6) HREE. f90

```
SUBROUTINE HREE(N,DX,X,Y,H,RO,EPS,EDA,P)
USE KEYPARA
IMPLICIT NONE
INTEGER N,I,J,KK,KG,I0,I1,SEQ,HSTATE
REAL * 8 X(N),Y(N),P(N,N),H(N,N),RO(N,N),EPS(N,N),EDA(N,
N),V(N,N)
REAL * 8 HMIN,W1,H0,RAD,H00,G0,EDA1,DX,DW,DH00
REAL * 8 W,U,RX,RY,G,ALFA,AHM,US,EK,Z,HM0,A1,A2,A3,
A4,ENDA,PAI
 REAL * 8 DHEIGHT, XA, YA, RAD2, H _ CONTACT, DH _ C,
ANGLE,DIS
```

```
DATA KK,SEQ,HSTATE,H_CONTACT/0,0,0,0./
    DATA H00,DH00,KG,EK,RX,DH_C,ANGLE/0.,0.,0,0.,0.,0.,0./
    DATA A1,A2,A3,A4,ENDA,G0,Z,HM0,PAI/0.,0.,0.,0.,0.,0.,
0.,0.,3.14159265/
    ! ********************* INITIAL ********************* !
    IF(KG.EQ.0)THEN
        RX=1./(1./KP_R(1)+1./KP_R(3))
        RY=1./(1./KP_R(2)+1./KP_R(4))
        US=0.5*(KP_U(1)+KP_U(3))
        A1=DLOG(KP_EDA0)+9.67
        A2=5.1E-9*KP_PH
        A3=0.59/(KP_PH*1.E-9)
        A4=KP_ALPHA*KP_PH
        U=KP_EDA0*US/(KP_E1*RX)
        ENDA=12.*U*(KP_E1/KP_PH)*(RX/KP_BX)**3
        Z=KP_Z
        ALFA=Z*5.1E-9*A1
        G=ALFA*KP_E1
        W=KP_W/(KP_E1*RX**2)
        AHM=1.0-EXP(-0.68*1.03)
        HM0=3.63*(RX/KP_BX)**2*G**0.49*U**0.68*W*
*(-0.073)*AHM
        EK=RX/RY
        G0=2*PAI/3*(KP_BY/KP_BX)
        KG=1
        H_CONTACT=5.E-9*RX/KP_BX**2
    ENDIF
    ! ********************* INITIAL ********************* !
    CALL VI_DC_FFT(N,DX,P,V)
    ! *************** 粗糙表面－正弦表面生成 *************** !
    IF(KP_TFLAG(2).EQ.1.AND.KP_R_FLAG.EQ.3)THEN
        DHEIGHT=1.E-6*RX/KP_BX**2
```

```
        XA = X(1) + KP_TFLAG(3) * KP_DT/(KP_U(1) + KP_U(3)) *
2 * KP_U(1) - 0.01
        YA = 0
        DO 10 I = 1,N
        DO 10 J = 1,N
        KP_ROUGH(I,J) = 0.
10   IF(X(I)<XA)KP_ROUGH(I,J) = - DHEIGHT * SIN(2 * PAI * (X
(I) - XA)/0.5) * COS(2 * PAI * Y(J)/0.5)
     ENDIF
     ! ************* 粗糙表面 - 正弦表面生成 ***************!
     ! ************* 粗糙表面 - 微凸体生成 ***************!
     IF (KP_TFLAG(2).EQ.1.AND.KP_R_FLAG.EQ.2)THEN
        DHEIGHT = 1.E - 6 * RX/KP_BX * * 2/0.1
        XA = X(1) + KP_TFLAG(3) * KP_DT/(KP_U(1) + KP_U(3)) *
2 * KP_U(1) - 0.01
        YA = 0
     DO 20 I = 1,N
     DO 20 J = 1,N
        RAD2 = (X(I) - XA) * * 2 + EK * (Y(J) - YA) * * 2
        KP_ROUGH(I,J) = 0.
20      IF(RAD2<0.01)KP_ROUGH(I,J) = - DHEIGHT * SQRT(0.01 -
RAD2)
     ENDIF
     ! ************* 粗糙表面 - 微凸体生成 ***************!
     ! ************** 粗糙表面读取 ****************!
     IF(KP_TFLAG(2).EQ.1.AND.KP_R_FLAG.EQ.1)THEN
        DIS = KP_TFLAG(3) * KP_DT/(KP_U(1) + KP_U(3)) * 2 * KP_U
(1) * KP_BX
        CALL DATAREAD('surface_needed - A.dat',RO,N,KP_BX,KP_
BY,DIS,KP_U(1), KP_U(2),ANGLE,'mm')
        DO 28 I = 1,N
        DO 28 J = 1,N
```

28   KP_ROUGH(I,J) = - RO(I,J) * RX/KP_BX * * 2

ENDIF

! ***************** 粗糙表面读取 ******************* !

HMIN = 1. E3

DO 30 I = 1, N

DO 30 J = 1, N

RAD = X(I) * X(I) + EK * Y(J) * Y(J)

W1 = 0. 5 * RAD

W1 = W1 + KP_ROUGH(I,J)

H0 = W1 + V(I,J)

IF(H0. LT. HMIN)HMIN = H0

30H(I,J) = H0

IF(KK. EQ. 0)THEN

KK = 1

KP_DH = 0. 01 * HM0

  DH_C = 0. 05 * KP_DH

H00 = - HMIN + HM0

 ENDIF

W1 = 0. 0

DO 32 I = 1, N

DO 32 J = 1, N

32 W1 = W1 + P(I,J)

W1 = DX * DX * W1/G0

DW = 1. - W1

H00 = H00 - DW * 0. 05

GOTO 42

42 KP_T_H00 = H00

KP_T_DW = DW

IF(KP_TFLAG(2). EQ. 1)THEN

KP_T_HF = 0

KP_TFLAG(2) = 0

```
      DO 50 I = 1,N
      DO 50 J = 1,N
50    IF(H00 + H(I,J)<H_CONTACT)KP_T_HF(I,J) = 1
      ENDIF


      IF(KP_DH>DH_C)H00 = MAX(H00, - HMIN)
       ! - - - - - - - - - - - - - - - - - - - - - - - - - - - - - - - - - - - - !
      DO 60 I = 1,N
      DO 60 J = 1,N
      H(I,J) = H00 + H(I,J)
      IF(P(I,J).LT.0.0)P(I,J) = 0.0
      EDA1 = EXP(A4 * P(I,J))


      EDA(I,J) = EDA1
      I0 = MAX(1,I - 1);I1 = MIN(N,I + 1);
      IF(KP_REH_FLAG.EQ.1.AND.H(I,J)>0)CALL REH_SIMPLE(H
(I,J),P(I0,J),P(I1,J), DX,EDA1,EDA(I,J))
      RO(I,J) = (A3 + 1.34 * P(I,J))/(A3 + P(I,J))
      EPS(I,J) = RO(I,J) * H(I,J) * * 3/(ENDA * EDA(I,J))
60    IF(H(I,J)<0.)EPS(I,J) = 0.
      RETURN
      END
```

**7) VI_DC_FFT. f90**

```
      SUBROUTINE VI_DC_FFT(N,DX,P,V)
      USE MKL_DFTI
      USE KEYPARA
      USE PARAAK
      IMPLICIT NONE
      INTEGER N,I,J,LN,KG
      REAL * 8 P(N,N),DX,V(N,N),FV(2 * N - 1,2 * N - 1),PTR,PAI,
RX,W
      COMPLEX(8),ALLOCATABLE::TP(:,:),TK(:,:),CP(:),CK(:)
```

227

```
      type(DFTI_DESCRIPTOR)，POINTER ：：My_Desc1_Handle
      Integer ：：Status，L(2)
      DATA PAI，PTR，KG/3.1415926，0.，0/
      ALLOCATE(TP(2*N-1,2*N-1))
      ALLOCATE(TK(2*N-1,2*N-1))
      ALLOCATE(CP((2*N-1)*(2*N-1)))
      ALLOCATE(CK((2*N-1)*(2*N-1)))
      ! ********************* INITIAL ********************* !
      IF (KG.EQ.0) THEN
      RX=1./(1./KP_R(1)+1./KP_R(3))
      W=KP_W/(KP_E1*RX**2)
      PTR=3*W*(RX/KP_BY)*(RX/KP_BX)**2/(PAI**2)
      KG=1
      ENDIF
      L(1)=2*N-1
      L(2)=2*N-1
      LN=2*N-1
      TP=CMPLX(0.,0.)
      TK=CMPLX(0.,0.)
      TP(1:N,1:N)=CMPLX(P,0.)
      TK(1:N,1:N)=CMPLX(AK(0:N-1,0:N-1),0.)
      DO 5 I=N+1,LN
5     TK(I,1:N)=TK(2*N+1-I,1:N)
      DO 8 J=N+1,LN
8     TK(1:LN,J)=TK(1:LN,2*N+1-J)
      DO 9 I=1,LN
      CP(LN*(I-1)+1:LN*I)=TP(:,I)
9     CK(LN*(I-1)+1:LN*I)=TK(:,I)

      Status = DftiCreateDescriptor(My_Desc1_Handle，DFTI_DOUBLE,&
          DFTI_COMPLEX, 2, L)
      Status = DftiCommitDescriptor(My_Desc1_Handle)
```

```
       Status = DftiComputeForward(My_Desc1_Handle，CK)
       Status = DftiFreeDescriptor(My_Desc1_Handle)

       Status = DftiCreateDescriptor(My_Desc1_Handle, DFTI_DOUBLE,&
                 DFTI_COMPLEX，2，L)
       Status = DftiCommitDescriptor(My_Desc1_Handle)
       Status = DftiComputeForward(My_Desc1_Handle，CP)
       Status = DftiFreeDescriptor(My_Desc1_Handle)

       DO 10 I = 1,LN * LN
10     CP(I) = CP(I) * CK(I)

       Status = DftiCreateDescriptor(My_Desc1_Handle, DFTI_DOUBLE,&
                DFTI_COMPLEX，2，L)
       Status = DftiCommitDescriptor(My_Desc1_Handle)
       Status = DftiComputeBackward(My_Desc1_Handle，CP)
       Status = DftiFreeDescriptor(My_Desc1_Handle)
       CP = CP/((2 * N - 1) * (2 * N - 1))

       FV = RESHAPE(CP,(/2 * N - 1,2 * N - 1/))
       V = FV(1:N,1:N) * DX * PTR
       DEALLOCATE(TP,TK,CP,CK)
       END
```

**8) DATAREAD. f90**

```
    SUBROUTINE DATAREAD(FILENAME, RO, N, BX, BY, DIS, UX,
UY,ALPHA,UNIT)
    implicit none;
    INTEGER N,ncol,nrow,i,j,k,KG
    REAL * 8 RO(N,N),BX,BY,DIS,UX,UY,ALPHA,THETA,PHAI,
XR,YR,
DATA_CONVERT
    REAL * 8 S,KS,PF0(2),PFK(2),PF(2),LI,LJ
```

```fortran
      CHARACTER( * )UNIT
      CHARACTER( * )FILENAME
      real * 8 INT_X,FL_X,INT_Y,FL_Y,DH_X,DH_Y,DT,PI
      real * 8 delt_x,delt_y,aly,drm,dtm(n),TRACE_X,SA1,SA2
      integer,external::getdata_row,getdata_col
      real,allocatable::data_init(:,:);
      DATA PI,KG/3.14159265,0/

      open (7,file = FILENAME,status ='UNKNOWN')
      IF(UNIT = ='m')DATA_CONVERT = 1.0
      IF(UNIT = ='mm')DATA_CONVERT = 1.0E - 3
      IF(UNIT = ='um')DATA_CONVERT = 1.0E - 6
      NROW = getdata_row(7);                     !!!!!!!!! 获取行数
      NCOL = getdata_col(7);                     !!!!!!!!! 获取列数
      allocate (data_init(nrow,ncol));
      rewind (7);
      do i = 1,nrow
          read(7, * )(data_init(i,j),j = 1,ncol)
                                  ! 数据读取,包括 xy 坐标及高度信息
      end do
      data_init = data_init * DATA_CONVERT;
      IF(KG = = 0)print * ,'read sucessfully'
      close (7,status ='keep')
      delt_X = data_init(1,3) - data_init(1,2);
      delt_Y = data_init(3,1) - data_init(2,1);
      ! ****** BOUNDARY TRASFERED TO ORIGIN POINT ****** !
      DO 10 I = 2,NROW
10    DATA_INIT(I,1) = DATA_INIT(I,1) - DATA_INIT(2,1)
      DO 20 J = 2,NCOL
20    DATA_INIT(1,J) = DATA_INIT(1,J) - DATA_INIT(1,2)

      IF(KG = = 0)THEN
```

print ＊,'Computational Boundary',BX,BY

print ＊,'File data Boundary in Vertical direction and Horizontal direction',
data_init(nrow,1),data_init(1,ncol)

KG = 1

ENDIF

LI = data_init(1,ncol) ＊ 0.9999

LJ = data_init(nrow,1) ＊ 0.9999

THETA = ATAN(UY/(UX + 1.E − 9))

PHAI = THETA + ALPHA − PI/2

S = BX ＊ SIN(THETA) + BY ＊ COS(THETA)

KS = BY ＊ COS(THETA)/S

IF (PHAI＜ = 0)THEN

　　PF0(1) = LI − (1 − KS) ＊ S ＊ COS(PHAI)

　　PF0(2) = LJ + KS ＊ S ＊ SIN(PHAI)

ELSE

　　PF0(1) = KS ＊ S ＊ COS(PHAI)

　　PF0(2) = LJ − (1 − KS) ＊ S ＊ SIN(PHAI)

ENDIF

PFK(1) = PF0(1) + DIS ＊ SIN(PHAI)

PFK(2) = PF0(2) − DIS ＊ COS(PHAI)

RO = 0.

do i = 1,n

do j = 1,n

XR = (I − 1) ＊ BX/(N − 1)

YR = (J − 1) ＊ BY/(N − 1)

IF(XR ＊ COS(THETA) + YR ＊ SIN(THETA)＜ = DIS)THEN

PF(1) = PFK(1) + XR ＊ COS(ALPHA) − YR ＊ SIN(ALPHA)

PF(2) = PFK(2) + XR ＊ SIN(ALPHA) + YR ＊ COS(ALPHA)

INT_X = int(PF(1)/delt_x);

FL_X = PF(1) − INT_X ＊ delt_x;

INT_Y = int(PF(2)/delt_y)

FL_Y = PF(2) − INT_Y ＊ delt_y;

```
      INT_X = INT_X + 2
      INT_Y = INT_Y + 2


IF(INT_X<0. OR. INT_X> = NCOL. OR. INT_Y<0. OR. INT_Y> =
NROW)THEN
      PRINT * ,' POINT TO BE SOLVED IS OUT OF THE BOUNDARY
THAT FILE DATA PROVIDING'
      RETURN
      ENDIF
      DH_X = (data_init(INT_Y,INT_X + 1) − data_init(INT_Y,INT_X))/
delt_X;
      DH_Y = (data_init(INT_Y + 1,INT_X) − data_init(INT_Y,INT_X))/
delt_Y;
      RO(I,J) = (data_init(INT_Y,INT_X) + FL_X * DH_X + FL_Y * DH_
Y)   ! INTERPOLATION
      ELSE
      RO(I,J) = 0
      ENDIF
      enddo
      enddo
      return
      end


!!!!!!!!!!!!!!!!!!!!!!!!!!! 获取数据!!!!!!!!!!!!!!!!!!!!!!!!!!!!!!!!
!!!!!!!!!!!!!!!!!!!!!!!!!!! 获取行数!!!!!!!!!!!!!!!!!!!!!!!!!!!!!!!
      integer function getdata_row(iFileUnit)
      implicit none
      integer,intent(in):: iFileUnit
      real dummy
      integer ierr
      getdata_row = 0;
      rewind (iFileUnit)
```

```fortran
      do
      read (iFileUnit, * , iostat = ierr)dummy
      if (ierr / = 0) exit
      getdata_row = getdata_row + 1;
      end do
      rewind (iFileUnit)


      end function getdata_row
```

!!!!!!!!!!!!!!!!!!!!!!!!!!!! 获取行数!!!!!!!!!!!!!!!!!!!!!!!!!!!!!!!!!


!!!!!!!!!!!!!!!!!!!!!!!! 获取列数,认为列数少于2000!!!!!!!!!!!!!!!!!!!!

```fortran
      integer function getdata_col(iFileUnit)
      implicit none
      integer,intent(in):: iFileUnit
      real dummy(10000),tempdummy                    ! 认为列数少于 10000
      integer i
      getdata_col = 0;
      dummy = 0;
      tempdummy = 0;
      rewind (iFileUnit)
      read (iFileUnit, * )(dummy(i),i = 1,2000)
      i = 1;
        do while (tempdummy< = dummy(i))
              tempdummy = dummy(i);
              i = i + 1
      ! print * ,dummy(842),dummy(1),dummy(2),dummy(843),dummy
(845)
        enddo
      getdata_col = i - 1;
      rewind (iFileUnit)


      end function getdata_col
```

!!!!!!!!!!!!!!!!!!!!!!!!!!!!!!! 获取列数!!!!!!!!!!!!!!!!!!!!!!!!!!!!!!!!

**9) REH_SIMPLE. f90**

```
SUBROUTINE REH_SIMPLE(HIJ,PI0J,PI1J,DX,EDA,ESTAR)
USE KEYPARA
IMPLICIT NONE
REAL * 8 HIJ,PI0J,PI1J,TW0
REAL * 8 BETA,C,CP,D,H,DPX,EDA1,ALPHA,RX,EDA,ESTAR,
DX,T
DATA TW0/1.8E7/
RX = 1./(1./KP_R(1) + 1./KP_R(3))
H = HIJ * KP_BX * * 2/RX
EDA1 = EDA * KP_EDA0
DPX = (PI1J - PI0J) * KP_PH/(DX * KP_BX) * 0.5
BETA = DPX * H/TW0
IF(ABS(BETA)>1.E-3. AND. HIJ>0.)GOTO 20
C = (KP_U(3) - KP_U(1))/(TW0 * H) * EDA1
ALPHA = ASINH(C)
GOTO 40
20  C = (KP_U(3) - KP_U(1))/TW0 * * 2 * DPX * EDA1
CP = C/(EXP(BETA) - 1)
D = - EXP( - BETA)
T = CP + SQRT(CP * * 2 - D)
IF(CP<0)T = D/(CP - SQRT(CP * * 2 - D))
IF(ABS(BETA)>40)ALPHA = - 0.5 * BETA
IF(ABS(BETA)>40)GOTO 40
ALPHA = LOG(T)
40  IF(ABS(ALPHA)>1.E-2)THEN
ESTAR = 1./ALPHA * SINH(ALPHA)
ELSE
ESTAR = 1.
ENDIF
ESTAR = 1./ESTAR * EDA
```

```
ESTAR = MAX(1. ,ESTAR)

ESTAR = MIN(ESTAR,1. E15)

END
```

## 10) ITER_PRESSURE. f90

```
SUBROUTINE ITER_PRESSURE(N,KK,DX,X,Y,H,RO,EPS,EDA,P)

USE KEYPARA

USE PARAAK

IMPLICIT NONE

INTEGER N,KK,KG1,I,J,K,I0,I1,J0,J1,IA,II,MM

REAL * 8 X(N),Y(N),P(N,N),POLD(N,N),H(N,N),RO(N,N),
EPS(N,N),EDA(N,N),DX, G0,UAX

REAL * 8 ID(N+5),DX1,DX2,DX3,DX4,A(7 * N),D(N+7)

REAL * 8 PAI,D1,D2,D3,D4,D5,D6,D7,D8,D9,D10,D11,D12,C1,
C2,DD,C10,C20

REAL * 8 P1,P2,P3,P4,P5,PMAX,IPOD

REAL * 8 RX,W,PTR,UY,UX,DT,H_CONTACT,ROIJ,ROIJ0,
ROI0J,DXT, C_CONTACT

DATA PTR,UY,UX,DT,H_CONTACT/0. ,0. ,1. ,0. ,0./

REAL * 8 DJA,AK00,AK10,AK20,AK01,AK11,AK21,BK00,
BK10,BK20

REAL * 8 BK01,BK11,BK21,AK12,AK02,AK30,AK03,BK02,BK03,
BK30,BK12

DATA DJA,AK00,AK10,AK20,AK01,AK11,AK21,AK12/0. 25,0. ,
0. ,0. ,0. ,0. ,0. ,0./

DATA
AK02,AK30,AK03,BK00,BK10,BK20,BK01,BK11,BK21/0. ,0. ,0. ,0. ,0. ,
0. ,0. ,0. ,0./

DATA BK02,BK03,BK30,BK12/0. ,0. ,0. ,0./

DATA PAI,UAX/3. 14159265,0/

DATA KG1,C1,C2,C10,C20/0,0. 3,0. 03,0. 15,0. 1/! 0. 14

! ----------------------------------------------------- !

INTEGER JID,TEST_HFLAG,TEST_HNUM,C_FLAG,I00,J00,IK,
```

```
      SI,SJ,MM0
      DATA TEST_HNUM,SI,SJ/0,1000,1000/
      REAL * 8 ER,DW,DI(8),DRO
      REAL COF1,COF2,RHK
!  ******************** INITIA ******************** !
      IF(KG1.NE.0)GOTO 2
      KG1 = 1
      RX = 1./(1./KP_R(1) + 1./KP_R(3))
      W = KP_W/(KP_E1 * RX * * 2)
      PTR = 3 * W * (RX/KP_BY) * (RX/KP_BX) * * 2/(PAI * * 2)
      AK00 = AK(0,0) * DX * PTR
      AK10 = AK(1,0) * DX * PTR
      AK20 = AK(2,0) * DX * PTR
      AK11 = AK(1,1) * DX * PTR
      AK21 = AK(2,1) * DX * PTR
      AK12 = AK(1,2) * DX * PTR
      AK01 = AK(0,1) * DX * PTR
      AK02 = AK(0,2) * DX * PTR
      AK30 = AK(3,0) * DX * PTR
      AK03 = AK(0,3) * DX * PTR
      BK00 = AK00 - 2 * DJA * (AK10 + AK01)
      BK10 = AK10 - DJA * (AK00 + 2. * AK11 + AK20)
      BK20 = AK20 - DJA * (AK10 + 2. * AK21 + AK30)
      BK01 = AK01 - DJA * (AK02 + 2. * AK11 + AK00)
      BK02 = AK02 - DJA * (AK01 + 2. * AK12 + AK03)
      BK03 = AK03 - DJA * (AK02 + 2. * AK(1,3) * DX * PTR + AK(0,4) *
     DX * PTR)
      BK30 = AK30 - DJA * (AK20 + AK(4,0) * DX * PTR + 2. * AK(3,1) *
     DX * PTR)
      BK11 = AK11 - DJA * (AK01 + AK21 + AK10 + AK(1,2) * DX * PTR)
      BK21 = AK21 - DJA * (AK20 + AK(2,2) * DX * PTR + AK11 + AK(3,1) *
     DX * PTR)
```

```
      BK12 = BK21
      UY = (KP_U(2) + KP_U(4))/(KP_U(1) + KP_U(3))
      DT = KP_DT
      H_CONTACT = 5. E - 9 * RX/KP_BX * * 2
      ! ****************** INITIA ****************** !


2     MM = N - 1
      C1 = C10 * 0.5 * * (KP_T_ITERN)
      C2 = C20 * 0.5 * * (KP_T_ITERN)
      DX1 = 1. /DX
      DX2 = DX * DX
      DX3 = 1. /DX2
      DX4 = 0.3 * DX2
      KP_FK1 = - 1.


      DO 100 K = 1, KK
      POLD = P
      ! ************************************************** !
      DO 70 J = 2, N - 1
      J0 = J - 1
      J1 = J + 1
      IA = 1
8     MM = N - IA
      IF(P(MM, J0). GT. 1. E - 6)GOTO 10
      IF(P(MM, J). GT. 1. E - 6)GOTO 10
      IF(P(MM, J1). GT. 1. E - 6)GOTO 10
      IA = IA + 1
      IF(IA. LT. N)GOTO 8
      GOTO 70
10    IA = 1
15    IA = IA + 1
      IF(P(IA, J0). GT. 1. E - 6)GOTO 20
```

237

```
      IF(P(IA,J).GT.1.E-6)GOTO 20
      IF(P(IA,J1).GT.1.E-6)GOTO 20
      IF(IA.LT.MM)GOTO 15
      GOTO 70
20    IF(MM.LT.N-1)MM=MM+1

      DI=0.;ID(IA:IA+1)=1;
      DO 22 IK=2,3
          IF(H(IK+IA-2,J)<=H_CONTACT.OR.KP_T_HF(IK,J).EQ.
1)GOTO 22
          ID(IK)=0
          DI(IK*4-7)=0.5*(EPS(IK-1,J)+EPS(IK,J))
          DI(IK*4-6)=0.5*(EPS(IK+1,J)+EPS(IK,J))
          DI(IK*4-5)=0.5*(EPS(IK,J0)+EPS(IK,J))
          DI(IK*4-4)=0.5*(EPS(IK,J1)+EPS(IK,J))
      IF(DI(IK*4-4)<DX4.AND.DI(IK*4-5)<DX4.AND.DI(IK*
4-6)<DX4.AND.DI(IK*4-7)<DX4)ID(IK)=1
22    CONTINUE

      DO 50 I=IA,MM
      I0=I-1
      I1=I+1
      II=7*(I-IA+1)
      ! ********************* 时变 *********************!
      IF(KP_TFLAG(3)>0)DXT=DX/DT
      IF(KP_TFLAG(3)<=0)DXT=0.
      ! ********************* 时变 *********************!
      D1=DI(1);D2=DI(2);D4=DI(3);D5=DI(4)
      DI(1:4)=DI(5:8)
      DI(5:8)=0.;ID(I+2)=1;
      IF(I+2<N)THEN
      IF(H(I+2,J)<H_CONTACT.OR.KP_T_HF(I+2,J).EQ.1)GOTO 23
```

IF(H(I,J)＞H_CONTACT. AND. (H(I1,J)＜ = H_CONTACT. OR. H(I0,J)＜ = H_CONTACT))GOTO 23

 ID(I + 2) = 0

 DI(5) = DI(2)

 DI(6) = 0.5 * (EPS(I + 3,J) + EPS(I + 2,J))

 DI(7) = 0.5 * (EPS(I + 2,J0) + EPS(I + 2,J))

 DI(8) = 0.5 * (EPS(I + 2,J1) + EPS(I + 2,J))

 IF(DI(5)＜DX4. AND. DI(6)＜DX4. AND. DI(7)＜DX4. AND. DI(8)＜DX4)ID(I + 2) = 1

23 ENDIF


 ROIJ = RO(I,J)

 ROI0J = RO(I0,J)

 ROIJ0 = RO(I,J0)

 IF(H(I,J)＞H_CONTACT. AND. KP_T_HF(I,J). EQ. 0)THEN

 ELSE

 DXT = 0.

 ENDIF


 D7 = UY * ROIJ0

 D9 = UX * ROI0J

 D6 = UY * ROIJ

25 D8 = UX * ROIJ

 D10 = DXT * ROIJ

 ! −−−−−−−−−−−−−−− Jacobi −−−−−−−−−−−−−−− !

 P1 = P(I0,J)

 P2 = P(I1,J)

 P3 = P(I,J)

 P4 = POLD(I,J0)

 P5 = P(I,J1)

 IF(ID(I) = = 0)P4 = P(I,J0)

 D3 = D1 + D2 + D4 + D5

IF(KP_TFLAG(3)＜＝1. AND. H(I,J)＞H_CONTACT. AND. KP_T_
HF(I,J). EQ.0)THEN

!初始状态迭代求解,即 T＝0 时,未接触且接触状态值为 0 时

A(II＋7)＝－(D1 ＊ P1＋D2 ＊ P2＋D4 ＊ P4＋D5 ＊ P5－D3 ＊ P3)＋(ROIJ ＊ H
(I,J)－ROI0J ＊ H(I0,J))＊DX

KP_FK1(I,J)＝A(II＋7)

COF1＝1.

COF2＝1.

ELSE IF(H(I,J)＞H_CONTACT. AND. KP_T_HF(I,J). EQ.0)THEN

!T＝1,2,3,……时,未接触且接触状态值为 0

IF (KP_FK1(I,J)＝＝－1.) THEN

A(II＋7)＝－(D1 ＊ P1＋D2 ＊ P2＋D4 ＊ P4＋D5 ＊ P5－D3 ＊ P3)＋(ROIJ ＊ H
(I,J)－ROI0J ＊ H(I0,J))＊DX ＊ 0.5

A(II＋7)＝ A(II＋7)＋(KP_ROK(I,J) ＊ KP_HK(I,J)－KP_ROK(I0,J) ＊
KP_HK(I0,J))＊DX ＊ 0.5

COF1＝1.

COF2＝0.5

ELSE

A(II＋7)＝－(D1 ＊ P1＋D2 ＊ P2＋D4 ＊ P4＋D5 ＊ P5－D3 ＊ P3)＋(ROIJ ＊ H
(I,J)－ROI0J ＊ H(I0,J))＊DX

KP_FK1(I,J)＝A(II＋7)

A(II＋7)＝0.5 ＊ A(II＋7)＋KP_FK0(I,J) ＊ 0.5；

COF1＝0.5

COF2＝0.5

END IF

ELSE

A(II＋7)＝ROIJ ＊ H(I,J) ＊ DX

D1＝0.5 ＊ (EPS(I0,J)＋EPS(I,J))

D2＝0.5 ＊ (EPS(I1,J)＋EPS(I,J))

D3＝0.5 ＊ (EPS(I,J0)＋EPS(I,J))

D5 = 0. 5 * (EPS(I,J1) + EPS(I,J))

D3 = D1 + D2 + D4 + D5

KP_FK1(I,J) = - 1.

D1 = 0;D2 = 0;D3 = 0;D4 = 0;D5 = 0;

COF1 = 0.

COF2 = 1.

END IF

A(II + 7) = A(II + 7) + DX * DXT * (ROIJ * H(I,J) - KP_ROK(I,J) * KP_HK(I,J))


DRO = DX * DXT * ROIJ! 用于分析挤压项,时间导数

IF (H(I,J)< = H_CONTACT. OR. KP_T_HF(I,J). EQ. 1) ROI0J = 0

A(II + 1:II + 6) = 0.

IF(I = = 2)GOTO 28

IF(I = = 3)GOTO 27

IF(I = = 4)GOTO 26

A(II + 1) = - COF2 * 0. 1 * (ROIJ * AK30 - ROI0J * AK20) * DX - DRO * AK30 * 0. 1

26　A(II + 2) = - COF2 * 0. 1 * (ROIJ * AK20 - ROI0J * AK10) * DX - DRO * AK20 * 0. 1

27　A(II + 3) = COF1 * (D1) - COF2 * 0. 1 * (ROIJ * AK10 - ROI0J * AK00) * DX - DRO * AK10 * 0. 1

28　IF(ID(I　) = = 1)A(II + 4) = COF1 * ( - D3 - DJA * D3) - COF2 * (ROIJ * BK00 - ROI0J * BK10) * DX - DRO * BK00

IF(ID(I　) = = 0)A(II + 4) = COF1 * ( - D3　　) - COF2 * (ROIJ * AK00 - ROI0J * AK10) * DX - DRO * AK00

IF(I = = N - 1)GOTO 50

A(II + 5) = COF1 * (D2　　) - COF2 * 0. 1 * (ROIJ * AK10 - ROI0J * AK20) * DX - DRO * AK10 * 0. 1

IF(I = = N - 2)GOTO 50

A(II + 6) = - COF2 * 0. 1 * (ROIJ * AK20 - ROI0J * AK30) * DX - DRO * AK20 * 0. 1

241

```
50    A(II + 1;II + 6) = A(II + 1;II + 6)！CONTINUE！
      ！------------------------------------！
      CALL TRA6(MM - IA + 2,D,A)
      D(IA;MM) = D(2;MM - IA + 2)
      DO 60 I = IA,MM
      IF(ID(I).EQ.0)GOTO 52
      ！采用分步迭代求解
      I0 = I - 1
      I1 = I + 1
      D(I) = C2 * D(I)
      IPOD = P(I,J)
      P(I,J) = P(I,J) + D(I)
      IF(P(I,J)<0.)P(I,J) = 0.
      D(I) = (P(I,J) - IPOD) * DJA
      IF(I0.NE.1)P(I0,J) = MAX(0.,P(I0,J) - D(I))
      IF(I1.NE.N)P(I1,J) = MAX(0.,P(I1,J) - D(I))
      IF(J0.NE.1)P(I,J0) = MAX(0.,P(I,J0) - D(I))
      IF(J1.NE.N)P(I,J1) = MAX(0.,P(I,J1) - D(I))
      GOTO 54
52    P(I,J) = P(I,J) + C1 * D(I)
54    IF(P(I,J).LT.0.0)P(I,J) = 0.0
      IF(P(I,J) = = 0.0.AND.H(I,J)>H_CONTACT)KP_T_HF(I,J) = 0.
      IF(PMAX.LT.P(I,J))PMAX = P(I,J)
60    CONTINUE
70    CONTINUE
      CALL ERP(N,ER,P,POLD)
      CALL HREE(N,DX,X,Y,H,RO,EPS,EDA,P)
100   CONTINUE
110   FORMAT(6(E12.6,1X))
      RETURN
      END
```

**11) OUTPUT.f90**

```
      SUBROUTINE OUTPUT(N,X,Y,H,P)
```

```
USE KEYPARA
IMPLICIT NONE
INTEGER I,N,J
REAL * 8 X(N),Y(N),H(N,N),P(N,N),A
CHARACTER(20) MYSTRING;
! ************************************************ !
write (MYSTRING,'(i15)') N + 1;
write (MYSTRING,'(a)')trim(adjustl(MYSTRING))//'(e12.6,1x))'
MYSTRING = trim(adjustl(MYSTRING))
MYSTRING ='('//MYSTRING;
! ************************************************ !
OPEN(8,FILE ='FILM.DAT',STATUS ='REPLACE')
OPEN(10,FILE ='PRESSURE.DAT',STATUS ='REPLACE')

A = 0.0
WRITE(8,MYSTRING)A,(Y(I),I = 1,N)
DO I = 1,N
WRITE(8,MYSTRING)X(I),(H(I,J),J = 1,N)
ENDDO
WRITE(10,MYSTRING)A,(Y(I),I = 1,N)
DO I = 1,N
WRITE(10,MYSTRING)X(I),(P(I,J),J = 1,N)
ENDDO

WRITE(6,110)(P(I,129),I = 1,N)
WRITE(6,110)(H(I,129),I = 1,N)

110 FORMAT(257(E12.6,1X))
CLOSE(8)
CLOSE(10)
RETURN
END
```

243

# 参考文献

［1］Asano K. Recent development in numerical analysis of rolling bearings basic technology series of bearings（2）［J］. KOYO Engineering Journal English Edition，2002，160：65－70.

［2］李红涛,张振强,张伟,等.组配角接触球轴承的预紧力及刚度[J].轴承，2021，10：20－23.

［3］Wang Y L，Wang W Z，Zhang S G，et al. Investigation of skidding in angular contact ball bearings under high speed［J］. Tribology International，2015，92：404－417.

［4］唐瑞,高利霞,余丹,等.三点接触球轴承拟动力学模型分析及验证[J].航空动力学报,2024,39(08)：490－502.

［5］Cao H R，Niu L K，Xi S T，et al. Mechanical model development of rolling bearing-rotor systems：a review［J］. Mechanical Systems and Signal Processing，2018，102：37－58.

［6］Houpert L. CAGEDYN：a contribution to roller bearing dynamic calculations part I：basic tribology concepts ［J］. Tribology Transactions，2009，53(1)：1－9.

［7］Cao H R，Li Y M，Chen X F. A new dynamic model of ball-bearing rotor systems based on rigid body element［J］. Journal of Manufacturing Science and Engineering-Transactions of the ASME，2016，138(7)：071007.

［8］Li Y M，Cao H R，Niu L K，et al. A general method for the dynamic modeling of ball bearing－rotor systems［J］. Journal of Manufacturing Science and Engineering-Transactions of the ASME，2015，137(2)：021016.

［9］杨剑飞.集成拟静力学特性的角接触球轴承热弹流润滑研究[D].南京：南

京航空航天大学，2017.

［10］Oktaviana L，Tong V C，Hong S W. Skidding analysis of angular contact ball bearing subjected to radial load and angular misalignment［J］. Journal of Mechanical Science and Technology，2019，33(2)：837 - 845.

［11］商慧玲，孙伟，李震，等.双列圆锥滚子轴承拟动力学分析［J］.机械设计与制造，2019(04)：176 - 180.

［12］吴继强，王黎钦，陆宇帆，等.几何修形对低速圆柱滚子轴承混合润滑性能的影响研究［J］.摩擦学学报，2019，39(04)：470 - 478.

［13］Harris T A，Kotzalas M N. Advanced Concepts of Bearing Technology［M］. Oxfordshire：Taylor & Francis，2006.

［14］Gupta P K. Advanced dynamics of rolling elements［M］. New York：Springer New York，1984.

［15］温诗铸，黄平，田煜，等.摩擦学原理［M］. 5 版.北京：清华大学出版社，2018.

［16］Bhushan B. Principles and Applications of Tribology［M］. 2nd edition. New York：Wiley，2013.

［17］安德森.计算流体力学基础及其应用［M］.吴颂平，刘赵淼，译.北京：机械工业出版社，2007.

［18］杨沛然.流体润滑数值分析［M］.北京：国防工业出版社，1998.

［19］Shahrivar K，Ortigosa-Moya E M，Hidalgo-Alvarez R，et al. Isoviscous elastohydrodynamic lubrication of inelastic non-Newtonian fluids［J］. Tribology International，2019，140：105707.

［20］Li X，Tang J Y，Shao W，et al. Gear contact fatigue prediction under mixed elastohydrodynamic lubrication with ellipsoidal asperity rough surface：experimental and numerical investigation［J］. Engineering Fracture Mechanics，2024，307：110334.

［21］Habchi W. A numerical model for the solution of thermal elastohydrodynamic lubrication in coated circular contacts［J］. Tribology International，2014，73：57 - 68.

［22］Kaneta M，Sperka P，Yang P，et al. Thermal elastohydrodynamic lubrication of ceramic materials［J］. Tribology Transactions，2018，61

(5):869 – 879.

[23] Peng C，Cao H R，Liu K K，et al. Numerical and experimental investigation on ball motion with oil rheology and thermal effect in high speed ball bearings［J］. Tribology International，2024，192：109242.

[24] Wang Z Z，Pu W，He T，et al. Numerical simulation of transient mixed elastohydrodynamic lubrication for spiral bevel gears［J］. Tribology International，2019，139：67 – 77.

[25] Geng K H，Geng A N，Wang X，et al. Frictional characteristics of the vane - chute pair in a rolling piston compressor based on the second-order motion[J]. Tribology International，2019，133：111 – 125.

[26] He T，Zhu D，Yu C J，et al. Mixed elastohydrodynamic lubrication model for finite roller-coated half Ctmck for space interfaces［J］. Tribology International，2019，134：178 – 189.

[27] Chen S，Yin N A，Cai X J，et al. Iteration framework for solving mixed lubrication computation problems[J]. Frontiers of Mechanical Engineering，2021，16(3)：635 – 648.

[28] 黄平. 弹性流体动压润滑数值计算方法［M］. 北京：清华大学出版社,2013.

[29] 刘秀海. 高速滚动轴承动力学分析模型与保持架动态性能研究[D]. 大连：大连理工大学,2011.

[30] Tallian T E. Rolling bearing life modifying factors for film thickness，surface roughness，and friction[J]. Journal of Tribology，1981，103(4)：509 – 516.

[31] Hunt K H，Crossley F R E. Coefficient of restitution interpreted as damping in vibroimpact[J]. Journal of Applied Mechanics，1975，42(2)：440 – 445.

[32] 张玉言,蒋玲,马晨波. 圆柱滚子轴承弹流接触副刚度及阻尼系数研究[J]. 润滑与密封,2020,45(12)：7 – 12.

[33] Smyrou E，Priestley M J N，Carr A J. Modelling of elastic damping in nonlinear time-history analyses of cantilever RC walls[J]. Bulletin of Earthquake Engineering，2011，9(5)：1559 – 1578.

［34］靳炳竹.角接触球轴承保持架引导方式对其运动及油气润滑二相流的影响［D］.兰州：兰州理工大学，2020.

［35］Chen S，Zhang Z N. Modification of friction for straightforward implementation of friction law［J］. Multibody System Dynamics，2020，48(2)：239－257.

［36］张执南，谢友柏.摩擦学系统的系统工程及其航天应用［J］.飞控与探测，2019,2(6)：1－11.

［37］Zhang Z N，Yin N，Chen S，et al. Tribo-informatics：concept，architecture，and case study［J］. Friction，2021，9(3)：642－655.

# 索 引